本书出版获以下项目立项资助：

广东省本科高校教学质量工程项目“数学分析教学团队”（粤教高函［2015］133号）

韩山师范学院创新强校教学类项目“数学分析”（粤韩师教字［2014］97号）

MATHEMATICAL
ANALYSIS

数学分析选讲

主编◎许绍元

编者◎许绍元　朱天翔

暨南大學出版社
JINAN UNIVERSITY PRESS

中国·广州

图书在版编目（CIP）数据

数学分析选讲/许绍元主编. —广州：暨南大学出版社，2018.11（2022.8 重印）
ISBN 978-7-5668-2432-5

Ⅰ.①数… Ⅱ.①许… Ⅲ.①数学分析—高等学校—教材 Ⅳ.①O17

中国版本图书馆 CIP 数据核字（2018）第 198493 号

数学分析选讲
SHUXUE FENXI XUANJIANG
主　编：许绍元

出 版 人：张晋升
责任编辑：胡艳晴　邓家昭
责任校对：邓丽藤　刘雨婷
责任印制：周一丹　郑玉婷

出版发行：暨南大学出版社（511443）
电　　话：总编室（8620）37332601
营销部（8620）37332680　37332681　37332682　37332683
传　　真：（8620）37332660（办公室）　37332684（营销部）
网　　址：http://www.jnupress.com
排　　版：广州尚文数码科技有限公司
印　　刷：广东虎彩云印刷有限公司
开　　本：787mm×1092mm　1/16
印　　张：11.5
字　　数：230 千
版　　次：2018 年 11 月第 1 版
印　　次：2022 年 8 月第 3 次
定　　价：39.80 元

前　言

数学分析是数学与应用数学专业一门重要的基础课。学好本课程将为进一步学习微分方程、复变函数、数值计算方法以及概率论等后续课程打下坚实的基础。本课程的学习有助于学生树立辩证唯物主义思想和观点，有助于培养学生严密的逻辑思维能力和较强的抽象思维能力。该课程是以极限为工具，研究函数的微分和积分的一门学科。但是，许多数学类专业的学生反映难以学深弄透、融会贯通，特别是一些准备硕士研究生入学考试和参加全国数学竞赛的同学，要在较短的时间内掌握数学分析的基本知识、基本技能和解题技巧，并具有较强的解题能力，往往感到十分困难。

本书是为适应本科学生报考数学类专业硕士研究生和参加全国大学生数学竞赛的需要，在“数学分析选讲”选修课讲义的基础上编写的。通过本书的学习，有利于加深学生对数学分析的基本理论的理解，提高分析问题与解决问题的能力。本书系统地总结了数学分析的基本概念、基本结论和方法，并通过典型例题介绍解题的基本方法与技巧。这些典型例题中有的是部分高校和科研院所的硕士研究生入学试题，有的是全国大学生数学竞赛历年真题，其中以历届硕士研究生入学试题居多。本书在知识处理上力求整体化、系统化、深入化，注重概念的加深理解、定理的使用方法总结及典型例题解题方法的剖析，旨在揭示数学分析的方法、解题规律与技巧，使学生牢牢掌握数学分析的基本理论和方法，大力提高解题能力。

本书分为八章：数列极限与函数极限、一元函数的连续与一致连续、一元函数微分学、一元函数积分学、级数、一致收敛、多元函数微积分学、数学竞赛真题选解。这些内容的顺序与通用教材的顺序基本一致，涵盖了研究生入学考试和全国大学生数学竞赛的主要内容。本书既可以作为数学分析相关选修课的教材，又可为报考硕士研究生和参加全国大学生数学竞赛的学生提供复习指导，还可以作为有关专业的教师和学生的参考书。

本书在编写过程中，得到了韩山师范学院教务处的大力支持，并且还得到了中山大学周作领教授的热情关心与帮助。另外，湖北师范大学徐望斌副教授以及昭通学院韩艳讲师在本书排版和校对的过程中给了作者极大帮助，韩山师范学院数学与统计学院的苏伟林、纪伊玲、蔡耀凯、黎嘉朗、乔鹏刚、郑琼悦、杨业坤等同学在文字录入和校对方面给予了大力帮助，在此一并致谢。

本书的出版得到了暨南大学出版社的大力支持，特别感谢暨南大学出版社总编室周玉宏主任和编辑邓家昭的辛勤劳动，他们对书稿进行了十分仔细的编辑并提出了宝贵的修改意见，使本书增色甚多。本书的出版还得到了广东省教学质量工程数学分析教学团队项目（粤教高函〔2015〕133号）和韩山师范学院创新强校教学类项目“数学分析”（粤韩师教字〔2014〕97号）的资助。

本书写作始于2017年冬。由于时间仓促加上水平有限，错误和缺点一定在所难免，恳请读者不吝指正。

编　者

2018年4月

CONTENTS

目 录

第一章　数列极限与函数极限

一、预备知识

（一）实数及其性质

1. 实数的构成

$$\text{实数}\begin{cases}\text{有理数（有限小数和无限循环小数；或}\dfrac{q}{p}\text{，}p\text{，}q\text{ 为整数且 }p\neq 0\text{）}\\ \text{无理数（无限不循环小数）}\end{cases}$$

2. 实数的运算

实数的各种运算（四则运算、乘幂等）及中学介绍的运算法则均适用.

3. 实数的性质

（1）封闭性：（实数集 $\mathbf{R}$ 对 $+$，$-$，$\times$，$\div$）四则运算是封闭的，即任意两个实数的和、差、积、商（除数不为0）仍是实数.

（2）有序性：任意两个实数 a，b 必满足下列关系之一：$a<b$，$a>b$，$a=b$.

（3）传递性：$a>b$，$b>c\Rightarrow a>c$，或者 $a<b$，$b<c\Rightarrow a<c$.

（4）阿基米德性：$\forall a$，$b\in\mathbf{R}$，$b>a>0\Rightarrow\exists n\in\mathbf{N}$ 使得 $na>b$.

（5）稠密性：两个不等的实数之间总有另一个实数.

（6）实数与数轴（规定了原点、正方向、单位长度的直线）上的点有着一一对应关系.

（二）绝对值与不等式

绝对值与不等式是数学分析中进行论证的基本工具之一.

1. 绝对值的定义

实数 a 的绝对值的定义为 $|a|=\begin{cases}a, & a\geqslant 0\\ -a, & a<0\end{cases}$.

2. 性质

（1）$|a|=|-a|\geqslant 0$；$|a|=0\Leftrightarrow a=0$（非负性）；

（2）$-|a|\leqslant a\leqslant |a|$；

(3) $|a|<h \Leftrightarrow -h<a<h$，$|a| \leqslant h \Leftrightarrow -h \leqslant a \leqslant h$ $(h>0)$；
(4) 对任何 a，$b \in \mathbf{R}$，有 $|a|-|b| \leqslant |a \pm b| \leqslant |a|+|b|$（三角不等式）；
(5) $|ab|=|a| \cdot |b|$；
(6) $\left|\frac{a}{b}\right|=\frac{|a|}{|b|}$ $(b \neq 0)$.

（三）几个重要不等式

(1) 对于任意实数 a，b 有 $a^2+b^2 \geqslant 2|ab| \geqslant 2ab$；
(2) 对于任意实数 x 有 $|\sin x| \leqslant 1$，$|\sin x| \leqslant |x|$；
(3) 对满足 $x>0$ 的一切 x，有 $\sin x<x$；
(4) 均值不等式.
对 $\forall a_1, a_2, \cdots, a_n \in \mathbf{R}^+$，则有如下均值不等式：

$$\frac{n}{\frac{1}{a_1}+\frac{1}{a_2}+\cdots+\frac{1}{a_n}} \leqslant \sqrt[n]{a_1 a_2 \cdots a_n} \leqslant \frac{a_1+a_2+\cdots+a_n}{n} \leqslant \frac{\sqrt{a_1^2+a_2^2+\cdots+a_n^2}}{n},$$

这里等号当且仅当 $a_1=a_2=\cdots=a_n$ 时成立．特别地，两个正数 a，b 的均值不等式：

$$\frac{2}{\frac{1}{a}+\frac{1}{b}} \leqslant \sqrt{ab} \leqslant \frac{a+b}{2} \leqslant \frac{\sqrt{a^2+b^2}}{2}.$$

记忆技巧：调几算平（即按照从小到大的顺序：调和平均、几何平均、算术平均、平方平均）.

(5) 利用二项展开式得到的不等式.
设 $n \geqslant 3$，则对 $\forall h>0$，由二项展开式，有

$$(1+h)^n>nh,\ (1+h)^n>\frac{n(n-1)}{2}h^2,\ (1+h)^n>\frac{n(n-1)(n-2)}{6}h^3.$$

一般地，当 $n \geqslant k \geqslant 2$ 时，有

$$(1+h)^n>\frac{n(n-1)(n-2)\cdots(n-k+1)}{k!}h^k.$$

二、基本概念与基本结论

（一）数列极限

1. 数列极限的定义

定义 1　若 $\forall \varepsilon>0$，存在正整数 N，使得当 $n>N$ 时有 $|x_n-a|<\varepsilon$，则称常数 a 是数列 $\{x_n\}$ 的极限，或称数列 $\{x_n\}$ 收敛于 a，记为 $\lim\limits_{n\to\infty} x_n=a$，或 $x_n \to a$ $(n\to\infty)$，此时称极限 $\lim\limits_{n\to\infty} x_n$ 存在．如果数列没有极限，则称数列是发散的，即数列极限的 $\varepsilon-N$ 定义：

$$\lim_{n\to\infty} x_n=a \Leftrightarrow \forall \varepsilon>0，存在 N>0，使得当 n>N 时有 |x_n-a|<\varepsilon.$$

关于数列极限有如下等价命题（也可以作为数列极限的等价定义）.

命题 1　$\lim\limits_{n\to\infty} x_n=a \Leftrightarrow \forall \varepsilon>0$，存在 $N>0$，使得当 $n>N$ 时有 $|x_n-a|<k\varepsilon$（其中 k 是任意给定的正常数）.

命题 2　$\lim\limits_{n\to\infty} x_n = a \Leftrightarrow \forall 0<\varepsilon<1$，存在 $N>0$，使得当 $n>N$ 时有 $|x_n-a|<\varepsilon$.

证：必要性：设 $\lim\limits_{n\to\infty} x_n = a$，则由定义 1 可知 $\forall 0<\varepsilon<1$，存在 $N>0$，使得当 $n>N$ 时有 $|x_n-a|<\varepsilon$.

充分性：$\forall \varepsilon>0$，分两种情况讨论.

当 $0<\varepsilon<1$，由题设，存在 $N>0$，使得当 $n>N$ 时有 $|x_n-a|<\varepsilon$.

当 $\varepsilon\geqslant 1$ 时，由题设，任取 $0<\varepsilon_0<1$（比如，取 $\varepsilon_0=0.5$），存在 $N>0$，使得当 $n>N$ 时有 $|x_n-a|<\varepsilon_0$ 成立，从而有 $|x_n-a|<\varepsilon_0<1\leqslant\varepsilon$. 于是，对 $\varepsilon\geqslant 1$，存在 $N>0$，使得当 $n>N$ 时有 $|x_n-a|<\varepsilon$. 故命题 2 成立.

命题 3　$\lim\limits_{n\to\infty} x_n = a \Leftrightarrow \forall 0<\varepsilon<1$，存在 $N>0$，使得当 $n>N$ 时都有 $|x_n-a|<k\varepsilon$（其中 k 是任意给定的正常数）.

注 1：定义 1 和命题 2 中的不等式 $|x_n-a|<\varepsilon$ 可以改为 $|x_n-a|\leqslant\varepsilon$. 命题 1 和命题 3 中 $|x_n-a|<k\varepsilon$ 也可以改为 $|x_n-a|\leqslant k\varepsilon$.

注 2：在利用数列极限的定义验证某个数列的极限值时，有时找 N 比较困难，这时往往需要把 $|x_n-a|$ 适当地变形、放大，若放大后的式子小于 ε，那么必有 $|x_n-a|<\varepsilon$.

定义 2　称 $\lim\limits_{n\to\infty} x_n \neq a$，如果 $\exists \varepsilon_0>0$，$\forall N>0$，$\exists n_0>N$ 使得 $|x_{n_0}-a|\geqslant\varepsilon_0$.

2. **收敛数列的性质**

定理 1　（唯一性）若数列 $\{a_n\}$ 收敛，则它只有一个极限.

定理 2　（有界性）若数列 $\{a_n\}$ 收敛，那么它一定有界，即：对于数列 $\{a_n\}$，$\exists$ 正数 M，对一切 n，有 $|a_n|\leqslant M$.

定理 3　（保号性）若 $\lim\limits_{n\to\infty} a_n = a > a' > 0$（或 $\lim\limits_{n\to\infty} a_n = a < a' < 0$），则存在正数 N，使得当 $n>N$ 时有 $a_n>a'>0$（或 $a_n<a'<0$）.

上述极限的保号性有如下的等价描述.

定理 3′　（保正号）若 $\lim\limits_{n\to\infty} a_n = a>0$，则存在正数 N，使得当 $n>N$ 时有 $a_n>0$.

（保负号）若 $\lim\limits_{n\to\infty} a_n = a<0$，则存在正数 N，使得当 $n>N$ 时有 $a_n<0$.

定理 4　（保不等式性）设 $\{a_n\}$ 与 $\{b_n\}$ 均为收敛数列，若存在正数 N_0，使得当 $n>N_0$ 时有 $a_n\leqslant b_n$，则 $\lim\limits_{n\to\infty} a_n\leqslant \lim\limits_{n\to\infty} b_n$.

定理 5　（迫敛性）设收敛数列 $\{a_n\}$，$\{b_n\}$ 都以 a 为极限，且数列 $\{c_n\}$ 满足：存在正数 N_0，当 $n>N_0$ 时有 $a_n\leqslant c_n\leqslant b_n$，则数列 $\{c_n\}$ 收敛，且 $\lim\limits_{n\to\infty} c_n = a$.

（二）函数的极限

1. 自变量趋向有限值 x_0 时函数的极限

定义 3　如果 $\forall\varepsilon>0$，$\exists\delta>0$，使得当 $0<|x-x_0|<\delta$ 时有 $|f(x)-A|<\varepsilon$，就称常数 A 为函数 $f(x)$ 当 $x\to x_0$ 时的极限，记为 $\lim\limits_{x\to x_0} f(x)=A$，或 $f(x)\to A$（$x\to x_0$），此时称极限 $\lim\limits_{x\to x_0} f(x)$ 存在. 即函数极限的 $\varepsilon-\delta$ 定义：

$$\lim_{x\to x_0} f(x)=A \Leftrightarrow \forall\varepsilon>0,\ \exists\delta>0,\ \text{使得当 } 0<|x-x_0|<\delta \text{ 时有 } |f(x)-A|<\varepsilon.$$

注 3：定义 3 中 $0<|x-x_0|$ 表示 $x\neq x_0$，这说明当 $x\to x_0$ 时，$f(x)$ 有无极限与 $f(x)$ 在 x_0 点是否有定义无关（可以无定义，即使有定义，与 $f(x_0)$ 值也无关）. 定义 3 中要求 f 在 $\mathring{U}(x_0;\delta)=$

$\{x \mid 0<|x-x_0|<\delta\}$中有定义.

定义 4　如果 $\forall \varepsilon>0$，$\exists \delta>0$，当 $x_0-\delta<x<x_0$ 时（当 $x_0<x<x_0+\delta$ 时），有 $|f(x)-A|<\varepsilon$，则称 A 为 $f(x)$ 当 $x \to x_0$ 时的左（右）极限，记为 $\lim\limits_{x \to x_0^-} f(x)=A$ 或 $f(x_0-0)=A$ （$\lim\limits_{x \to x_0+} f(x)=A$ 或 $f(x_0+0)=A$）.

定理 6　$\lim\limits_{x \to x_0} f(x)=A \Leftrightarrow \lim\limits_{x \to x_0^-} f(x)=\lim\limits_{x \to x_0^+} f(x)=A$.

定义 5　$\lim\limits_{x \to x_0} f(x) \neq A \Leftrightarrow \exists \varepsilon_0>0$，$\forall \delta>0$，$\exists x_1$ 使得当 $0<|x_1-x_0|<\delta$ 时有 $|f(x_1)-A| \geqslant \varepsilon_0$.

2. **自变量趋向无穷大时函数的极限**

定义 6　设 $f(x)$ 当 $|x|>a(a>0)$ 时是有定义的，若 $\forall \varepsilon>0$，$\exists X(X>a)$，当 $|x|>X$ 时，有 $|f(x)-A|<\varepsilon$，就称 A 为 $f(x)$ 当 $x \to \infty$ 时的极限，记为 $\lim\limits_{x \to \infty} f(x)=A$ 或 $f(x) \to A(x \to \infty)$. 即

$$\lim_{x \to \infty} f(x)=A \Leftrightarrow \forall \varepsilon>0,\ \exists X>0\ (X>a),\ 当 |x|>X 时, 有 |f(x)-A|<\varepsilon.$$

注 4：设 $f(x)$ 在 $[a,+\infty)((-\infty,b])$ 上有定义，若对 $\forall \varepsilon>0$，$\exists X>0$，当 $x>X$ （$x<-X$） 时，有 $|f(x)-A|<\varepsilon$，就称 A 为 $f(x)$ 当 $x \to +\infty$ （$x \to -\infty$） 时的极限，记为 $\lim\limits_{x \to +\infty} f(x)=A$，或 $f(x) \to A$ （当 $x \to +\infty$） （$\lim\limits_{x \to -\infty} f(x)=A$，或 $f(x) \to A$ （当 $x \to -\infty$））.

注 5：$\lim\limits_{x \to \infty} f(x)=A \Leftrightarrow \lim\limits_{x \to +\infty} f(x)=\lim\limits_{x \to -\infty} f(x)=A$.

（三）极限存在的条件

1. **单调有界定理**

定理 7　单调有界数列必有极限.

如果数列 x_n 满足：$x_1 \leqslant x_2 \leqslant \cdots \leqslant x_n \leqslant \cdots$，就称之为单调递增（或单调上升）数列；若满足：$x_1 \geqslant x_2 \geqslant \cdots \geqslant x_n \geqslant \cdots$，就称之为单调递减（或单调下降）数列.

注 6：单调递增数列必有下界；单调递减数列必有上界.

定理 8　有界的单调数列必有极限. 具体包括两个方面：

单调递增且有上界的数列必有极限；单调递减且有下界的数列必有极限.

2. **迫敛性（两边夹法则）**

数列的迫敛性见定理 5. 下面介绍函数的迫敛性.

定理 9　如果函数 $f(x)$，$g(x)$，$h(x)$满足下列条件：

（1） 当 $x \in \mathring{U}(x_0;\delta)$ （$|x|>M$） 时，有 $g(x) \leqslant f(x) \leqslant h(x)$；

（2） 当 $x \to x_0$ （$x \to \infty$） 时，有 $g(x) \to A$，$h(x) \to A$. 那么当 $x \to x_0$ （$x \to \infty$） 时，$f(x)$的极限存在，且等于 A.

3. **柯西（Cauchy）收敛准则**

定理 10　（数列极限柯西收敛准则）数列 $\{x_n\}$收敛 $\Leftrightarrow \forall \varepsilon>0$，$\exists N>0$，当 $n>N$，$m>N$ 时，有 $|x_n-x_m|<\varepsilon$.

4. 归结原则

定理 11 （归结原则）设函数 f 在点 x_0 的某空心邻域 $\mathring{U}(x_0)$ 内有定义，则极限 $\lim\limits_{x\to x_0} f(x)$ 存在⇔对任何 $\{x_n\}\subset\mathring{U}(x_0)$ 且 $x_n\to x_0$ （$n\to\infty$），$\lim\limits_{n\to\infty} f(x_n)$ 都存在且相等.

5. 子列收敛原则

定理 12 （子列收敛原则）数列 $\{x_n\}$ 收敛⇔子列 $\{x_{2n}\}$ 与 $\{x_{2n-1}\}$ 都收敛且极限相等.

（四）无穷小与无穷大

1. 无穷小

若 $f(x)$ 当 $x\to x_0$ 的极限为零，就称 $f(x)$ 为当 $x\to x_0$ （或 x 按照其他任何趋势）时的无穷小，即有

定义 7 若 $\forall\varepsilon>0$，$\exists\delta>0$ （$X>0$），使得当 $0<|x-x_0|<\delta$ （$|x|>X$）时，有 $|f(x)|<\varepsilon$ 成立，就称 $f(x)$ 为当 $x\to x_0$ （$x\to\infty$）时的无穷小，记为 $\lim\limits_{x\to x_0} f(x)=0$ （$\lim\limits_{x\to\infty} f(x)=0$）.

注 7：除上两种之外，还有 $x\to-\infty$，$x\to+\infty$，$x\to x_0^-$，$x\to x_0^+$ 的情形.

定理 13 当自变量在同一变化过程（例如 $x\to x_0$ 或 $x\to\infty$）中时，则

（1）具有极限 A 的函数 $f(x)$ 等于其极限 A 与一个无穷小之和，即：A 为 $f(x)$ 的极限⇔$f(x)-A$ 为无穷小.

（2）若一函数可表示为一常数与无穷小之和，那么该常数就是其极限.

2. 无穷大

若当 $x\to x_0$ （或 $x\to\infty$）时有 $f(x)\to\infty$，就称 $f(x)$ 为当 $x\to x_0$ （或 $x\to\infty$）时的无穷大.

定义 8 若对 $\forall M>0$，$\exists\delta>0$ （$X>0$），使得当 $0<|x-x_0|<\delta$ （$|x|>X$）时，有 $|f(x)|>M$，就称 $f(x)$ 当 $x\to x_0$ （$x\to\infty$）时的无穷大，记作 $\lim\limits_{x\to x_0} f(x)=\infty$ （$\lim\limits_{x\to\infty} f(x)=\infty$）.

注 8：同理还有 $f(x)\to-\infty$，$f(x)\to+\infty$ 时的定义.

注 9：无穷大也不是一个数，不要将其与非常大的数混淆.

注 10：若 $\lim f(x)=\infty$ （或 $-\infty$，$+\infty$），按通常意义是 $f(x)$ 的极限不存在.

定理 14 当自变量在同一变化过程中时

（1）若 $f(x)$ 为无穷大，则 $\dfrac{1}{f(x)}$ 为无穷小.

（2）若 $f(x)$ 为无穷小，且 $f(x)\neq0$，则 $\dfrac{1}{f(x)}$ 为无穷大.

注 11：由于数列是一个特殊的函数，故数列也有无穷大和无穷小的定义.

3. 无穷小的阶

定义 9 设 α 与 β 为 x 在同一变化过程中的两个无穷小，

（1）若 $\lim\dfrac{\beta}{\alpha}=0$，就说 β 是比 α 高阶的无穷小，记为 $\beta=o(\alpha)$.

（2）若 $\lim \frac{\beta}{\alpha}=\infty$，就说 β 是比 α 低阶的无穷小.

（3）若 $\lim \frac{\beta}{\alpha}=C\neq 0$，就说 β 是比 α 同阶的无穷小.

（4）若 $\lim \frac{\beta}{\alpha}=1$，就说 β 与 α 是等价无穷小，记为 $\alpha\sim\beta$.

注 12：等价无穷小具有传递性：即 $\alpha\sim\beta$，$\beta\sim\gamma\Rightarrow\alpha\sim\gamma$.

用等价无穷小可以简化极限的运算，事实上，有如下定理.

定理 15　若 α，β，α'，β' 均为 x 的同一变化过程中的无穷小，且 $\alpha\sim\alpha'$，$\beta\sim\beta'$ 及 $\lim \frac{\beta'}{\alpha'}$ 存在，那么 $\lim \frac{\beta}{\alpha}=\lim \frac{\beta'}{\alpha'}$.

注 13：用等价无穷小代换适用于乘、除运算，对于加、减运算须谨慎.

4. 函数极限的性质

我们在前面引入了下述六种类型的函数极限：

（1）$\lim\limits_{x\to+\infty} f(x)$；　（2）$\lim\limits_{x\to-\infty} f(x)$；　（3）$\lim\limits_{x\to\infty} f(x)$；

（4）$\lim\limits_{x\to x_0} f(x)$；　（5）$\lim\limits_{x\to x_0^+} f(x)$；　（6）$\lim\limits_{x\to x_0^-} f(x)$.

下面以第（4）种类型的极限为代表叙述并证明这些性质.

定理 16　函数极限具有以下性质：

（1）（唯一性）若极限 $\lim\limits_{x\to x_0} f(x)$ 存在，则此极限是唯一的.

（2）（局部有界性）若 $\lim\limits_{x\to x_0} f(x)$ 存在，则 f 在 x_0 的某空心邻域 $\mathring{U}(x_0)$ 内有界.

（3）（局部保号性）若 $\lim\limits_{x\to x_0} f(x)=A>r>0$（或 $\lim\limits_{x\to x_0} f(x)=A<-r<0$），则存在某空心邻域 $\mathring{U}(x_0)$，使得对一切 $x\in\mathring{U}(x_0)$ 有 $f(x)>r>0$（或 $f(x)<-r<0$）.

（4）（保不等式性）设 $\lim\limits_{x\to x_0} f(x)$ 与 $\lim\limits_{x\to x_0} g(x)$ 都存在，且在某空心邻域 $\mathring{U}(x_0)$ 内有 $f(x)\leqslant g(x)$，则 $\lim\limits_{x\to x_0} f(x)\leqslant \lim\limits_{x\to x_0} g(x)$.

（5）（迫敛性）设 $\lim\limits_{x\to x_0} f(x)=\lim\limits_{x\to x_0} g(x)=A$，且在某空心邻域 $\mathring{U}(x_0)$ 内有 $f(x)\leqslant h(x)\leqslant g(x)$，则 $\lim\limits_{x\to x_0} h(x)=A$.

（6）（四则运算法则）若极限 $\lim\limits_{x\to x_0} f(x)$ 与 $\lim\limits_{x\to x_0} g(x)$ 都存在，则函数 $f\pm g$，$f\cdot g$ 当 $x\to x_0$ 时极限也存在，且

① $\lim\limits_{x\to x_0}[f(x)\pm g(x)]=\lim\limits_{x\to x_0} f(x)\pm\lim\limits_{x\to x_0} g(x)$；

② $\lim\limits_{x\to x_0}[f(x)g(x)]=\lim\limits_{x\to x_0} f(x)\cdot\lim\limits_{x\to x_0} g(x)$；

又若 $\lim\limits_{x\to x_0} g(x)\neq 0$，则 f/g 当 $x\to x_0$ 时极限存在，且有

③ $\lim\limits_{x\to x_0}\frac{f(x)}{g(x)}=\frac{\lim\limits_{x\to x_0} f(x)}{\lim\limits_{x\to x_0} g(x)}$.

5. **函数极限存在的条件**

定理 17　（归结原则）设 f 在 $\mathring{U}(x_0;\delta')$ 内有定义. $\lim\limits_{x\to x_0}f(x)$ 存在的充要条件是：对任何含于 $\mathring{U}(x_0;\delta')$ 且以 x_0 为极限的数列 $\{x_n\}$，极限 $\lim\limits_{n\to\infty}f(x_n)$ 存在且相等.

定理 18　（单调有界定理）相应于数列极限的单调有界定理，关于上述四类单侧极限也有相应的定理. 现以 $x\to x_0^+$ 这种类型为例叙述如下：设 f 为定义在 $\mathring{U}_+(x_0)$ 上的单调有界函数，则右极限 $\lim\limits_{x\to x_0^+}f(x)$ 存在.

定理 19　（柯西准则）设函数 f 在 $\mathring{U}(x_0;\delta')$ 内有定义. $\lim\limits_{x\to x_0}f(x)$ 存在的充要条件是：任给 $\varepsilon>0$，存在正数 $\delta(<\delta')$，使得对任何 $x',x''\in\mathring{U}(x_0;\delta)$ 有 $|f(x')-f(x'')|<\varepsilon$.

6. **两个重要极限**

（1）$\lim\limits_{x\to 0}\dfrac{\sin x}{x}=1$；（2）$\lim\limits_{x\to\infty}\left(1+\dfrac{1}{x}\right)^x=\mathrm{e}$.

三、典型方法

由于数列极限是数学分析的最基本概念，求数列极限或者关于数列极限的题目几乎在所有研究生入学考试和各类大学生数学竞赛中占有较大的比例，本章主要讨论求数列极限的典型方法.

求数列极限的典型方法如下所示：

求极限典型方法：
- 单调有界定理
- 两边夹法则
- 等价无穷小法
- 化为未定型（利用洛必达法则）
- 阶的估计法（利用泰勒公式）
- 利用斯托兹（Stolz）定理：$\left.\begin{array}{l} y_n\to+\infty \\ \lim\limits_{n\to\infty}\dfrac{x_n-x_{n-1}}{y_n-y_{n-1}}=A\end{array}\right\}\Rightarrow \lim\limits_{n\to\infty}\dfrac{x_n}{y_n}=\lim\limits_{n\to\infty}\dfrac{x_n-x_{n-1}}{y_n-y_{n-1}}=A$
- 定义法（利用 $\varepsilon-N$ 定义或 $\varepsilon-\delta$ 定义等）
- 化为定积分：$\lim\limits_{n\to\infty}\dfrac{1}{n}\sum\limits_{k=1}^{n}f\left(\dfrac{k}{n}\right)=\int_0^1 f(x)\,\mathrm{d}x$
- 有界变差数列法
- 压缩数列法
- 递推数列的不动点方法（利用压缩映射原理）
- 化为黄金分割数列：$x_{n+1}=\dfrac{1}{1+x_n}(x_1=1)$，$x_n\to\dfrac{\sqrt{5}-1}{2}=0.618\cdots$

四、例题选讲

(一) 极限典型题

本节结合上述求极限的典型方法，给出典型例子说明这些方法在求极限时采用的常用技巧.

方法一：单调有界定理

例 1 （中国人民大学）设 $x_1\in\left(0,\dfrac{\pi}{2}\right)$，$x_{n+1}=\sin x_n(n\geqslant 1)$. 证明：$\lim\limits_{n\to\infty}x_n=0$.

[解题要点] 用数学归纳法证明数列$\{x_n\}$单调递减有下界. 当 $\xi=\sin\xi$，且 $0\leqslant\xi\leqslant\dfrac{\pi}{2}$ 时，用反证法证明 $\xi=0$.

证：先证$\{x_n\}$收敛. 由 $x_1\in\left(0,\dfrac{\pi}{2}\right)$，$x_2=\sin x_1$，有 $0<x_2=\sin x_1<x_1<\dfrac{\pi}{2}$，故 $x_2\in\left(0,\dfrac{\pi}{2}\right)$. 由归纳法，对任意 $n\geqslant 1$，有 $x_n\in\left(0,\dfrac{\pi}{2}\right)$，且 $x_{n+1}<x_n$，故$\{x_n\}$单调递减有下界 0，由单调有界定理知$\{x_n\}$收敛.

下证 $x_n\to 0(n\to\infty)$. 设 $x_n\to\xi(n\to\infty)$，由于 $x_n\in\left(0,\dfrac{\pi}{2}\right)$，则 $0\leqslant\xi\leqslant\dfrac{\pi}{2}$. 又 $x_{n+1}=\sin x_n$，令 $n\to\infty$，有 $\xi=\sin\xi$，故 $\xi\neq\dfrac{\pi}{2}$. 下证 $\xi=0$.

反证法：若 $\xi\neq 0$ 则 $0<\xi<\dfrac{\pi}{2}$，与 $\xi=\sin\xi<\xi$ 矛盾. 故 $\xi=0$，即 $x_n\to 0(n\to\infty)$.

例 2 证明：数列$\{x_n\}$收敛，其中 $x_n=1+\dfrac{1}{2}+\dfrac{1}{3}+\cdots+\dfrac{1}{n}-\ln n$.

[解题要点] 利用不等式$\dfrac{1}{n+1}<\ln\left(1+\dfrac{1}{n}\right)<\dfrac{1}{n}$ $(n\geqslant 1)$ 证明数列$\{x_n\}$单调递减有下界.

证：对任意 $n\geqslant 1$，由$\dfrac{1}{n+1}<\ln\left(1+\dfrac{1}{n}\right)<\dfrac{1}{n}$，可知 $x_{n+1}-x_n=\dfrac{1}{n+1}-\ln\left(1+\dfrac{1}{n}\right)<0$，于是，$\{x_n\}$单调递减. 观察不等式 $\ln\left(1+\dfrac{1}{n}\right)<\dfrac{1}{n}$，有

$$\ln\frac{2}{1}<\frac{1}{1},\ \ln\frac{3}{2}<\frac{1}{2},\ \ln\frac{4}{3}<\frac{1}{3},\ \cdots,\ \ln\frac{n+1}{n}<\frac{1}{n}.$$

将上述不等式相加得

$$\ln\left(\frac{2}{1}\cdot\frac{3}{2}\cdot\frac{4}{3}\cdot\cdots\cdot\frac{n+1}{n}\right)<\frac{1}{1}+\frac{1}{2}+\cdots+\frac{1}{n},$$

于是，

$$x_n=1+\frac{1}{2}+\frac{1}{3}+\cdots+\frac{1}{n}-\ln n\geqslant 1+\frac{1}{2}+\frac{1}{3}+\cdots+\frac{1}{n}-\ln(n+1)>0.$$

故$\{x_n\}$单调递减有下界 0，由单调有界定理即知$\{x_n\}$收敛.

方法二：两边夹法则

例 3　求极限 $\lim\limits_{n\to\infty}(a^n+b^n+c^n)^{\frac{1}{n}}(a\geqslant0,\ b\geqslant0,\ c\geqslant0)$.

[解题要点]　利用不等式 $d^n\leqslant a^n+b^n+c^n\leqslant3d^n$（$d=\max\{a,\ b,\ c\}$），设法构造两边夹不等式.

解：令 $d=\max\{a,\ b,\ c\}$，则

$$d=(d^n)^{\frac{1}{n}}\leqslant(a^n+b^n+c^n)^{\frac{1}{n}}\leqslant(3d^n)^{\frac{1}{n}}=\sqrt[n]{3}d\to d\ (n\to\infty),$$

故 $\lim\limits_{x\to\infty}(a^n+b^n+c^n)^{\frac{1}{n}}=\max\{a,\ b,\ c\}$.

类似地，有下例.

例 4　求极限 $\lim\limits_{n\to\infty}({a_1}^n+{a_2}^n+\cdots+{a_k}^n)^{\frac{1}{n}}(a_1,\ a_2,\ \cdots,\ a_k\geqslant0)$.

答案：原式 $=\max\{a_1,\ a_2,\ \cdots,\ a_k\}$.

方法三：等价无穷小法

注意：当 $x\to0$ 时，常用的等价无穷小有 $\sin x\sim x$，$\tan x\sim x$，$\arcsin x\sim x$，$\arctan x\sim x$，$1-\cos x\sim\frac{x^2}{2}$，$(1+x)^\alpha-1\sim\alpha x$（其中 $\alpha>0$），$\sqrt[n]{1+x}-1\sim\frac{x}{n}$，$\sqrt{1+x}-1\sim\frac{x}{2}$，$a^x-1\sim x\ln a$，$e^x-1\sim x$，$\ln(1+x)\sim x$.

注 14：以上 x 换成其他任何无穷小量仍成立. 例如 $\sin\tan x\sim\tan x\sim x$（$x\to0$），$\sin\frac{1}{n}\sim\frac{1}{n}$（$n\to\infty$）.

例 5　当 $x\to x_0$ 时，α、β、$\bar{\alpha}$、$\bar{\beta}$ 都是无穷小，且 $\alpha\sim\bar{\alpha}$，$\beta\sim\bar{\beta}$. 证明：

（1）$\lim\limits_{x\to x_0}\alpha f=\lim\limits_{x\to x_0}\bar{\alpha}f$，$\lim\limits_{x\to x_0}\frac{f}{\beta g}=\lim\limits_{x\to x_0}\frac{f}{\bar{\beta}g}$；

（2）若 $\lim\limits_{x\to x_0}\frac{\bar{\beta}}{\bar{\alpha}}=\lim\limits_{x\to x_0}\frac{\beta}{\alpha}\neq-1$，则 $\alpha+\beta\sim\bar{\alpha}+\bar{\beta}$；

（3）若 $\lim\limits_{x\to x_0}\frac{\bar{\beta}}{\bar{\alpha}}=\lim\limits_{x\to x_0}\frac{\beta}{\alpha}\neq1$，则 $\alpha-\beta\sim\bar{\alpha}-\bar{\beta}$.

[解题要点]　利用等价无穷小的定义.

证：（1）因为当 $x\to x_0$ 时，α、β、$\bar{\alpha}$、$\bar{\beta}$ 都是无穷小，且 $\alpha\sim\bar{\alpha}$，$\beta\sim\bar{\beta}$，显然有

$$\lim_{x\to x_0}\alpha f=\lim_{x\to x_0}\bar{\alpha}f,\ \lim_{x\to x_0}\frac{f}{\beta g}=\lim_{x\to x_0}\frac{f}{\bar{\beta}g}.$$

（2）由于

$$\lim_{x\to x_0}\frac{\alpha+\beta}{\bar{\alpha}+\bar{\beta}}=\lim_{x\to x_0}\frac{\frac{\alpha+\beta}{\alpha}}{\frac{\bar{\alpha}+\bar{\beta}}{\bar{\alpha}}}=\lim_{x\to x_0}\frac{1+\frac{\beta}{\alpha}}{1+\frac{\bar{\beta}}{\bar{\alpha}}}=\frac{1+\lim\limits_{x\to x_0}\frac{\beta}{\alpha}}{1+\lim\limits_{x\to x_0}\frac{\bar{\beta}}{\bar{\alpha}}}=1,$$

因此 $\alpha+\beta\sim\bar{\alpha}+\bar{\beta}$.

（3）证明方法与技巧同（2），证明从略.

例 6 求(1) $\lim\limits_{x\to 0}\dfrac{\sin(\sin x)+\sin 2x}{\tan x-3\arctan 2x}$.

(2)(复旦大学) $\lim\limits_{x\to 0}\dfrac{\sqrt{1+\tan x}-\sqrt{1-\sin x}}{e^{x}-1}$.

[解题要点] 设法利用结论:(1)若 $\lim\limits_{x\to x_0}\dfrac{\bar\beta}{\bar\alpha}=\lim\limits_{x\to x_0}\dfrac{\beta}{\alpha}\neq -1$,则 $\alpha+\beta\sim\bar\alpha+\bar\beta$;(2)当 $x\to 0$时有 $(1+x)^{\alpha}-1\sim\alpha x$,$1-(1+x)^{\alpha}\sim-\alpha x$,其中 $\alpha>0$.

解:(1)由于当$x\to 0$时,$\sin(\sin x)\sim\sin x\sim x$,$\sin 2x\sim 2x$,$\tan x\sim x$,$-3\arctan 2x\sim -3\cdot 2x=-6x$,且

$$\lim_{x\to 0}\frac{x}{2x}=\frac{1}{2}\neq -1,\ \lim_{x\to 0}\frac{x}{-6x}=-\frac{1}{6}\neq -1.$$

因此,

$$\sin(\sin x)+\sin(2x)\sim x+2x=3x,$$
$$\tan x-3\arctan 2x\sim x-6x=-5x,$$

故原式 $=\lim\limits_{x\to 0}\dfrac{3x}{-5x}=-\dfrac{3}{5}$.

(2)由于当 $x\to 0$ 时,$\sqrt{1+\tan x}-1\sim\dfrac{\tan x}{2}\sim\dfrac{x}{2}$,

$$1-\sqrt{1-\sin x}\sim-\frac{1}{2}\cdot(-\sin x)=\frac{1}{2}\sin x\sim\frac{x}{2},$$
$$e^{x}-1\sim x,$$

又 $\lim\limits_{x\to 0}\dfrac{\frac{x}{2}}{\frac{x}{2}}=1\neq -1$,故

$$\lim_{x\to 0}\frac{\sqrt{1+\tan x}-\sqrt{1-\sin x}}{e^{x}-1}=\lim_{x\to 0}\frac{(\sqrt{1+\tan x}-1)+(1-\sqrt{1-\sin x})}{e^{x}-1}$$
$$=\lim_{x\to 0}\frac{\frac{x}{2}+\frac{x}{2}}{x}=\lim_{x\to 0}\frac{x}{x}=1.$$

方法四:化为未定型(利用洛必达法则)

常见未定型有$\dfrac{0}{0}$型,$\dfrac{\infty}{\infty}$型,$\dfrac{\bullet}{\infty}$型,以及可化成$\dfrac{0}{0}$、$\dfrac{\infty}{\infty}$的未定型.

例 7 求极限 $\lim\limits_{n\to\infty}[(n+1)^{p}-n^{p}]$ $(0<p<1)$.

解法 1:化为$\dfrac{0}{0}$型未定型.

[解题要点] (1)化为$\dfrac{0}{0}$型未定型后利用洛必达法则;(2)$\lim\limits_{t\to 0^{+}}t^{\alpha}=0$ $(\alpha>0)$.

$$\text{原式}=\lim_{n\to\infty}n^{p}\left[\left(1+\frac{1}{n}\right)^{p}-1\right]\xlongequal{t=\frac{1}{n}}\lim_{t\to 0^{+}}\frac{(1+t)^{p}-1}{t^{p}}$$

$$=\lim_{t\to0^+}\frac{p(1+t)^{p-1}}{pt^{p-1}}=\lim_{t\to0^+}\frac{t^{1-p}}{(1+t)^{1-p}}=0.$$

解法2：利用等价无穷小.

[解题要点] 利用 $(1+\frac{1}{n})^{\alpha}-1\sim\frac{1}{n}\cdot\alpha$ $(\alpha>0,\ n\to\infty)$.

$$原式=\lim_{n\to\infty}\frac{\left(1+\frac{1}{n}\right)^p-1}{\left(\frac{1}{n}\right)^p}=\lim_{n\to\infty}\frac{p\cdot\frac{1}{n}}{\left(\frac{1}{n}\right)^p}=\lim_{n\to\infty}p\cdot\left(\frac{1}{n}\right)^{1-p}=0.$$

例 8 求极限 $\lim\limits_{x\to0}\left(\frac{a^x+b^x+c^x}{3}\right)^{\frac{1}{x}}(a,\ b,\ c>0)$.

[解题要点] $\lim f(x)=\lim \mathrm{e}^{\ln f(x)}=\mathrm{e}^{\lim\ln f(x)}$

解：原式 $=\mathrm{e}^{\lim\limits_{x\to0}\frac{1}{x}\ln\frac{a^x+b^x+c^x}{3}}=\mathrm{e}^{\lim\limits_{x\to0}\frac{\ln\frac{a^x+b^x+c^x}{3}}{x}}=\mathrm{e}^{\lim\limits_{x\to0}\frac{3}{a^x+b^x+c^x}\cdot\frac{a^x\ln a+b^x\ln b+c^x\ln c}{3}}$

$=\mathrm{e}^{\frac{1}{3}\ln(abc)}=\sqrt[3]{abc}$.

例 9 求极限 $\lim\limits_{n\to\infty}\left(\frac{a^{\frac{1}{n}}+b^{\frac{1}{n}}+c^{\frac{1}{n}}}{3}\right)^n(a,\ b,\ c>0)$.

[解题要点] 利用归结原则和例 8 结论.

解：令 $x=\frac{1}{n}$，代入原式并由例 8 得

$$原式=\sqrt[3]{abc}.$$

例 10 求极限 $\lim\limits_{n\to\infty}\left(\frac{a_1^{\frac{1}{n}}+a_2^{\frac{1}{n}}+\cdots+a_m^{\frac{1}{n}}}{m}\right)^n(a_1,\ a_2,\ \cdots,\ a_m>0)$.

[解题要点] 利用归结原则和例 9 结论.

解：令 $x=\frac{1}{n}$，代入原式并由例 9 得

$$原式=\sqrt[m]{a_1a_2\cdots a_m}.$$

例 11 已知 $\lim\limits_{x\to\infty}[f(x)+f'(x)]=k$(有限)，求 $\lim\limits_{x\to\infty}f(x)$.

[解题要点] 化为 $\frac{\bullet}{\infty}$ 型未定型.

解：$\lim\limits_{x\to\infty}f(x)=\lim\limits_{x\to\infty}\frac{\mathrm{e}^xf(x)}{\mathrm{e}^x}=\lim\limits_{x\to\infty}\frac{[\mathrm{e}^xf(x)]'}{(\mathrm{e}^x)'}=\lim\limits_{x\to\infty}\frac{\mathrm{e}^xf(x)+\mathrm{e}^xf'(x)}{\mathrm{e}^x}$

$=\lim\limits_{x\to\infty}[f(x)+f'(x)]=k.$

方法五：阶的估计法（利用泰勒公式）

常用泰勒公式：当 $x\to0$ 时，有 $\sin x=x-\frac{x^3}{3!}+o(x^4)$；$\cos x=1-\frac{x^2}{2!}+o(x^3)$；$\tan x=x+\frac{x^3}{3}+\frac{2x^5}{15}+o(x^6)$；$\mathrm{e}^x=1+x+\frac{x^2}{2!}+o(x^2)$；$\ln(1+x)=x-\frac{x^2}{2}+o(x^2)$；$(1+x)^{\alpha}=1+\alpha x+\frac{\alpha(\alpha-1)}{2!}x^2+o(x^3)$.

例 12　求：(1) $\lim\limits_{n\to\infty} n^2\left(1-n\sin\dfrac{1}{n}\right)$；

(2) $\lim\limits_{n\to\infty} n\left[\mathrm{e}\left(1+\dfrac{1}{n}\right)^{-n}-1\right]$.

[解题要点]　(1) $\sin\dfrac{1}{n}=\dfrac{1}{n}-\dfrac{1}{6n^3}+o\left(\dfrac{1}{n^4}\right)$ $(n\to\infty)$；(2) $\mathrm{e}\left(1+\dfrac{1}{n}\right)^{-n}=\mathrm{e}^{1-n\ln\left(1+\frac{1}{n}\right)}$；(3) $\ln\left(1+\dfrac{1}{n}\right)=\dfrac{1}{n}-\dfrac{1}{2n^2}+o\left(\dfrac{1}{n^2}\right)$ $(n\to\infty)$.

解：(1) 方法 1：

$$\lim_{n\to\infty} n^2\left(1-n\sin\frac{1}{n}\right)=\lim_{n\to\infty}\frac{1-\dfrac{\sin\frac{1}{n}}{\frac{1}{n}}}{\dfrac{1}{n^2}}\xlongequal{\left(x=\frac{1}{n}\right)}\lim_{x\to0^+}\frac{1-\dfrac{\sin x}{x}}{x^2}$$

$$=\lim_{x\to0^+}\frac{x-\sin x}{x^3}=\lim_{x\to0^+}\frac{x-\left(x-\dfrac{x^3}{3!}+o(x^4)\right)}{x^3}=\lim_{x\to0^+}\frac{\dfrac{x^3}{6}+o(x^4)}{x^3}=\frac{1}{6}.$$

方法 2：由于 $\sin x=x-\dfrac{x^3}{3!}+o(x^4)\xlongequal{\left(x=\frac{1}{n}\right)}\sin\dfrac{1}{n}=\dfrac{1}{n}-\dfrac{1}{6n^3}+o\left(\dfrac{1}{n^4}\right)$，故

$$原式=\lim_{n\to\infty} n^2\left[1-n\left(\frac{1}{n}-\frac{1}{6n^3}+o\left(\frac{1}{n^4}\right)\right)\right]$$

$$=\lim_{n\to\infty} n^2\left[1-1+\frac{1}{6n^2}+o\left(\frac{1}{n^3}\right)\right]=\lim_{n\to\infty}\left(\frac{1}{6}+o\left(\frac{1}{n}\right)\right)=\frac{1}{6}.$$

(2) 设 $x_n=n\left[\mathrm{e}\left(1+\dfrac{1}{n}\right)^{-n}-1\right]$，则

$$x_n=n\left[\mathrm{e}^{1-n\ln\left(1+\frac{1}{n}\right)}-1\right]=n\left[\mathrm{e}^{1-n\left[\frac{1}{n}-\frac{1}{2n^2}+o\left(\frac{1}{n^2}\right)\right]}-1\right]=n\left[\mathrm{e}^{\frac{1}{2n}+o\left(\frac{1}{n}\right)}-1\right]$$

$$=n\left[1+\frac{1}{2n}+o\left(\frac{1}{n}\right)-1\right]=\frac{1}{2}+o(1),$$

这里由 $\ln(1+x)=x-\dfrac{x^2}{2}+o(x^2)$，有

$$\ln\left(1+\frac{1}{n}\right)=\frac{1}{n}-\frac{1}{2n^2}+o\left(\frac{1}{n^2}\right);$$

由 $\mathrm{e}^x=1+x+o(x)$，有

$$\mathrm{e}^{\frac{1}{2n}+o\left(\frac{1}{n}\right)}=1+\frac{1}{2n}+o\left(\frac{1}{n}\right)+o\left(\frac{1}{2n}+o\left(\frac{1}{n}\right)\right)=1+\frac{1}{2n}+o\left(\frac{1}{n}\right),$$

故 $x_n\to\dfrac{1}{2}(n\to\infty)$.

例 13 求 $\lim\limits_{n\to\infty}\dfrac{n(\sqrt[n]{n}-1)}{\ln n}$.

[解题要点] 利用 $\sqrt[n]{n}-1=e^{\frac{\ln n}{n}}-1\sim\dfrac{\ln n}{n}\ (n\to\infty)$；或者 $\sqrt[n]{n}-1=e^{\frac{\ln n}{n}}-1=1+\dfrac{\ln n}{n}+o\left(\dfrac{\ln n}{n}\right)-1=\dfrac{\ln n}{n}+o\left(\dfrac{\ln n}{n}\right)$.

解：$\lim\limits_{n\to\infty}\dfrac{n(\sqrt[n]{n}-1)}{\ln n}=\lim\limits_{n\to\infty}\dfrac{e^{\frac{\ln n}{n}}-1}{\dfrac{\ln n}{n}}=\lim\limits_{n\to\infty}\dfrac{1+\dfrac{\ln n}{n}+o\left(\dfrac{\ln n}{n}\right)-1}{\dfrac{\ln n}{n}}=\lim\limits_{n\to\infty}\dfrac{1+o(1)}{1}=1.$

这里由 $e^x=1+x+o(x)(x\to 0)$，有 $e^{\frac{\ln n}{n}}=1+\dfrac{\ln n}{n}+o\left(\dfrac{\ln n}{n}\right)\ (n\to\infty)$.

例 14 求 $\lim\limits_{x\to 0}\dfrac{(1+x)^x-\cos\dfrac{x}{2}}{\left(\sin x-\sin\dfrac{x}{2}\right)\ln(1+x)}$.

[解题要点] (1) 设法将 $(1+x)^x$，$\cos\dfrac{x}{2}$，$\sin x$，$\sin\dfrac{x}{2}$，$\ln(1+x)$ 用泰勒公式展开；(2) 注意 $(1+x)^x=e^{x\ln(1+x)}=e^{x^2-\frac{x^3}{2}+o(x^3)}$.

解：由 $e^t=1+t+o(t)(t\to 0)$，令 $t=x^2-\dfrac{x^3}{2}+o(x^3)$，则 $o(t)=o(x^2)$. 于是当 $x\to 0$ 时，

$$(1+x)^x=e^{x\ln(1+x)}=e^{x^2-\frac{x^3}{2}+o(x^3)}=1+x^2-\frac{x^3}{2}+o(x^3)+o(x^2)=1+x^2-\frac{x^3}{2}+o(x^2), \tag{①}$$

这里应用 $\ln(1+x)=x-\dfrac{x^2}{2}+o(x^2)$. 又 $x\to 0$ 时，有

$$\cos\frac{x}{2}=1-\frac{x^2}{8}+o(x^3), \tag{②}$$

$$\sin x-\sin\frac{x}{2}=[x+o(x^2)]-\left[\frac{x}{2}+o(x^2)\right]=\frac{x}{2}+o(x^2), \tag{③}$$

$$\ln(1+x)=x+o(x), \tag{④}$$

故
$$\lim_{x\to 0}\frac{(1+x)^x-\cos\frac{x}{2}}{\left(\sin x-\sin\frac{x}{2}\right)\ln(1+x)}=\lim_{x\to 0}\frac{1+x^2-\frac{x^3}{2}+o(x^2)-1+\frac{x^2}{8}+o(x^3)}{\left[\frac{x}{2}+o(x^2)\right][x+o(x)]}$$
$$=\lim_{x\to 0}\frac{\frac{9}{8}x^2+o(x^2)}{\frac{x^2}{2}+o(x^2)}=\lim_{x\to 0}\frac{\frac{9}{8}+o(1)}{\frac{1}{2}+o(1)}=\frac{\frac{9}{8}}{\frac{1}{2}}=\frac{9}{4}.$$

例 15 求 $\lim\limits_{x\to 0}\dfrac{\ln(x+e^x)+2\sin x}{\sqrt{1+2x}-\cos x}$.

[解题要点] 将 $\ln(x+e^x)$，$2\sin x$，$\sqrt{1+2x}$，$\cos x$ 用泰勒公式展开.

解：由 $e^x=1+x+o(x)(x\to 0)$，$\ln(1+t)=t+o(t)(t\to 0)$，则当 $x\to 0$ 时，有

$\ln(x+e^x)=\ln[x+1+x+o(x)]=\ln[1+2x+o(x)]$

$$=2x+o(x)+o[2x+o(x)]=2x+o(x). \qquad ①$$

又由 $\sin x=x+o(x^2)$，有

$$2\sin x=2x+o(x^2), \qquad ②$$

$$\sqrt{1+2x}=(1+2x)^{\frac{1}{2}}=1+\frac{1}{2}\cdot 2x+o(2x)=1+x+o(x), \qquad ③$$

$$\cos x=1+o(x), \qquad ④$$

故

$$\lim_{x\to 0}\frac{\ln(x+e^x)+2\sin x}{\sqrt{1+2x}-\cos x}=\lim_{x\to 0}\frac{2x+o(x)+2x+o(x^2)}{1+x+o(x)-1-o(x)}$$

$$=\lim_{x\to 0}\frac{4x+o(x)}{x+o(x)}=\lim_{x\to 0}\frac{4+o(1)}{1+o(1)}=4.$$

注 15：上述两题利用等价无穷小方法更简洁，主要技巧如下：

(1) $\lim\limits_{x\to 0}\dfrac{(1+x)^x-\cos\frac{x}{2}}{\left(\sin x-\sin\frac{x}{2}\right)\ln(1+x)}=\lim\limits_{x\to 0}\dfrac{[(1+x)^x-1]+\left(1-\cos\frac{x}{2}\right)}{\left(\sin x-\sin\frac{x}{2}\right)\ln(1+x)}$,

注意，当 $x\to 0$ 时，$(1+x)^x-1=e^{x\ln(1+x)}-1\sim x\ln(1+x)\sim x^2$，$1-\cos\frac{x}{2}\sim\frac{x^2}{8}$.

于是，$(1+x)^x-\cos\frac{x}{2}\sim x^2+\frac{x^2}{8}=\frac{9}{8}x^2$. 此外，$\sin x-\sin\frac{x}{2}\sim x-\frac{x}{2}=\frac{x}{2}$.

(2) $\lim\limits_{x\to 0}\dfrac{\ln(x+e^x)+2\sin x}{\sqrt{1+2x}-\cos x}=\lim\limits_{x\to 0}\dfrac{\ln(x+e^x)+2\sin x}{[\sqrt{1+2x}-1]+(1-\cos x)}$.

注意，当 $x\to 0$ 时，

$\ln(x+e^x)=\ln(x+1+x+o(x))=\ln(1+2x+o(x))\sim 2x+o(x)\sim 2x$，$2\sin x\sim 2x$.

于是，$\ln(x+e^x)+2\sin x\sim 2x+2x=4x$.

又 $\sqrt{1+2x}-1\sim x$；$1-\cos x\sim\frac{x^2}{2}$. 故 $\sqrt{1+2x}-\cos x\sim x+\frac{x^2}{2}\sim x$.

例 16 求 $\lim\limits_{x\to\infty}\dfrac{x\ln\left(1+\frac{2}{x^2}\right)\left[e-\left(1+\frac{1}{x}\right)^x\right]}{1-x\tan\frac{1}{x}}$.

[解题要点] (1) 设法将 $\ln\left(1+\frac{2}{x^2}\right)$，$\left(1+\frac{1}{x}\right)^x$，$\tan\frac{1}{x}$用泰勒公式展开；(2) 注意$\left(1+\frac{1}{x}\right)^x=e^{x\ln\left(1+\frac{1}{x}\right)}=e^{x\left(\frac{1}{x}-\frac{1}{2x^2}+o\left(\frac{1}{x^2}\right)\right)}=e^{1-\frac{1}{2x}+o\left(\frac{1}{x}\right)}$.

解：由于当 $x\to\infty$ 时，由泰勒公式有

$$\ln\left(1+\frac{2}{x^2}\right)=\frac{2}{x^2}+o\left(\frac{1}{x^2}\right), \qquad ①$$

$$\left(1+\frac{1}{x}\right)^x=e^{x\ln\left(1+\frac{1}{x}\right)}=e^{x\left(\frac{1}{x}-\frac{1}{2x^2}+o\left(\frac{1}{x^2}\right)\right)}=e^{1-\frac{1}{2x}+o\left(\frac{1}{x}\right)}=e\cdot e^{-\frac{1}{2x}+o\left(\frac{1}{x}\right)}$$

$$=e\left\{1-\frac{1}{2x}+o\left(\frac{1}{x}\right)+o\left[-\frac{1}{2x}+o\left(\frac{1}{x}\right)\right]\right\}=e\left[1-\frac{1}{2x}+o\left(\frac{1}{x}\right)\right], \qquad ②$$

$$\tan\frac{1}{x}=\frac{1}{x}+\frac{1}{3x^3}+o\left(\frac{1}{x^4}\right). \qquad ③$$

$$\lim_{x\to\infty}\frac{x\ln\left(1+\frac{2}{x^2}\right)\left[e-\left(1+\frac{1}{x}\right)^x\right]}{1-x\tan\frac{1}{x}}=\lim_{x\to\infty}\frac{x\left[\frac{2}{x^2}+o\left(\frac{1}{x^2}\right)\right]\left[e-e+\frac{e}{2x}+o\left(\frac{1}{x}\right)\right]}{1-x\left[\frac{1}{x}+\frac{1}{3x^3}+o\left(\frac{1}{x^4}\right)\right]}$$

$$=\lim_{x\to\infty}\frac{\left[\frac{2}{x}+o\left(\frac{1}{x}\right)\right]\left[\frac{e}{2x}+o\left(\frac{1}{x}\right)\right]}{1-1-\frac{1}{3x^2}-o\left(\frac{1}{x^3}\right)}=\lim_{x\to\infty}\frac{\frac{e}{x^2}+o\left(\frac{1}{x^2}\right)}{-\frac{1}{3x^2}+o\left(\frac{1}{x^3}\right)}$$

$$=\lim_{x\to\infty}\frac{e+o(1)}{-\frac{1}{3}+o\left(\frac{1}{x}\right)}=\frac{e+0}{-\frac{1}{3}+0}=-3e.$$

特别注意：上述例子在使用阶的估计计算极限时，如果能够设法使用等价无穷小的方法将会使计算过程更为简洁.

方法六：利用斯托兹（Stolz）定理

定理 19　（$\frac{\infty}{\infty}$型斯托兹定理）设$\{y_n\}$单调递增且$\to+\infty$，若 $\lim\limits_{n\to\infty}\frac{x_{n+1}-x_n}{y_{n+1}-y_n}=A$（有限或者无穷大），则 $\lim\limits_{n\to\infty}\frac{x_n}{y_n}=\lim\limits_{n\to\infty}\frac{x_{n+1}-x_n}{y_{n+1}-y_n}=A$.

定理 20　（$\frac{0}{0}$型斯托兹定理）设 y_n 单调下降趋于 0，且 $\lim\limits_{n\to\infty}x_n=\lim\limits_{n\to\infty}y_n=0$. 若 $\lim\limits_{n\to\infty}\frac{x_{n+1}-x_n}{y_{n+1}-y_n}=A$（有限或者无穷大），则 $\lim\limits_{n\to\infty}\frac{x_n}{y_n}=\lim\limits_{n\to\infty}\frac{x_{n+1}-x_n}{y_{n+1}-y_n}=A$.

注 16：上述定理中的结论可以改为“$\lim\limits_{n\to\infty}\frac{x_n}{y_n}=\lim\limits_{n\to\infty}\frac{x_n-x_{n-1}}{y_n-y_{n-1}}=A$”.

例 17　证明或计算极限：

（1）已知 $\lim\limits_{n\to\infty}x_n=A$，证明：$\lim\limits_{n\to\infty}\frac{x_1+x_2+\cdots+x_n}{n}=A$；

（2）求 $\lim\limits_{n\to\infty}\frac{\sqrt{1}+\sqrt{2}+\cdots+\sqrt{n}}{n\sqrt{n}}$；

（3）设 $\lim\limits_{n\to\infty}\frac{1+\sqrt{2}+\sqrt[3]{3}+\cdots+\sqrt[n]{n}}{n}$.

［解题要点］　直接利用$\frac{\infty}{\infty}$型斯托兹定理.

（1）证：原式 $=\lim\limits_{n\to\infty}\frac{(x_1+\cdots+x_{n+1})-(x_1+\cdots+x_n)}{(n+1)-1}=\lim\limits_{n\to\infty}x_{n+1}=A$.

（2）解：原式 $=\lim\limits_{n\to\infty}\frac{\sqrt{n+1}}{(n+1)\sqrt{n+1}-n\sqrt{n}}=\lim\limits_{n\to\infty}\frac{(n+1)^2+n\sqrt{n(n+1)}}{(n+1)^3-n^3}$

$$=\lim_{n\to\infty}\frac{(n+1)^2+n\sqrt{n^2+n}}{3n^2+3n+1}=\lim_{n\to\infty}\frac{1+1}{3+0}=\frac{2}{3}.$$

（3）解：原式 $=\lim\limits_{n\to\infty}\dfrac{\sqrt[n]{n}}{n-(n-1)}=\lim\limits_{n\to\infty}\sqrt[n]{n}=1.$

例 18　（中国人民大学）设 $x_1\in\left(0,\dfrac{\pi}{2}\right)$，$x_{n+1}=\sin x_n(n\geqslant 1)$．证明：

（1）$\lim\limits_{n\to\infty}x_n=0$；

（2）求 $\lim\limits_{n\to\infty}\sqrt{n}\sin x_n=\sqrt{3}$．

［解题要点］（1）用数学归纳法证明数列 $\{x_n\}$ 单调递减有下界，并且趋于 0；令 $y_n=\sqrt{n}\cdot\sin x_n$，则 $y_n^2=n\sin^2 x_n\sim nx_n^2$（$n\to\infty$），关键求出数列 $\{nx_n^2\}$ 的极限．通过变形 $nx_n^2=\dfrac{n}{\frac{1}{x_n^2}}$ 将数列 $\{nx_n^2\}$ 转化为可用斯托兹定理的 $\dfrac{\infty}{\infty}$ 未定型并求出其极限．

证：（1）见例 1．

（2）设 $y_n=\sqrt{n}\sin x_n$，则 $y_n^2=n\sin^2 x_n$．由于

$$\lim_{n\to\infty}y_n^2=\lim_{n\to\infty}n\sin^2 x_n=\lim_{n\to\infty}nx_n^2=\lim_{n\to\infty}\frac{n}{\frac{1}{x_n^2}}=\lim_{n\to\infty}\frac{n-(n-1)}{\frac{1}{x_n^2}-\frac{1}{x_{n-1}^2}}$$

$$=\lim_{n\to\infty}\frac{x_n^2x_{n-1}^2}{x_{n-1}^2-x_n^2}=\lim_{n\to\infty}\frac{x_{n-1}^2\sin^2 x_{n-1}}{x_{n-1}^2-\sin^2 x_{n-1}}=\lim_{t\to 0}\frac{t^2\sin^2 t}{t^2-\sin^2 t}$$

$$=\lim_{t\to 0}\frac{t^4}{t^2-\sin^2 t}=\lim_{t\to 0}\frac{4t^3}{2t-\sin 2t}=\lim_{t\to 0}\frac{12t^2}{2-2\cos 2t}=\lim_{t\to 0}\frac{24t}{4\sin 2t}=3,$$

下面用阶的估计法（也可用洛必达法则）证明 $\lim\limits_{n\to\infty}y_n^2=3$．由于

$$\lim_{n\to\infty}y_n^2=\lim_{n\to\infty}n\sin^2 x_n=\lim_{n\to\infty}\frac{n}{\frac{1}{\sin^2 x_n}}=\lim_{n\to\infty}\frac{(n+1)-n}{\frac{1}{\sin^2 x_{n+1}}-\frac{1}{\sin^2 x_n}}=\lim_{n\to\infty}\frac{\sin^2 x_n\cdot\sin^2 x_{n+1}}{\sin^2 x_n-\sin^2 x_{n+1}},$$

令 $t=\sin x_n$，则

$$\lim_{n\to\infty}y_n^2=\lim_{t\to 0}\frac{t^2\sin^2 t}{t^2-\sin^2 t}=\lim_{t\to 0}\frac{t^4}{(t+\sin t)(t-\sin t)}$$

$$=\lim_{t\to 0}\frac{t^4}{\left(2t-\frac{t^3}{6}+o(t^4)\right)\left(\frac{t^3}{6}+o(t^4)\right)}=\lim_{t\to 0}\frac{t^4}{\frac{1}{3}t^4+o(t^4)}=\lim_{t\to 0}\frac{1}{\frac{1}{3}+o(1)}=3.$$

因此 $\lim\limits_{n\to\infty}\sqrt{n}\sin x_n=\sqrt{3}$．

例 19　（吉林大学）设 $0<x_0<\pi$，$x_n=\sin x_{n-1}(n\geqslant 1)$．证明：

（1）$\lim\limits_{n\to\infty}x_n=0$；

（2）级数 $\sum\limits_{n=0}^{\infty}x_n{}^p$ 收敛，当 $p>2$ 时收敛，当 $p\leqslant 2$ 时发散．

［解题要点］　类似于例 18（1），易证 $\{x_n\}$ 单调递减趋于 0；此时若证明 $\lim\limits_{n\to\infty}\left(\dfrac{1}{\frac{n}{x_n^2}}\right)^{\frac{p}{2}}$

为常数，则级数 $\sum\limits_{n=0}^{\infty} x_n{}^p$ 与级数 $\sum \dfrac{1}{n^{\frac{p}{2}}}$的敛散性一致，于是关键证明 $\lim\limits_{n\to\infty}\dfrac{x_n{}^2}{\dfrac{1}{n}}$为常数，这就变成了求数列极限 $\lim\limits_{n\to\infty} nx_n{}^2$ 的问题了，可仿例 18（2）的证明方法.

证：（1）先证$\{x_n\}$收敛. 由 $0<x_0<\pi$，$x_1=\sin x_0$，有 $0<x_1=\sin x_0<x_0<\pi$. 类似地，假设对某正整数 $n\geqslant 1$，有 $0<x_n=\sin x_{n-1}<x_{n-1}<\pi$，则 $0<x_{n+1}=\sin x_n<x_n<\pi$. 由归纳法，对任意整数 $n\geqslant 1$，有 $0<x_{n+1}=\sin x_n<x_n<\pi$，故$\{x_n\}$单调递减有下界 0，由单调有界定理知$\{x_n\}$收敛.

下证 $x_n\to 0(n\to\infty)$. 设 $x_n\to\xi(n\to\infty)$，由于 $x_n\in(0,\pi)$，令 $n\to\infty$，由数列极限的保不等式性，有 $0\leqslant\xi\leqslant\pi$. 又 $x_n=\sin x_{n-1}$，令 $n\to\infty$，由函数 $\sin x$ 的连续性有 $\xi=\sin\xi$，易证 $\xi=0$. 反证法. 若 $\xi\neq 0$，则 $0<\xi\leqslant\pi$，于是 $\xi=\sin\xi<\xi$，矛盾. 故 $\xi=0$，即 $\lim\limits_{n\to\infty}x_n=0$.

（2）由于

$$\begin{aligned}\lim_{n\to\infty} nx_n^2 &= \lim_{n\to\infty}\frac{n}{\dfrac{1}{x_n^2}}=\lim_{n\to\infty}\frac{n-(n-1)}{\dfrac{1}{x_n^2}-\dfrac{1}{x_{n-1}^2}}\\ &=\lim_{n\to\infty}\frac{x_n^2x_{n-1}^2}{x_{n-1}^2-x_n^2}=\lim_{n\to\infty}\frac{x_{n-1}^2\sin^2 x_{n-1}}{x_{n-1}^2-\sin^2 x_{n-1}}=\lim_{t\to 0}\frac{t^2\sin^2 t}{t^2-\sin^2 t}\\ &=\lim_{t\to 0}\frac{t^4}{t^2-\sin^2 t}=\lim_{t\to 0}\frac{4t^3}{2t-\sin 2t}=\lim_{t\to 0}\frac{12t^2}{2-2\cos 2t}=\lim_{t\to 0}\frac{24t}{4\sin 2t}=3,\end{aligned}$$

即 $\lim\limits_{n\to\infty}\dfrac{x_n{}^2}{\dfrac{1}{n}}=3$，于是 $\lim\limits_{n\to\infty}\left(\dfrac{x_n{}^2}{\dfrac{1}{n}}\right)^{\frac{p}{2}}=3^{\frac{p}{2}}$，由正项级数的比较判别法知，$\sum x_n{}^p$ 与 $\sum\dfrac{1}{n^{\frac{p}{2}}}$的敛散性相同，故级数 $\sum\limits_{n=0}^{\infty}x_n{}^p$ 当$\dfrac{p}{2}>1$ 即 $p>2$ 时收敛，当$\dfrac{p}{2}\leqslant 1$ 即 $p\leqslant 2$ 时发散. 证毕.

以下两个例子证明方法与技巧同例 18，证明从略.

例 20　（复旦大学）设数列 $x_0=a$，$a\in\left(0,\dfrac{\pi}{2}\right)$，$x_{n+1}=\sin x_n$ （$n=1,2,\cdots$）.
求证：

（1）$\lim\limits_{n\to\infty}x_n=0$.

（2）$\lim\limits_{n\to\infty}\sqrt{\dfrac{n}{3}}x_n=1$.

例 21　（北京师范大学）设 $0<x_1<1$，$x_{n+1}=x_n(1-x_n)$，$n=1,2,\cdots$. 求证：

（1）$\lim\limits_{n\to\infty}x_n=0$.

（2）$\lim\limits_{n\to\infty}nx_n=1$.

例 22　已知 $\lim\limits_{n\to\infty}\dfrac{b_{n+1}}{b_n}=a(b_n>0)$，则 $\lim\limits_{n\to\infty}\sqrt[n]{b_n}=a$.

[解题要点]　$\lim\limits_{n\to\infty}x_n=\lim\limits_{n\to\infty}\mathrm{e}^{\ln x_n}=\mathrm{e}^{\lim\limits_{n\to\infty}\ln x_n}$.

证：设 $x_n=\sqrt[n]{b_n}$，则 $\lim\limits_{n\to\infty}x_n=\mathrm{e}^{\ln\lim\limits_{n\to\infty}x_n}=\mathrm{e}^{\lim\limits_{n\to\infty}\ln x_n}$. 而

$$\lim_{n\to\infty}\frac{\ln b_n}{n}\overset{\text{Stolz}}{=\!=\!=}\lim_{n\to\infty}\frac{\ln b_n-\ln b_{n-1}}{n-(n-1)}=\lim_{n\to\infty}\ln\frac{b_n}{b_{n-1}}=\ln\lim_{n\to\infty}\frac{b_n}{b_{n-1}}=\ln a,$$

所以 $\lim\limits_{n\to\infty}\sqrt[n]{b_n}=e^{\ln a}=a.$

注 17：利用上述方法可以证明：若 $\lim\limits_{n\to\infty}x_n=a\ (x_n>0)$，则 $\lim\limits_{n\to\infty}\sqrt[n]{x_1\cdots x_n}=a$. 由此可以证明 $\lim\limits_{n\to\infty}\frac{n}{\sqrt[n]{n!}}=e.$

例 23 （北京大学，1984 年）求 $\lim\limits_{n\to\infty}(n!)^{\frac{1}{n^2}}$.

[解题要点] $\lim\limits_{n\to\infty}x_n=\lim\limits_{n\to\infty}e^{\ln x_n}=e^{\lim\limits_{n\to\infty}\ln x_n}$，再利用$\frac{\infty}{\infty}$型斯托兹定理.

解：$\lim\limits_{n\to\infty}(n!)^{\frac{1}{n^2}}=\lim\limits_{n\to\infty}e^{\frac{1}{n^2}\ln(n!)}e^{\lim\limits_{n\to\infty}\frac{1}{n^2}\ln(n!)}=e^{\lim\limits_{n\to\infty}\frac{\ln 1+\ln 2+\cdots+\ln n}{n^2}}$

$$=e^{\lim\limits_{n\to\infty}\frac{\ln n}{n^2-(n-1)^2}}=e^{\lim\limits_{n\to\infty}\frac{\ln n}{2n-1}}=e^0=1.$$

注 18：这里 $\lim\limits_{n\to\infty}\frac{\ln n}{2n-1}=\lim\limits_{x\to+\infty}\frac{\ln x}{2x-1}=\lim\limits_{x\to+\infty}\frac{1}{2x}=0.$

例 24 已知数列$\{x_n\}$满足条件 $\lim\limits_{n\to\infty}(x_n-x_{n-2})=0$. 证明：$\lim\limits_{n\to\infty}\frac{x_n-x_{n-1}}{n}=0.$

[解题要点] 利用结论：$\{y_n\}$收敛当且仅当$\{y_{2k}\}$，$\{y_{2k+1}\}$收敛并且极限相等，并应用斯托兹定理.

解：令 $y_n=\frac{x_n-x_{n-1}}{n}$，则

$$\lim_{k\to\infty}y_{2k}=\lim_{k\to\infty}\frac{x_{2k}-x_{2k-1}}{2k}=\lim_{k\to\infty}\frac{x_{2k}-x_{2k-1}-(x_{2k-2}-x_{2k-3})}{2k-2(k-1)}$$

$$=\lim_{k\to\infty}\frac{x_{2k}-x_{2k-2}-(x_{2k-1}-x_{2k-3})}{2k-2k+2}=0.$$

同理可证 $\lim\limits_{k\to\infty}y_{2k+1}=0$. 故结论成立.

例 25 （南京大学）设 $\lim\limits_{n\to\infty}x_n=a$,

（1）若 a 为有限数，证明 $\lim\limits_{n\to\infty}\frac{x_1+2x_2+\cdots+nx_n}{n(n+1)}=\frac{a}{2}$；

（2）若 a 为 $+\infty$，证明 $\lim\limits_{n\to\infty}\frac{x_1+2x_2+\cdots+nx_n}{n(n+1)}=+\infty$.

[解题要点] 直接应用斯托兹定理.

证：令 $b_n=x_1+2x_2+\cdots+nx_n$，$y_n=n(n+1)$.

（1）因为

$$\lim_{n\to\infty}\frac{b_n-b_{n-1}}{y_n-y_{n-1}}=\lim_{n\to\infty}\frac{nx_n}{n(n+1)-(n-1)n}=\lim_{n\to\infty}\frac{x_n}{2}=\frac{a}{2},$$

由斯托兹定理有

$$\lim_{n\to\infty}\frac{x_1+2x_2+\cdots+nx_n}{n(n+1)}=\lim_{n\to\infty}\frac{b_n}{y_n}=\lim_{n\to\infty}\frac{b_n-b_{n-1}}{y_n-y_{n-1}}=\frac{a}{2}.$$

（2）由于斯托兹定理对 $\lim\limits_{n\to\infty}\dfrac{b_n-b_{n-1}}{y_n-y_{n-1}}=+\infty$ 的情形也成立，因此

$$\lim_{n\to\infty}\frac{x_1+2x_2+\cdots+nx_n}{n(n+1)}=\lim_{n\to\infty}\frac{b_n}{y_n}=\lim_{n\to\infty}\frac{b_n-b_{n-1}}{y_n-y_{n-1}}=+\infty.$$

例 26　求极限 $\lim\limits_{n\to\infty}\dfrac{1^p+2^p+\cdots+n^p}{n^{p+1}}$（$p$ 为正整数）.

[解题要点]　直接应用斯托兹定理.

解：根据斯托兹定理可得

$$\begin{aligned}\lim_{n\to\infty}\frac{1^p+2^p+\cdots+n^p}{n^{p+1}}&=\lim_{n\to\infty}\frac{(n+1)^p}{(n+1)^{p+1}-n^{p+1}}\\&=\lim_{n\to\infty}\frac{(n+1)^p}{\left[n^{p+1}+(p+1)n^p+\frac{(p+1)p}{2!}n^{p-1}+\cdots+1\right]-n^{p+1}}\\&=\lim_{n\to\infty}\frac{(n+1)^p}{(p+1)n^p+\frac{(p+1)p}{2!}n^{p-1}+\cdots+1}=\frac{1}{p+1}.\end{aligned}$$

方法七：定义法（利用 $\varepsilon-N$ 定义或 $\varepsilon-\delta$ 定义等）

$\lim\limits_{n\to\infty}x_n=A$ 的 $\varepsilon-N$ 定义：$\forall\varepsilon>0$，$\exists N=N(\varepsilon)>0$，使得 $\forall n>N$ 有 $|x_n-A|<\varepsilon$.

基本思路：用 $\varepsilon-N$ 定义法验证数列极限时，关键是找出符合要求的 $N=N(\varepsilon)$. 具体有以下三种方法：

（1）直接法：由 $|x_n-A|<\varepsilon$ 解得 $n>N(\varepsilon)$.

（2）放大法：$|x_n-A|\leqslant\cdots\leqslant H(n)<\varepsilon$，由 $H(n)<\varepsilon$ 解得 $n>N(\varepsilon)$.

（3）分步法：$n>N_1$ 时 $|x_n-A|\leqslant\cdots\leqslant H(n)$（即限制 $n>N_1$ 后放大）. 由 $H(n)<\varepsilon$ 解得 $n>N(\varepsilon)$，取 $N=\max\{N_1,N(\varepsilon)\}\Rightarrow$当 $n>N$ 时，$|x_n-A|<\varepsilon$.

例 27　用定义证明：若 $\lim\limits_{n\to\infty}x_n=A$(有限)，则 $\lim\limits_{n\to\infty}\dfrac{x_1+x_2+\cdots+x_n}{n}=A$.

[解题要点]　根据 $\varepsilon-N$ 定义，使用分步法求出 N.

证：由题设 $\lim\limits_{n\to\infty}x_n=A$(有限)，再由定义知，$\forall\varepsilon>0$，$\exists N_1>0$，使得对任意 $n>N_1$ 有 $|x_n-A|<\dfrac{\varepsilon}{2}$. 令 $|x_1-A|+|x_2-A|+\cdots+|x_{N_1}-A|=M$，则

$$\begin{aligned}\left|\frac{x_1+x_2+\cdots+x_n}{n}-A\right|&\leqslant\frac{|x_1-A|+|x_2-A|+\cdots+|x_n-A|}{n}\\&=\frac{|x_1-A|+|x_2-A|+\cdots+|x_{N_1}-A|}{n}+\\&\quad\frac{|x_{N_1+1}-A|+|x_{N_2+2}-A|+\cdots+|x_n-A|}{n}\\&\leqslant\frac{M}{n}+\frac{n-N_1}{n}\cdot\frac{\varepsilon}{2}\leqslant\frac{M}{n}+\frac{\varepsilon}{2}.\end{aligned}$$

又因为$\frac{M}{n}\to 0\Rightarrow \forall\varepsilon>0$，$\exists N_2>0$，使得对任意$n>N_2$有$\frac{M}{n}<\frac{\varepsilon}{2}$．因此，取$N=\max\{N_1, N_2\}$，则当$n>N$时有

$$\left|\frac{x_1+x_2+\cdots+x_n}{n}-A\right|<\frac{\varepsilon}{2}+\frac{\varepsilon}{2}=\varepsilon.$$

故结论成立.

方法八：化为定积分

利用定积分的定义可以将某些和式极限化为定积分.

例 28　求极限 $\lim\limits_{n\to\infty}\left(\frac{1}{n+1}+\frac{1}{n+2}+\cdots+\frac{1}{2n}\right)$.

[解题要点]　化为和式极限 $\lim\limits_{n\to\infty}\frac{1}{n}\sum\limits_{k=1}^{n}f\left(\frac{k}{n}\right)$，再利用公式 $\lim\limits_{n\to\infty}\frac{1}{n}\sum\limits_{k=1}^{n}f\left(\frac{k}{n}\right)=\int_0^1 f(x)\mathrm{d}x$.

解：$\lim\limits_{n\to\infty}\left(\frac{1}{n+1}+\frac{1}{n+2}+\cdots+\frac{1}{2n}\right)$

$$=\lim_{n\to\infty}\left(\frac{1}{n}\sum_{k=1}^{n}\frac{1}{1+\frac{k}{n}}\right)=\int_0^1\frac{1}{1+x}\mathrm{d}x=\ln(1+x)\Big|_0^1=\ln 2.$$

例 29　求 $\lim\limits_{n\to\infty}\frac{n}{\sqrt[n]{n!}}$.

[解题要点]　化为和式极限 $\lim\limits_{n\to\infty}\frac{1}{n}\sum\limits_{k=1}^{n}f\left(\frac{k}{n}\right)$，再利用公式 $\lim\limits_{n\to\infty}\frac{1}{n}\sum\limits_{k=1}^{n}f\left(\frac{k}{n}\right)=\int_0^1 f(x)\mathrm{d}x$.

解：方法 1：令 $x_n=\frac{n}{\sqrt[n]{n!}}$，$y_n=\frac{1}{x_n}$，则

$$\lim_{n\to\infty}y_n=\lim_{n\to\infty}\frac{\sqrt[n]{n!}}{n}=\lim_{n\to\infty}\sqrt[n]{\frac{1}{n}\cdot\frac{2}{n}\cdot\cdots\cdot\frac{n}{n}}$$

$$=\lim_{n\to\infty}\mathrm{e}^{\ln\sqrt[n]{\frac{1}{n}\cdot\frac{2}{n}\cdot\cdots\cdot\frac{n}{n}}}=\mathrm{e}^{\lim\limits_{n\to\infty}\frac{\ln\frac{1}{n}+\ln\frac{2}{n}+\cdots+\ln\frac{n}{n}}{n}}=\mathrm{e}^{\lim\limits_{n\to\infty}\frac{1}{n}\sum\limits_{k=1}^{n}\ln\frac{k}{n}}=\mathrm{e}^{\int_0^1\ln x\mathrm{d}x}=\mathrm{e}^{-1}.$$

于是，原式$=\lim\limits_{n\to\infty}x_n=\lim\limits_{n\to\infty}\frac{1}{y_n}=\mathrm{e}$.

注 19：此时计算 $\lim\limits_{n\to\infty}\frac{\ln\frac{1}{n}+\ln\frac{2}{n}+\cdots+\ln\frac{n}{n}}{n}$时不能用斯托兹定理.

方法 2：由 $\lim\limits_{n\to\infty}\left(1+\frac{1}{n}\right)^n=\mathrm{e}$，令 $a_n=\left(1+\frac{1}{n}\right)^n=\left(\frac{n+1}{n}\right)^n$，则由斯托兹定理有 $\lim\limits_{n\to\infty}\sqrt[n]{a_1a_2\cdots a_n}=\mathrm{e}$，即 $\lim\limits_{n\to\infty}\sqrt[n]{\left(\frac{2}{1}\right)^1\cdot\left(\frac{3}{2}\right)^2\cdot\cdots\cdot\left(\frac{n+1}{n}\right)^n}=\lim\limits_{n\to\infty}\sqrt[n]{\frac{(n+1)^n}{n!}}=\mathrm{e}$，因此

$$\lim_{n\to\infty}\frac{n}{\sqrt[n]{n!}}=\lim_{n\to\infty}\sqrt[n]{\frac{n^n}{n!}}=\lim_{n\to\infty}\sqrt[n]{\frac{(n+1)^n}{n!}\cdot\frac{n^n}{(n+1)^n}}=\lim_{n\to\infty}\sqrt[n]{\frac{(n+1)^n}{n!}}\cdot\lim_{n\to\infty}\frac{n}{n+1}=\mathrm{e}.$$

方法九：有界变差数列法

例 30　若数列$\{x_n\}$满足$|x_n-x_{n-1}|+|x_{n-1}-x_{n-2}|+\cdots+|x_2-x_1|\leqslant M(n\geqslant 2)$，其中 M 是常数，则$\{x_n\}$称为有界变差数列．证明：有界变差数列一定收敛．

［解题要点］　利用柯西收敛准则．

证：令$y_n=|x_n-x_{n-1}|+|x_{n-1}-x_{n-2}|+\cdots+|x_2-x_1|(n\geqslant 2)$，则$\{y_n\}$单调增加且有上界 M，由单调有界定理，$\{y_n\}$必收敛．

由柯西收敛准则，$\forall\varepsilon>0$，$\exists N>0$，$\forall n>m>N$，有$|y_n-y_m|<\varepsilon$，由于

$$\begin{aligned}y_n&=|x_n-x_{n-1}|+|x_{n-1}-x_{n-2}|+\cdots+|x_{m+1}-x_m|+(|x_m-x_{m-1}|+\cdots+|x_2-x_1|)\\&=|x_n-x_{n-1}|+|x_{n-1}-x_{n-2}|+\cdots+|x_{m+1}-x_m|+y_m,\end{aligned}$$

故

$$|x_n-x_{n-1}|+|x_{n-1}-x_{n-2}|+\cdots+|x_{m+1}-x_m|=|y_n-y_m|<\varepsilon.$$

于是

$$|x_n-x_m|\leqslant|x_n-x_{n-1}|+|x_{n-1}-x_{n-2}|+\cdots+|x_{m+1}-x_m|<\varepsilon,$$

因此由柯西收敛准则，$\{x_n\}$收敛．

方法十：压缩数列法

例 31　若$\{x_n\}$满足条件：存在常数 r 满足 $0<r<1$，使得

$$|x_n-x_{n-1}|\leqslant r|x_{n-1}-x_{n-2}|\ (\forall n\geqslant 3)\qquad ①$$

则$\{x_n\}$称为压缩数列．证明：压缩数列必收敛．

［解题要点］　证明压缩数列是有界变差数列，或者直接应用柯西收敛准则．

证：由①有

$$|x_n-x_{n-1}|\leqslant r|x_{n-1}-x_{n-2}|\leqslant r^2|x_{n-2}-x_{n-3}|\leqslant\cdots\leqslant r^{n-2}|x_2-x_1|\ (n\geqslant 3),$$

因此，
$$\begin{aligned}|x_n-x_{n-1}|+|x_{n-1}-x_{n-2}|+\cdots+|x_2-x_1|&\leqslant(r^{n-2}+r^{n-3}+\cdots+r+1)|x_2-x_1|\\&\leqslant\frac{1}{1-r}|x_2-x_1|=M,\end{aligned}$$

即$\{x_n\}$为有界变差数列，故$\{x_n\}$收敛．

方法十一：递推数列的不动点方法（利用压缩映射原理）

利用压缩映射原理，可以①证明函数不动点（或函数的零点，方程的根）的存在唯一性．②证明皮卡迭代数列 $x_{n+1}=f(x_n)$ 极限存在性．

（1）不动点．设 D 是实数集 $\mathbf{R}$ 的子集，f：$D\to\mathbf{R}$，$c\in D$，如果 $f(c)=c$，则称 c 为 f 在 D 上的不动点．

例 $f(x)=x^2$ 在 $\mathbf{R}$ 的上不动点为 0，1．

（2）方程的根与函数的不动点相互转化．

$$f(x_0)=0\Leftrightarrow f(x_0)+x_0=x_0\Leftrightarrow(f+I)x_0=x_0\Leftrightarrow F(x_0)=x_0,$$

即 x_0 为 F 的不动点．其中 $F=f+I$，I 为恒等映射．

$$F(x_0)=x_0\Leftrightarrow F(x_0)-x_0=0\Leftrightarrow(F-I)x_0=0,$$

即 x_0 为（$F-I$）$x=0$ 的根．

压缩映射原理　闭区间上的压缩映射 f 有唯一的不动点，且皮卡迭代数列 $x_{n+1}=f(x_n)(n\geqslant 1)$ 必收敛于此不动点. 具体内容如下：

设闭区间 $I\subset\mathbf{R}$，函数 f：$I\to I$ 是压缩映射，即存在常数 L（$0<L<1$）使得

$$|f(x)-f(y)|\leqslant L|x-y|,\ \forall x,\ y\in I.$$

则 f 在 I 上有唯一不动点 c，且 $\forall x_1\in I$，皮卡迭代数列 $x_{n+1}=f(x_n)(n\geqslant 1)$ 必收敛，且 $x_n\to c(n\to\infty)$.

证明见例 32.

例 32　（递推数列有压缩映射）设 $x_{n+1}=f(x_n)(n\geqslant 0)$，$x_0\in I$（闭区间），其中 f：$I\to I$ 为压缩映射. 即 $\exists$ 常数 $L\in(0,1)$ 使得 $|f(x)-f(y)|\leqslant L|x-y|(\forall x,\ y\in I)$. 证明：

（1）$\{x_n\}$收敛；

（2）f 在 I 上有唯一不动点 ξ，即 $\exists\xi\in I$ 使 $f(\xi)=\xi$ 且 $x_n\to\xi(n\to\infty)$.

［解题要点］　证明$\{x_n\}$为压缩数列或者有界变差数列.

证：（1）由$\{x_n\}$为压缩数列：$|x_n-x_{n-1}|=|f(x_{n-1})-f(x_{n-2})|\leqslant L|x_{n-1}-x_{n-2}|$，$0<L<1$，故$\{x_n\}$收敛，设 $x_n\to\xi(n\to\infty)$.

（2）先证不动点的存在性. 显然 f 是一致连续函数，故必连续，由 $x_{n+1}=f(x_n)$，令 $n\to\infty$ 得 $\xi=f(\xi)$.

下证不动点的唯一性，反证法. 若 $\exists\eta\in I(\eta\neq\xi)$，使得 $\eta=f(\eta)(\eta\neq\xi)$，则 $|\eta-\xi|=|f(\eta)-f(\xi)|\leqslant L|\eta-\xi|<|\eta-\xi|$，矛盾.

例 33　若 f 在 I 上可导且 $|f'(x)|\leqslant M<1$（M 为常数，$x\in I$），则数列 $x_{n+1}=f(x_n)$（$\forall x_1\in I$）必收敛，且 $x_n\to c$ 满足 $f(c)=c$.

［解题要点］　由微分中值定理证明 f 是压缩映射，从而$\{x_n\}$为压缩数列.

证：由微分中值定理，有

$$|f(x)-f(y)|\leqslant|f'(\xi)|\,|x-y|\leqslant M|x-y|,\ \forall x,\ y\in I,$$

故 f 是压缩映射，从而$\{x_n\}$为压缩数列. 由压缩映射原理可知，结论成立.

例 34　（浙江大学，2002 年）设 $f(x)=\dfrac{x+2}{x+1}$. 对于数列$\{x_n\}$，定义：$x_0=1$，$x_{n+1}=f(x_n)(n\geqslant 0)$，求证：$x_n\to\sqrt{2}(n\to\infty)$.

［解题要点］　利用例 33 只需证明 $|f'(x)|\leqslant M<1$.

证：由 $x_0=1$，$f(x)=\dfrac{x+2}{x+1}$，当 $x_n\geqslant 1$ 时，有 $x_{n+1}=\dfrac{x_n+2}{x_n+1}=1+\dfrac{1}{x_n+1}\geqslant 1$，由归纳法，$x_n\geqslant 1(n\geqslant 0)$. 于是，对于皮卡迭代数列 $x_{n+1}=f(x_n)$，其中 $f(x)=\dfrac{x+2}{x+1}$，当 $x\geqslant 1$ 时，

$$f(x)=1+\frac{1}{x+1}\Rightarrow|f'(x)|=\frac{1}{(x+1)^2}\leqslant\frac{1}{2}<1.$$

由微分中值定理可知，f 在 $[1,+\infty)$ 上是压缩映射，由压缩映射原理，皮卡迭代数列$\{x_n\}$收敛. 设 $x_n\to c$（$n\to\infty$），则 $c=\dfrac{c+2}{c+1}\Rightarrow c^2=2\Rightarrow c=\sqrt{2}$（舍去负值）. 即 $x_n\to\sqrt{2}(n\to\infty)$.

方法十二：化为黄金分割数列

裴氏数列（兔子数列）：形如以下数列

$a_1=1$，$a_2=1$，$a_3=2$，$a_4=3$，$a_5=5$，$a_6=8$，…，$a_{n+2}=a_{n+1}+a_n$（$n\geqslant 1$）…

称为裴氏数列（或兔子数列）．由裴氏数列的前项与后项之比构成的数列称为黄金分割数列．

例 35　（黄金分割数列）设 $a_1=1$，$a_2=1$，$a_{n+2}=a_{n+1}+a_n$（$n\geqslant 1$），$x_n=\dfrac{a_n}{a_{n+1}}$（$n\geqslant 1$），证明：$\{x_n\}$收敛，且 $x_n\to\dfrac{\sqrt{5}-1}{2}=0.618\cdots$．

［解题要点］　先证 x_{2n+1} 单调递减有下界，x_{2n} 单调递增有上界，再证它们的极限相等．

证：若 $x_n\to A$（$n\to\infty$），则由 $a_{n+2}=a_{n+1}+a_n$（$n\geqslant 1$），有$\dfrac{a_{n+2}}{a_{n+1}}=1+\dfrac{a_n}{a_{n+1}}$，即 $\dfrac{a_{n+1}}{a_{n+2}}=\dfrac{1}{1+\dfrac{a_n}{a_{n+1}}}$，故 $x_{n+1}=\dfrac{1}{1+x_n}$．于是，有

$$A=\frac{1}{1+A}\Rightarrow A^2+A-1=0\Rightarrow A=\frac{-1\pm\sqrt{5}}{2}=\begin{cases}0.618\cdots\\-1.618\cdots\end{cases}.$$

故 $A=0.618\cdots$．

若 $x_n<A$，则 $x_{n+1}=\dfrac{1}{1+x_n}>\dfrac{1}{1+A}=A$；

若 $x_n>A$，则 $x_{n+1}=\dfrac{1}{1+x_n}<\dfrac{1}{1+A}=A$，即 $\forall x_n$ 在 A 的左右跳动．

由于 $x_1=1$，即 $x_1>0.618\cdots$，故 $x_1>A$，从而 $x_2<A\Rightarrow x_1, x_3, x_5, \cdots, x_{2n+1}, \cdots>A$；$x_2, x_4, x_6, \cdots, x_{2n}\cdots<A$．

下证 x_{2n+1}单调递减，x_{2n}单调递增．由于

$$x_{n+2}-x_n=\frac{1}{1+x_{n+1}}-x_n=\frac{1}{1+\dfrac{1}{1+x_n}}-x_n=\frac{1-x_n-x_n^2}{2+x_n}$$

$$=\frac{-(x_n-0.618\cdots)(x_n+1.618\cdots)}{2+x_n}=\frac{(A-x_n)(1.618\cdots+x_n)}{2+x_n}\begin{cases}>0\ (n\text{ 为偶数})\\<0\ (n\text{ 为奇数})\end{cases}.$$

（由 $1-x-x^2$ 解得：$x=\dfrac{-1\pm\sqrt{5}}{2}=\begin{cases}0.618\cdots\\-1.618\cdots\end{cases}$）

故 x_{2n+1} 与 x_{2n} 都收敛，设 $x_{2n}\to\alpha$，$x_{2n+1}\to\beta$，由 $x_{2n}=\dfrac{1}{1+x_{2n-1}}$，$x_{2n+1}=\dfrac{1}{1+x_{2n}}$有

$$\begin{cases}\alpha=\dfrac{1}{1+\beta}\\[2mm]\beta=\dfrac{1}{1+\alpha}\end{cases}\Rightarrow\alpha=\beta=A=0.618\cdots.\ \text{故 } x_n\to\frac{\sqrt{5}-1}{2}=0.618\cdots.$$

例 36 设 $a_1=1$，$a_2=1$，…，$a_{n+2}=a_{n+1}+a_n(n\geqslant1)$，$y_n=\frac{a_{n+1}}{a_n}(n\geqslant1)$，证明：$\{y_n\}$ 收敛且 $y_n\to\frac{1+\sqrt{5}}{2}=1.618\cdots$ $(n\to\infty)$.

[解题要点] 令 $x_n=\frac{1}{y_n}=\frac{a_n}{a_{n+1}}(n\geqslant1)$，利用黄金分割数列有关结论.

证：令 $x_n=\frac{1}{y_n}=\frac{a_n}{a_{n+1}}(n\geqslant1)$，则 $\{x_n\}$ 是黄金分割数列. 由例 35，$x_n\to\frac{\sqrt{5}-1}{2}$，故 $y_n\to\frac{1}{x_n}=\frac{2}{\sqrt{5}-1}=1.618\cdots$.

注 20：黄金分割数列：

$$x_1=1,\ x_2=\frac{1}{2},\ x_3=\frac{2}{3},\ x_4=\frac{3}{5},\ \cdots,\ x_{n+1}=\frac{1}{1+x_n},\ \cdots$$

有 $x_n\to\frac{\sqrt{5}-1}{2}=0.618\cdots$.

对于黄金分割数列的倒数数列：

$$x_1=1,\ x_2=2,\ x_3=\frac{3}{2},\ x_4=\frac{5}{3},\ \cdots,\ x_{n+1}=1+\frac{1}{x_n},\ \cdots,$$

有 $x_n\to\frac{\sqrt{5}+1}{2}=1.618\cdots$.

（二）极限综合题

例 37 求 $\lim\limits_{n\to\infty} n\sin(2\pi e n!)$.

[解题要点] 利用 $e=1+\frac{1}{1!}+\frac{1}{2!}+\frac{1}{3!}+\cdots+\frac{1}{n!}+o\left(\frac{1}{(n+1)!}\right)$ $(n\to\infty)$.

解：利用带拉格朗日型余项的泰勒公式，容易证明

$$e=1+\frac{1}{1!}+\frac{1}{2!}+\frac{1}{3!}+\cdots+\frac{1}{n!}+\frac{1}{(n+1)!}+o\left(\frac{1}{(n+1)!}\right),$$

事实上，由泰勒公式有

$$e^x=1+x+\frac{x^2}{2!}+\cdots+\frac{x^n}{n!}+\frac{x^{n+1}}{(n+1)!}+\frac{e^{\theta x}}{(n+2)!}x^{n+2}\quad(0<\theta<1),$$

当 $x=1$ 时得，

$$e^x=1+\frac{1}{1!}+\frac{1}{2!}+\cdots+\frac{1}{n!}+\frac{1}{(n+1)!}+\frac{e^{\theta}}{(n+2)!}\quad(0<\theta<1).$$

于是

$$\lim_{n\to\infty}\frac{e-\left(1+\frac{1}{1!}+\frac{1}{2!}+\frac{1}{3!}+\cdots+\frac{1}{n!}+\frac{1}{(n+1)!}\right)}{\frac{1}{(n+1)!}}=0.$$

故

$$e=1+\frac{1}{1!}+\frac{1}{2!}+\frac{1}{3!}+\cdots+\frac{1}{n!}+\frac{1}{(n+1)!}+o\left(\frac{1}{(n+1)!}\right).$$

故

$$2\pi en! = 2\pi\left(2n! + \frac{n!}{2!} + \frac{n!}{3!} + \cdots + \frac{n!}{n!} + \frac{n!}{(n-1)!}\right) + 1 + \frac{1}{(n+1)} + o\left(\frac{n!}{(n+1)!}\right).$$

于是

$$\sin(2\pi n!) = \sin\left[\frac{2\pi}{n+1} + o\left(\frac{1}{n-1}\right)\right] \sim \frac{2\pi}{n+1} + o\left(\frac{1}{n-1}\right) \sim \frac{2\pi}{n+1},\ (n\to\infty).$$

故

$$\lim_{n\to\infty} n\sin(2\pi n!) = \lim_{n\to\infty} n\frac{2\pi}{n+1} = 2\pi.$$

例 38 设 $x_0\in\mathbf{R}$，$x_n=\cos x_{n-1}$，求证：数列 $\{x_n\}$ 收敛，设 $x_n\to\xi(n\to\infty)$，则 $\cos\xi=\xi$.

[解题要点] 证明 $g(x)=\cos x-x$ 在 $\mathbf{R}$ 上单调递减，故在 $\mathbf{R}$ 上有唯一的零点.

证：先证 $y=\cos x$ 在 $\mathbf{R}$ 中存在一个不动点 ξ. 即 $\exists\xi\in\mathbf{R}$，使得 $\cos\xi\to\xi$.

令 $g(x)=\cos x-x$，则 $g'(x)=-\sin x-1\leqslant 0$. 即 $g(x)$ 在 $\mathbf{R}$ 上单调递减. 又 $g(x)$ 在 $\left[0,\frac{\pi}{2}\right]$ 上有零点 ξ，又 $g(x)$ 在 $\mathbf{R}$ 上单调，故 $g(x)$ 在 $\mathbf{R}$ 上有唯一的零点，即有且仅有一个 $\xi\in\mathbf{R}$，使得 $\cos\xi\to\xi$.

下证 $\{x_n\}$ 收敛于 ξ. 已知 $x_n=\cos x_{n-1}$，$\forall x_0\in\mathbf{R}$. 由于

$$x_1=\cos x_0,\ x_2=\cos x_1=\cos\cos x_0=\cos^2 x_0,$$

一般地，由归纳法有 $x_n=\cos^n x_0$. 设 $\cos\xi\to\xi$，$\xi\in[-1,1]$，则 $\forall x_0\in\mathbf{R}$，$-1\leqslant\cos x_0\leqslant 1$，$-1\leqslant\xi\leqslant 1$，于是

$$\forall n\geqslant 1,\ 0\leqslant\left|\frac{\cos^n x_0+\xi}{2}\right|\leqslant 1<\frac{\pi}{2};\ 0\leqslant\sin\left|\frac{\cos^n x_0+\xi}{2}\right|\leqslant\sin 1<1.$$

故

$$\begin{aligned}|\cos^n x_0-\xi| &= |\cos^n x_0-\cos\xi| = \left|-2\sin\frac{\cos^{n-1}x_0+\xi}{2}\sin\frac{\cos^{n-1}x_0-\xi}{2}\right| \\ &\leqslant 2\sin 1\cdot\sin\left|\frac{\cos^{n-1}x_0-\xi}{2}\right| \leqslant \sin 1\cdot|\cos^{n-1}x_0-\xi| \\ &\leqslant(\sin 1)^{n-1}|\cos x_0-\xi|\to 0\ (n\to\infty).\end{aligned}$$

令 $n\to\infty$，可得：$\cos^n x_0\to\xi$. 即 $x_n\to\xi(n\to\infty)$.

例 39 设 $d>0$，数列 $\{u_n\}$ 满足条件 $u_1>0$，$0<u_{n+1}=u_n+\dfrac{1}{n^\alpha u_n}(n\geqslant 1)$，求证：$\alpha>1\Leftrightarrow$ 数列 $\{u_n\}$ 收敛.

[解题要点] (1) 利用正项级数的比较判别法；(2) $\sum\limits_{n=1}^{\infty}(u_{n+1}-u_n)$ 收敛 $\Leftrightarrow\{u_n\}$ 收敛.

证：先证必要性. 当 $n\geqslant 1$ 时，由 $u_n>0$，$0<u_{n+1}-u_n=\dfrac{1}{n^\alpha u_n}\leqslant\dfrac{1}{n^\alpha u_1}$，又 $\alpha>1\Rightarrow\sum\dfrac{1}{n^\alpha}$ 收敛，故

$$\sum_{n=1}^{\infty}(u_{n+1}-u_n)\text{收敛}\Rightarrow\left\{\sum_{k=1}^{n}(u_{k+1}-u_k)\right\}\text{收敛}$$
$$\Rightarrow\{(u_2-u_1)+(u_3-u_2)+\cdots+(u_{n+1}-u_n)\}\text{收敛}\Rightarrow\{u_{n+1}-u_1\}\text{收敛}$$

$\Rightarrow\{u_n\}$收敛.

再证充分性. 设$\{u_n\}$收敛，$u_n\to n(n\to\infty)$，则 $\lim\limits_{n\to\infty}\dfrac{u_{n+1}-u_n}{\dfrac{1}{n^\alpha\lambda}}=\lim\limits_{n\to\infty}\dfrac{\lambda}{u_n}=\dfrac{\lambda}{u}\Rightarrow$

$\sum\limits_{n=1}^{\infty}(u_{n+1}-u_n)$与$\sum\dfrac{1}{n^\alpha}$敛散性相同.

$$\{u_n\}\text{收敛}\Leftrightarrow\sum(u_{n+1}-u_n)\text{收敛}\Rightarrow\sum\frac{1}{n^\alpha}\text{收敛}\Rightarrow\alpha>1.$$

例 40 设$f(x)$在$(0,+\infty)$上有三阶导数，且 $\lim\limits_{x\to\infty}f(x)$和 $\lim\limits_{x\to\infty}f'''(x)$存在，则 $\lim\limits_{x\to\infty}f'(x)$和 $\lim\limits_{x\to\infty}f''(x)$也存在，且 $\lim\limits_{x\to\infty}f'(x)=\lim\limits_{x\to\infty}f''(x)=\lim\limits_{x\to\infty}f'''(x)=0$.

[解题要点] 利用泰勒公式和微分中值定理.

证：设 $\lim\limits_{x\to\infty}f(x)=a$，$\lim\limits_{x\to\infty}f'''(x)=b$，则存在$\theta_1\in(x,x+1)$，$\theta_2\in(x-1,x)$，使得

$$f(x+1)=f(x)+f'(x)+\frac{1}{2}f''(x)+\frac{1}{6}f'''(\theta_1),\qquad ①$$

$$f(x-1)=f(x)-f'(x)+\frac{1}{2}f''(x)-\frac{1}{6}f'''(\theta_2),\qquad ②$$

由①、②得

$$f''(x)=f(x+1)+f(x-1)-2f(x)-\frac{1}{6}(f'''(\theta_1)-f'''(\theta_2))$$

$$\overset{x\to\infty}{\Rightarrow}\lim_{x\to\infty}f''(x)=a+a-2a-\frac{1}{6}(b-b)=0$$

$$\Rightarrow f'(x)=f(x)-f(x-1)+\frac{1}{2}f''(x)-\frac{1}{6}f'''(\theta_2)$$

$$\Rightarrow\lim_{x\to\infty}f'(x)=a-a+0-\frac{1}{6}b=-\frac{1}{6}b.$$

又$f(x+1)-f(x)=f'(\theta_3)$，$\theta_3\in(x,x+1)$，故令$x\to\infty$ 得

$$-\frac{1}{6}b=\lim_{x\to\infty}f'(x)=\lim_{x\to\infty}f'(\theta_3)=\lim_{x\to\infty}[f(x+1)-f(x)]=a-a=0$$

$$\Rightarrow b=0,\text{ 即 }\lim_{x\to\infty}f'''(x)=0,\text{ 且 }\lim_{x\to\infty}f'(x)=-\frac{1}{6}b=0.$$

例 41 设$\{x_n\}$满足$x_{n+1}x_n-2x_n=3$（$n\geqslant1$，$x_1>0$），证明$\{x_n\}$收敛并求极限.

[解题要点] 先证明$n\geqslant2$时$x_n\geqslant2$；再假定收敛时求出$\{x_n\}$极限 3；最后证明$|x_n-3|\leqslant a_n$，其中$\{a_n\}$为无穷小量.

证：若$x_n\to a$（$n\to\infty$），则$a^2-2a-3=0\Rightarrow a=3$. 由于$x_{n+1}=2+\dfrac{3}{x_n}(n\geqslant1)$，$x_1>0$，故$x_2\geqslant2$. 显然，当$x_n\geqslant2$时，$x_{n+1}=2+\dfrac{3}{x_n}(n\geqslant1)$，由归纳法，$x_n\geqslant2$（$\forall n\geqslant2$）.

于是有

$$|x_{n+1}-3|=\left|\frac{3}{x_n}-1\right|=\frac{|3-x_n|}{x_n}\leqslant\frac{1}{2}|x_n-3|\leqslant\left(\frac{1}{2}\right)^2|x_{n-1}-3|\leqslant\cdots\leqslant\left(\frac{1}{2}\right)^n|x_1-3|\to0,$$

故 $\lim\limits_{n\to\infty}x_n=3$.

第二章　一元函数的连续与一致连续

一、基本概念与基本结论

1. $f(x)$在点 x_0 连续的定义

函数$f(x)$在$U(x_0)$内有定义，若满足以下三个条件中的一个：① $\lim\limits_{x\to x_0}f(x)=f(x_0)$；②$\forall\varepsilon>0$，$\exists\delta>0$，当$|x-x_0|<\delta$时，有$|f(x)-f(x_0)|<\varepsilon$；③ $\lim\limits_{\Delta x\to 0}\Delta f(x)=0$，其中$\Delta x=x-x_0$，$\Delta f(x)=f(x)-f(x_0)$．则称$f(x)$在点 x_0 连续．

注1： $f(x)$在点 x_0 连续，即：$\lim\limits_{x\to x_0}f(x)=f(x_0)=f(\lim\limits_{x\to x_0}x)$，所以函数的连续性意味着函数运算和极限运算可以交换顺序．

注2： $f(x)$在点 x_0 左连续的定义：$\lim\limits_{x\to x_0^-}f(x)=f(x_0)$；

$f(x)$在点 x_0 右连续的定义：$\lim\limits_{x\to x_0^+}f(x)=f(x_0)$．

注3： $f(x)$在点 x_0 连续$\Leftrightarrow f(x)$在 x_0 点既左连续又右连续．

注4： 对区间I，$\forall x\in I$，都有$f(x)$在点x连续，则称$f(x)$在区间I连续．

2. $f(x)$在点 x_0 间断的定义

若 $\lim\limits_{x\to x_0}f(x)\neq f(x_0)$，则称$f(x)$在点 x_0 间断．包括三种情形：①上式的左端不存在，即$f(x)$在点 x_0 的极限不存在；②上式的右端不存在，即$f(x)$在点 x_0 无定义；③上式的左右两端都存在但不相等，即极限值不等于函数值．满足上面三条之一，则称$f(x)$在点 x_0 间断．

3. 间断点的分类

（1）左右极限$f(x_0-0)$与$f(x_0+0)$都存在的间断点 x_0 称为$f(x)$的第一类间断点．第一类间断点包括跳跃间断点和可去间断点．

①若$f(x_0+0)\neq f(x_0-0)$，则称 x_0 为$f(x)$的跳跃间断点．

②若$f(x_0+0)=f(x_0-0)$，即$f(x)$在 x_0 点存在有限极限，但$f(x)$在点 x_0无定义或者极限值不等于函数值，则称 x_0 为$f(x)$的可去间断点．

（2）不是第一类间断点的间断点称为第二类间断点．具体来说，若左右极限

$f(x_0-0)$与$f(x_0+0)$至少有一个不存在，则称x_0为$f(x)$的第二类间断点.

4. $f(x)$在点x_0连续的局部性质

(1) 局部有界性.

若$f(x)$在点x_0连续，则$f(x)$在某$U(x_0)$上有界. 即$\exists M>0$，$\forall x\in U(x_0)$，都有$|f(x)|<M$.

(2) 局部保号性.

若$f(x)$在点x_0连续，且$f(x_0)>0$（或<0），则$\exists\delta>0$，使得对$\forall x\in U(x_0,\delta)$，都有$f(x)>0$（或$<0$）.

(3) 四则运算.

若$f(x)$、$g(x)$在点x_0连续，则$f(x)\pm g(x)$、$f(x)\cdot g(x)$、$f(x)/g(x)$［其中$g(x)$在$U(x_0)$内不等于零］也在点x_0连续.

(4) 复合函数的连续性.

若$y=f(x)$在点x_0连续，$x=\varphi(t)$在点t_0连续，$x_0=\varphi(t_0)$，则$g=f(\varphi(t))$在点t_0连续.

(5) 初等函数在定义域上都是连续的.

5. 闭区间$[a,b]$上连续函数的性质

最值定理 若$f(x)$在闭区间$[a,b]$上连续，则$f(x)$在$[a,b]$能取到最大值M和最小值m.

推论： 若$f(x)$在闭区间$[a,b]$上连续，则$f(x)$在$[a,b]$有界.

介值性定理 若$f(x)$在闭区间$[a,b]$上连续，M和m分别为$f(x)$在$[a,b]$上的最大值和最小值，则对任意的常数c：$m\leqslant c\leqslant M$，$\exists\xi\in[a,b]$，使得$f(\xi)=c$.

推论： $f(x)$在闭区间$[a,b]$上连续，且$f(a)\cdot f(b)<0$，则必$\exists\xi\in(a,b)$，使得$f(\xi)=0$.

康托（Cantor）定理 $f(x)$在闭区间$[a,b]$上连续，则$f(x)$在$[a,b]$上一致连续，即$\forall\varepsilon>0$，$\exists\delta>0$，$\forall x_1, x_2\in[a,b]$，当$|x_1-x_2|<\delta$时，都有$|f(x_1)-f(x_2)|<\varepsilon$.

6. 函数一致连续的定义

设函数$y=f(x)$在区间I上有定义，若$\forall\varepsilon>0$，$\exists\delta>0$，$\forall x', x''\in I$，当$|x'-x''|<\delta$时，有$|f(x')-f(x'')|<\varepsilon$，则称函数$f(x)$在区间$I$上一致连续.

注5： 如果函数$f(x)$在开区间(a,b)内连续，则函数$f(x)$在开区间(a,b)内不一定一致连续.

7. 函数不一致连续的定义

设函数$y=f(x)$在区间I上有定义，若$\exists\varepsilon_0>0$，$\forall\delta>0$，$\exists x', x''\in I$，使得$|x'-x''|<\delta$，且$|f(x')-f(x'')|\geqslant\varepsilon_0$，则称函数$f(x)$在区间$I$上不一致连续（即非一致连续）.

8. 函数一致连续的判定

定理1 如果函数$f(x)$在闭区间$[a,b]$上连续，则函数$f(x)$在闭区间$[a,b]$上一致连续.

定理2 如果函数$f(x)$在开区间(a,b)上连续，则函数$f(x)$在(a,b)上一致连续的充分必要条件是$f(x)$在点a，b的右极限和左极限$f(a+0)$，$f(b-0)$都存在且有限.

推论：函数$f(x)$在(a,b)上一致连续的充分必要条件是$f(x)$在开区间(a,b)上连续，且$f(x)$在点a，b的右极限和左极限$f(a+0)$，$f(b-0)$都存在且有限.

定理3　函数$f(x)$在区间I上一致连续的充分必要条件是对任意数列$\{x_n\}$，$\{y_n\}\subset I$，由$\lim\limits_{n\to\infty}|x_n-y_n|=0$，有$\lim\limits_{n\to\infty}|f(x_n)-f(y_n)|=0$.

9. 函数非一致连续的判定

定理4　函数$f(x)$在区间I上非一致连续的充分必要条件是存在数列$\{x_n\}$，$\{y_n\}\subset I$，虽然$\lim\limits_{n\to\infty}|x_n-y_n|=0$，但是$\lim\limits_{n\to\infty}|f(x_n)-f(y_n)|$不存在或者$\lim\limits_{n\to\infty}|f(x_n)-f(y_n)|\neq 0$.

二、例题选讲

例1　求$\lim\limits_{x\to 2}(x^2-6x+10)$.

[解题要点]　利用函数连续的定义式$\lim\limits_{x\to x_0}f(x)=f(x_0)$.

解：由于初等函数$f(x)=x^2-6x+10$是连续函数，故

$$\lim_{x\to 2}f(x)=\lim_{x\to 2}(x^2-6x+10)=f(2)=2.$$

例2　已知$f(x)=\begin{cases}x^{2x}, & x>0\\ x+1, & x\leqslant 0\end{cases}$，研究$f(x)$在$x=0$处的连续性.

[解题要点]　$f(x)$在点x_0连续$\Leftrightarrow f(x)$在点x_0既左连续又右连续.

解：由左右极限的定义有

$$\lim_{x\to 0^-}f(x)=\lim_{x\to 0^-}(x+1)=1=f(0),\qquad ①$$

$$\lim_{x\to 0^+}f(x)=\lim_{x\to 0^+}x^{2x}=\lim_{x\to 0^+}e^{2x\ln x}=e^{\lim\limits_{x\to 0^+}2x\ln x}.$$

因为

$$\lim_{x\to 0^+}2x\ln x=2\lim_{x\to 0^+}\frac{\ln x}{\frac{1}{x}}=2\lim_{x\to 0^+}\frac{\frac{1}{x}}{-\frac{1}{x^2}}=0,$$

所以

$$\lim_{x\to 0^+}f(x)=e^0=1=f(0),\qquad ②$$

由①和②可知，$f(x)$在$x=0$处是连续的.

例3　设$f(x)=\begin{cases}\dfrac{\ln(1+x)}{x}, & x>0\\ 0, & x=0\\ \dfrac{\sqrt{1+x}-\sqrt{1-x}}{x}, & -1\leqslant x<0\end{cases}$，研究$f(x)$在$x=0$处的连续性.

[解题要点]　利用可去间断点的定义.

解：由左右极限的定义有

$$\lim_{x\to 0^-}f(x)=\lim_{x\to 0^-}\frac{\sqrt{1+x}-\sqrt{1-x}}{x}=\lim_{x\to 0^-}\frac{2}{\sqrt{1+x}+\sqrt{1-x}}=1,$$

$$\lim_{x\to 0^+}f(x)=\lim_{x\to 0^+}\frac{\ln(1+x)}{x}=1=\lim_{x\to 0^-}f(x)\neq 0=f(0),$$

于是 $x=0$ 为 $f(x)$ 的可去间断点.

例 4　函数 $f(x)=\begin{cases}x(1-x), & x\text{ 为有理数}\\ x(1+x), & x\text{ 为无理数}\end{cases}$，试讨论其连续性.

[解题要点]　(1) 利用连续和间断的定义；(2) 任意实数可以由有理数和无理数逼近.

解：先证 $f(x)$ 在 $x=0$ 处是连续的. $\forall\varepsilon>0$，先令 $|x|<1$，则 $1+|x|<2$，取 $\delta=\min\left(1,\dfrac{\varepsilon}{2}\right)$，当 $|x-0|<\delta$ 时，有 $|f(x)-f(x_0)|=|f(x)|\leqslant|x|(1+|x|)<2\delta<\varepsilon$.

再证 $f(x)$ 在任何 $x_0\neq0$ 处是不连续的. 取有理数列 $\{r_n\}$ 收敛于 x_0，再取无理数列 $\{\alpha_n\}$ 收敛于 x_0，则

$$\lim_{n\to\infty}f(r_n)=\lim_{n\to\infty}r_n(1-r_n)=x_0(1-x_0),$$
$$\lim_{n\to\infty}f(\alpha_n)=\lim_{n\to\infty}\alpha_n(1+\alpha_n)=x_0(1+x_0),$$

若 $f(x)$ 在任何 x_0 处是连续的，则有 $x_0(1-x_0)=x_0(1+x_0)$，所以 $x_0=0$，矛盾.

例 5　设 $f(x)=\sin x$，$g(x)=\begin{cases}x-\pi, & x\leqslant0\\ x+\pi, & x>0\end{cases}$，则 $g(x)$ 在 $x=0$ 点不连续，$f(g(x))$ 在 $x=0$ 连续.

[解题要点]　(1) 利用函数在一点连续的定义；(2) 跳跃间断点的定义.

证：由左右连续的定义有

$$\lim_{x\to0^-}g(x)=\lim_{x\to0^-}(x-\pi)=-\pi=g(0),$$
$$\lim_{x\to0^+}g(x)=\lim_{x\to0^+}(x+\pi)=\pi\neq g(0),$$

故 $g(x)$ 在 $x=0$ 点不连续，而

$$f(g(x))=\begin{cases}\sin(x-\pi)=-\sin x, & x\leqslant0\\ \sin(x+\pi)=-\sin x, & x>0\end{cases},$$

即 $f(g(x))=-\sin x$，$x\in(-\infty,+\infty)$，所以 $f(g(x))$ 在 $x=0$ 连续.

例 6　设函数 $f(x)$ 在 $(0,1)$ 内有定义，且 $e^xf(x)$ 与 $e^{-f(x)}$ 在 $(0,1)$ 上都单调不减(即单调递增)，证明：$f(x)$ 在 $(0,1)$ 内连续.

[解题要点]　(1) 利用函数在一点连续的定义；(2) 单侧极限的两边夹法则.

证：对任意的 $x_0\in(0,1)$ 和 $x\in(x_0-\delta,x_0)$ (δ 是充分小的正数，使 $x_0-\delta>0$)，有 $e^xf(x)\leqslant e^{x_0}f(x_0)$，$e^{-f(x)}\leqslant e^{-f(x_0)}$，即 $f(x)\leqslant e^{x_0-x}f(x_0)$，$f(x)\geqslant f(x_0)$，于是有 $f(x_0)\leqslant f(x)\leqslant e^{x_0-x}f(x_0)$，所以 $\lim\limits_{x\to x_0^-}f(x)=f(x_0)$，同理可证 $\lim\limits_{x\to x_0^+}f(x)=f(x_0)$，因此 $f(x)$ 在点 x_0 连续，由于 x_0 是 $(0,1)$ 内的任意一点，所以 $f(x)$ 在 $(0,1)$ 内连续.

例 7　(中北大学，2005 年) 设函数 $f(x)=\begin{cases}\dfrac{\arctan(ax^3)}{x-\arcsin x}, & x<0\\ 6, & x=0\\ \dfrac{e^{ax}+x^2-ax-1}{x\ln\left(1+\dfrac{x}{4}\right)}, & x>0\end{cases}$，问：

(1) a 为何值时，$f(x)$ 在 $x=0$ 处连续；

(2) a 为何值时，$x=0$ 是 $f(x)$ 的可去间断点.

［解题要点］（1）利用函数在一点连续的定义；（2）可去间断点的定义.

解：（1）因为

$$\lim_{x\to0^-}\frac{\arctan(ax^3)}{x-\arcsin x}=\lim_{x\to0^-}\frac{ax^3}{x-\arcsin x}=\lim_{x\to0^-}\frac{3ax^2}{1-(1-x^2)^{-\frac{1}{2}}}$$

$$=\lim_{x\to0^-}\frac{6ax}{-x(1-x^2)^{-\frac{3}{2}}}=\lim_{x\to0^-}\frac{6a}{-(1-x^2)^{-\frac{3}{2}}}=-6a,$$

$$\lim_{x\to0^+}\frac{e^{ax}+x^2-ax-1}{x\ln\left(1+\frac{x}{4}\right)}=\lim_{x\to0^+}\frac{e^{ax}+x^2-ax-1}{x\cdot\frac{x}{4}}$$

$$=\lim_{x\to0^+}\frac{ae^{ax}+2x-a}{\frac{1}{2}x}=\lim_{x\to0^+}\frac{a^2e^{ax}+2}{\frac{1}{2}}=2a^2+4,$$

所以，当且仅当 $-6a=2a^2+4=6$，即 $a=-1$ 时，函数 $f(x)$ 在 $x=0$ 处连续.

（2）当且仅当 $2a^2+4=-6a\neq6$ 时，$x=0$ 是 $f(x)$ 的可去间断点. 即 $a=-2$ 时，$x=0$ 是 $f(x)$ 的可去间断点.

例 8（南京理工大学，2004 年）设函数 $f(x)$ 在 $[a, b]$ 上连续，且在 $[a, b]$ 上的任意有理点为 0，证明：函数 $f(x)$ 在 $[a, b]$ 上恒为零.

［解题要点］（1）任意实数可以由有理数逼近；（2）连续的性质：$f(\lim\limits_{n\to\infty}x_n)=\lim\limits_{n\to\infty}f(x_n)$.

证：设 x_0 为 $[a, b]$ 上的任意一点，当 x_0 为有理点时，$f(x_0)=0$. 当 x_0 为无理点时，存在有理数列 $\{x_n\}\subset[a, b]$，使 $\lim\limits_{n\to\infty}x_n=x_0$. 故 $f(x_0)=\lim\limits_{n\to\infty}f(x_n)=\lim\limits_{n\to\infty}0=0$，进而函数 $f(x)$ 在 $[a, b]$ 上恒为零.

例 9（江苏大学，2004 年）设 $f(x)$ 在 $[a, b]$ 上连续，又有 $\{x_n\}\subset[a, b]$，使得 $\lim\limits_{n\to\infty}f(x_n)=A$，证明：存在 $x_0\in[a, b]$，使得 $f(x_0)=A$.

［解题要点］（1）致密性定理；（2）连续的性质：$f(\lim\limits_{n\to\infty}x_n)=\lim\limits_{n\to\infty}f(x_n)$.

证：因为 $\{x_n\}\subset[a, b]$，由致密性定理，$\{x_n\}$ 存在收敛的子列 $\{x_{n_k}\}$，使 $\lim\limits_{n_k\to\infty}x_{n_k}=x_0$. 又因 $f(x)$ 在 $[a, b]$ 上连续，故 $f(x_0)=\lim\limits_{n_k\to\infty}f(x_{n_k})=A$.

注 6：此题的关键为运用连续函数的定义时能想到致密性定理，对基础知识的熟练掌握很重要.

例 10 利用函数连续的 $\varepsilon-\delta$ 定义证明：函数 $f(x)=\begin{cases}\dfrac{x^2-3x-4}{x^2+2x-24}, & x\neq4\\ \dfrac{1}{2}, & x=4\end{cases}$，在 $x=4$ 处连续.

［解题要点］利用函数连续的 $\varepsilon-\delta$ 定义，注意在限制条件 $|x-4|<1$ 下进行放大.

证：因为 $\left|\dfrac{x^2-3x-4}{x^2+2x-24}-\dfrac{1}{2}\right|=\left|\dfrac{x-4}{2(x+6)}\right|$，对 $\forall\varepsilon>0$，存在 $\delta=\min\{18\varepsilon, 1\}$，当 $|x-4|<\delta$ 时，有 $\left|\dfrac{x^2-3x-4}{x^2+2x-24}-\dfrac{1}{2}\right|=\left|\dfrac{x-4}{2(x+6)}\right|\leqslant\dfrac{|x-4|}{18}\leqslant\varepsilon$，所以函数 $f(x)=$

$\begin{cases} \dfrac{x^2-3x-4}{x^2+2x-24}, & x\neq 4 \\ \dfrac{1}{2}, & x=4 \end{cases}$，在 $x=4$ 处连续.

例 11 （天津大学，2005 年）证明：函数 $f(x)=\begin{cases} \sin \pi x, x \text{ 为有理数} \\ 0, \quad x \text{ 为无理数} \end{cases}$，在 $x=n$ 处连续（用 $\varepsilon-\delta$ 定义证明）.

［解题要点］ 利用函数连续的 $\varepsilon-\delta$ 定义.

证：因为 $\lim\limits_{x\to n}\sin \pi x=\sin n\pi=0$，$x\in\mathbf{R}$，所以，对 $\forall\varepsilon>0$，$\exists\delta>0$，当 $|x-n|<\delta$ 时，有 $|\sin \pi x-0|<\varepsilon$. 又因 $|f(x)|\leqslant|\sin \pi x|$，$\forall x\in\mathbf{R}$，所以

$$|f(x)-f(n)|=|f(x)-0|\leqslant|\sin \pi x-0|<\varepsilon$$

故函数 $f(x)=\begin{cases} \sin \pi x, x \text{ 为有理数} \\ 0, \quad x \text{ 为无理数} \end{cases}$，在 $x=n$ 处连续.

例 12 设函数 $f(x)$ 在 $x\in\mathbf{R}$ 上连续，且 $f(f(x))=x$，证明：存在 x_0，使得 $f(x_0)=x_0$.

［解题要点］ （1）利用介值性定理（或者根的存在性定理）；（2）连续函数如果无零点，则必定为严格同号函数（恒正或者恒负）.

证：令 $F(x)=f(x)-x$，则 $F(x)$ 在 $x\in\mathbf{R}$ 上连续. $F(x)$ 在 $x\in\mathbf{R}$ 上不是恒正或恒负，因为若 $F(x)$ 在 $\mathbf{R}$ 上恒正，则 $\forall x\in\mathbf{R}$，都有 $f(x)>x$，从而 $\forall x\in\mathbf{R}$，都有 $f(f(x))>f(x)>x$，同条件矛盾，同理可得 $F(x)$ 在 $x\in\mathbf{R}$ 上不是恒负的.

下证：存在 x_0，使得 $F(x_0)=f(x_0)-x_0=0$，即 $f(x_0)=x_0$，命题得证. 事实上，$F(x)$ 在 $x\in\mathbf{R}$ 上不是恒正或恒负，故必存在 x_1，x_2，使得 $F(x_1)<0$，$F(x_2)>0$，故由介值性定理可知，存在 x_0 介于 x_1，x_2 之间，使得 $F(x_0)=0$，即 $f(x_0)=x_0$.

例 13 设函数 $f(x)$ 在 $[0,1]$ 上连续，且 $f(0)=f(1)$，则对任何自然数 n，存在 $\zeta\in[0,1]$，使得 $f\left(\zeta+\dfrac{1}{n}\right)=f(\zeta)$.

［解题要点］ （1）连续函数如果无零点，则必定为严格同号函数；（2）注意作辅助函数，将方程的根转化为另一个函数的零点.

证：若 $n=1$，则取 $\zeta=0$. 若 $n>1$，令 $F(x)=f\left(x+\dfrac{1}{n}\right)-f(x)$，$x\in\left[0,1-\dfrac{1}{n}\right]$，如果 $\forall x\in\left[0,1-\dfrac{1}{n}\right]$，都有 $F(x)\neq0$，则知 $F(x)$ 为同号函数，因而 $\sum\limits_{k=0}^{n-1}F\left(\dfrac{k}{n}\right)=\sum\limits_{k=0}^{n-1}\left[f\left(\dfrac{k}{n}+\dfrac{1}{n}\right)-f\left(\dfrac{k}{n}\right)\right]=f(1)-f(0)\neq0$，与条件矛盾，所以存在 $\zeta\in[0,1]$，使得 $f\left(\zeta+\dfrac{1}{n}\right)=f(\zeta)$.

例 14 设函数 $f(x)$ 在 $[a,b]$ 连续，$x_k\in[a,b]$，$k=1,2,\cdots,n$，证明：存在 $\xi\in[a,b]$，使得 $f(\xi)=\dfrac{f(x_1)+f(x_2)+\cdots+f(x_n)}{n}$.

［解题要点］ （1）连续函数的最值定理；（2）连续函数的介值性定理.

证：由 $f(x)$ 在 $[a,b]$ 连续，令 $m=\min\limits_{a\leqslant x\leqslant b}\{f(x)\}$，$M=\max\limits_{a\leqslant x\leqslant b}\{f(x)\}$，则有：

$$m\leqslant\frac{f(x_1)+f(x_2)+\cdots+f(x_n)}{n}\leqslant M$$

由连续函数的介值性定理可知，存在$\xi\in[a,b]$，使得$f(\xi)=\dfrac{f(x_1)+f(x_2)+\cdots+f(x_n)}{n}$.

例 15　设函数$f(x)$在$[a,a+2b]$连续，证明：存在$x\in[a,a+b]$，使得$f(x+b)-f(x)=\dfrac{1}{2}[f(a+2b)-f(a)]$.

[解题要点]　(1) 注意作辅助函数，将方程的根转化为另一个函数的零点；(2) 利用介值性定理（或者根的存在性定理）.

证：令$g(y)=f(y+b)-f(y)-\dfrac{1}{2}[f(a+2b)-f(a)]$，$y\in[a,a+b]$，则

$$\begin{aligned}g(a)&=f(a+b)-f(a)-\frac{1}{2}[f(a+2b)-f(a)]\\&=f(a+b)-\frac{1}{2}[f(a+2b)+f(a)],\end{aligned}$$

$$\begin{aligned}g(a+b)&=f(a+2b)-f(a+b)-\frac{1}{2}[f(a+2b)-f(a)]\\&=\frac{1}{2}[f(a+2b)+f(a)]-f(a+b).\end{aligned}$$

所以$g(a)\cdot g(a+b)\leqslant0$. 若$g(a)=0$，则$f(a+b)-f(a)=\dfrac{1}{2}[f(a+2b)-f(a)]$. 若$g(a+b)=0$，则$f(a+b+b)-f(a+b)=\dfrac{1}{2}[f(a+2b)-f(a)]$. 若$g(a)\cdot g(a+b)<0$，则由连续函数的根的存在性定理可知，存在$x\in(a,a+b)$，使得$g(x)=0$，即$f(x+b)-f(x)=\dfrac{1}{2}[f(a+2b)-f(a)]$.

例 16　设函数$f(x)$在$[a,b]$上连续，且$f(a)=f(b)$，证明：存在$\xi\in[a,b]$，使得$f(\xi)=f\left(\xi+\dfrac{b-a}{2}\right)$.

[解题要点]　(1) 注意作辅助函数，将方程的根转化为另一个函数的零点；(2) 利用介值性定理（或者根的存在性定理）.

证：令$F(x)=f(x)-f\left(x+\dfrac{b-a}{2}\right)$，则$F(x)$在$\left[a,\dfrac{a+b}{2}\right]$上连续，且

$$F(a)F\left(\frac{a+b}{2}\right)=\left[f(a)-f\left(\frac{a+b}{2}\right)\right]\left[f\left(\frac{a+b}{2}\right)-f(b)\right]=-\left[f(a)-f\left(\frac{a+b}{2}\right)\right]^2\leqslant0,$$

所以由连续函数的根的存在性定理可知：存在$\xi\in\left[a,\dfrac{a+b}{2}\right]\in[a,b]$，使得$F(\xi)=0$，即$f(\xi)=f\left(\xi+\dfrac{b-a}{2}\right)$.

例 17　设函数$f(x)$在$[a,b]$上连续，在$[c,d]$（$\subset[a,b]$）上不恒为常数，证明：对任意的正数p，q，都存在$\xi\in[a,b]$，使得$pf(c)+qf(d)=(p+q)f(\xi)$.

[解题要点] 利用介值性定理（或者根的存在性定理）.

证：令 $F(x)=(p+q)f(x)-[pf(c)+qf(d)]$，则 $F(x)$ 在 $[c,d]$ 上连续，且

$F(c)F(d)=q[f(c)-f(d)]\cdot p[f(d)-f(c)]=-pq[f(c)-f(d)]^2\leqslant 0$，

所以由介值性定理可知存在 $\xi\in[a,b]$，使得 $F(\xi)=0$，即

$$pf(c)+qf(d)=(p+q)f(\xi).$$

例 18 $f(x)$ 在 $0\leqslant x\leqslant 2a$ 上连续，且有 $f(0)=f(2a)$，证明：在 $[0,a]$ 上至少存在某个 x，使得 $f(x)=f(x+a)$.

[解题要点] (1) 注意作辅助函数，将方程的根转化为另一个函数的零点；(2) 利用介值性定理（或者根的存在性定理）.

证：作函数 $F(x)=f(x+a)-f(x)$，$x\in[0,a]$，则 $F(x)$ 在 $[0,a]$ 上连续，且 $F(0)=f(a)-f(0)$，$F(a)=f(2a)-f(a)=f(0)-f(a)=-F(0)$. 若 $F(0)=F(a)=0$，即 $0=F(0)=f(a)-f(0)$，$0=F(a)=f(2a)-f(a)$，则取 $x=0$ 或 $x=a$. 若 $F(0)\neq 0$，则有 $F(0)\cdot F(a)<0$，由介值性定理，存在 $x\in(0,a)$，使得 $F(x)=0$，即 $f(x+a)-f(x)=0$，$f(x)=f(x+a)$.

例 19 （中国人民大学，新疆大学）若 $f(x)$ 在 $[a,+\infty)$ 上连续，$\lim\limits_{x\to+\infty}f(x)=A$ 存在，则 $f(x)$ 在 $[a,+\infty)$ 上一致连续.

[解题要点] 利用极限存在的柯西收敛准则和一致连续的定义.

证：因为 $\lim\limits_{x\to+\infty}f(x)=A$，由柯西收敛准则，$\forall\varepsilon>0$，$\exists M=M(\varepsilon)>0(M>a)$，当 $x',x''>M$ 时，有 $|f(x')-f(x'')|<\varepsilon$.

$\forall x',x''\in[a,+\infty)$，限制 $|x'-x''|<1$，则有以下情况：

情形 1：$x',x''>M$；

情形 2：$x',x''\leqslant M$；

情形 3：$x'\leqslant M$ 且 $x''>M$；或者 $x''\leqslant M$ 且 $x'>M$；

$x'\leqslant M$ 且 $x''>M\Rightarrow M<x''<M+1\Rightarrow a\leqslant x',x''<M+1$；

同理 $x''\leqslant M$ 且 $x'>M\Rightarrow a\leqslant x',x''<M+1$.

又由于 $f(x)$ 在 $[a,M+1]$ 上连续，从而一致连续，故对上述 $\varepsilon>0$，$\exists\delta_1=\delta_1(\varepsilon)>0$，当 $x',x''\in[a,M+1]$，且 $|x'-x''|<\delta_1$ 时，有 $|f(x')-f(x'')|<\varepsilon$.

取 $\delta=\min\{1,\delta_1\}$，则 $\forall x',x''\in[a,+\infty)$ 且 $|x'-x''|<\delta$ 时，都有 $|f(x')-f(x'')|<\varepsilon$，故 $f(x)$ 在 $[a,+\infty)$ 上一致连续.

注 7：此题的结论可作为判断函数是一致连续的一条准则.

注 8：若 $f(x)$ 在 $[a,+\infty)$ 上一致连续，问 $\lim\limits_{x\to+\infty}f(x)=A$ 存在吗？

（反例）函数 $f(x)=\sqrt{x}\ln x$ 在 $[1,+\infty)$ 上一致连续，但 $\lim\limits_{x\to+\infty}f(x)=+\infty$ 不存在.

例 20 （中北大学，2005 年）证明：函数 $f(x)=\dfrac{2+x}{1+x}\sin\dfrac{1}{x}$ 在区间 $(0,1)$ 内不一致连续，在 $[1,2]$ 与 $[2,+\infty)$ 上均一致连续.

[解题要点] (1) 利用康托定理；(2) 非一致连续的归结原则；(3) $[a,+\infty)$ 上一致连续的充分条件.

证：取 $x_n=\dfrac{1}{2n\pi}$，$y_n=\dfrac{1}{2n\pi+\dfrac{\pi}{2}}$，$n=1,2,3,\cdots$，则 $x_n,y_n\in(0,1)$. 因为

$\lim\limits_{n\to\infty}|x_n-y_n|=0$，而 $\lim\limits_{n\to\infty}|f(x_n)-f(y_n)|=\lim\limits_{n\to\infty}\dfrac{8n\pi+2\pi+2}{4n\pi+\pi+2}=2\neq 0$，所以函数 $f(x)=\dfrac{2+x}{1+x}\sin\dfrac{1}{x}$ 在区间 $(0,1)$ 上不一致连续.

由于函数 $f(x)=\dfrac{2+x}{1+x}\sin\dfrac{1}{x}$ 在区间 $[1,2]$ 上连续，由康托定理，所以函数 $f(x)=\dfrac{2+x}{1+x}\sin\dfrac{1}{x}$ 在区间 $[1,2]$ 上一致连续.

因为 $\lim\limits_{x\to+\infty}f(x)=\lim\limits_{x\to+\infty}\dfrac{2+x}{1+x}\sin\dfrac{1}{x}=0$，而函数 $f(x)=\dfrac{2+x}{1+x}\sin\dfrac{1}{x}$ 在区间 $[A,+\infty)(A>2)$ 上连续，由例 19，故 $f(x)=\dfrac{2+x}{1+x}\sin\dfrac{1}{x}$ 在区间 $[A,+\infty)$ $(A>2)$ 上一致连续.

例 21　若 $f(x)$ 在 $[a,b]$ 上一致连续，则 $\lim\limits_{x\to a^+}f(x)$ 存在.

[解题要点]　利用一致连续的定义和极限存在的柯西收敛准则.

证：由 $f(x)$ 在 $[a,b]$ 上一致连续，故 $\forall\varepsilon>0$，$\exists\delta>0$，对 $x_1,x_2\in[a,b]$，且 $|x_1-x_2|<\delta$ 时，都有 $|f(x_1)-f(x_2)|<\varepsilon$. 所以当 $a<x_1<a+\delta$，$a<x_2<a+\delta$ 时，有 $|f(x_1)-f(x_2)|<\varepsilon$，由柯西收敛准则可知 $\lim\limits_{x\to a^+}f(x)$ 存在.

例 22　若 $f(x)$ 在 (a,b) 内连续，则 $f(x)$ 在 (a,b) 上一致连续的充要条件是 $f(a+0)$，$f(b-0)$ 存在且有限.

[解题要点]　利用一致连续的定义和极限存在的柯西收敛准则，注意构造辅助函数，利用闭区间上连续函数的一致连续性质.

证：必要性：$f(x)$ 在 (a,b) 上一致连续，$\forall\varepsilon>0$，$\exists\delta>0$，当 $x_1,x_2\in(a,b)$，且 $|x_1-x_2|<\delta$ 时，都有 $|f(x_1)-f(x_2)|<\varepsilon$，特别地当 $x_1,x_2\in(a,a+\delta)$ 时，或者 $x_1,x_2\in(b-\delta,b)$ 时，都有 $|f(x_1)-f(x_2)|<\varepsilon$，由柯西收敛准则可知，$f(a+0)$，$f(b-0)$ 存在且有限.

充分性：令

$$F(x)=\begin{cases}f(a+0), & x=a\\ f(x), & x\in(a,b)\\ f(b-0), & x=b.\end{cases}$$

则 $F(x)$ 在 $[a,b]$ 上连续，从而一致连续，所以 $\forall\varepsilon>0$，$\exists\delta>0$，当 $x_1,x_2\in[a,b]$，且 $|x_1-x_2|<\delta$ 时，都有 $|F(x_1)-F(x_2)|<\varepsilon$，特别地，当 $x_1,x_2\in(a,b)$，且 $|x_1-x_2|<\delta$ 时，都有 $|f(x_1)-f(x_2)|=|F(x_1)-F(x_2)|<\varepsilon$，故 $f(x)$ 在 (a,b) 上一致连续.

例 23　若 $f(x)$ 在 $[a,+\infty)$ 上连续，$g(x)$ 在 $[a,+\infty)$ 上一致连续，且 $\lim\limits_{x\to+\infty}[g(x)-f(x)]=0$ 存在，则 $f(x)$ 在 $[a,+\infty)$ 上一致连续.

[解题要点]　(1) 利用一致连续的定义和极限存在的柯西收敛准则；(2) 闭区间上连续函数的一致连续性质；(3) $[a,+\infty)$ 上一致连续的充分条件.

证：由 $\lim\limits_{x\to+\infty}[g(x)-f(x)]=0$ 可知，$\forall\varepsilon>0$，$\exists$ 正数 $M(M>a)$，当 $x\geqslant M$ 时，都有 $|g(x)-f(x)|<\varepsilon$，从而当 $x_1,x_2\geqslant M$ 时，都有：

$$|[g(x_1)-f(x_1)]-[g(x_2)-f(x_2)]|\leqslant|g(x_1)-f(x_1)|+|g(x_2)-f(x_2)|<2\varepsilon,$$

另外，由于

$$|[g(x_1)-f(x_1)]-[g(x_2)-f(x_2)]| = |(f(x_2)-f(x_1))-(g(x_1)-f(x_2))|,$$
$$\geqslant |f(x_2)-f(x_1)|-|g(x_2)-f(x_2)|.$$

所以，$|f(x_2)-f(x_1)| \leqslant |(g(x_1)-f(x_1))-(g(x_2)-f(x_2))|+|g(x_2)-g(x_1)|$，又由于 $g(x)$ 在 $[a,+\infty)$ 上一致连续，对上述 $\varepsilon>0$，$\exists\delta>0$，当 x_1，$x_2\in[a,+\infty)$，且 $|x_1-x_2|<\delta$ 时，有 $|g(x_1)-g(x_2)|<\varepsilon$，故当 x_1，$x_2\geqslant M$ 且 $|x_1-x_2|<\delta$ 时，就有：$|f(x_2)-f(x_1)| \leqslant |(g(x_1)-f(x_1))-(g(x_2)-f(x_2))|+|g(x_1)-g(x_1)]|<3\varepsilon$，所以极限 $\lim\limits_{x\to+\infty}f(x)$ 存在. 又因为 $f(x)$ 在 $[a,+\infty)$ 上连续，所以 $f(x)$ 在 $[a,+\infty)$ 上一致连续.

例 24 （北京大学，2001 年）证明：函数 $f(x)=\sqrt{x}\ln x$ 在 $[1,+\infty)$ 上一致连续.

[解题要点] 利用微分中值定理和一致连续的定义.

证：因为 $f(x)=\sqrt{x}\ln x$，所以

$$f'(x)=\frac{\ln x+2}{2\sqrt{x}}>0,\ x\in[1,+\infty),\ f''(x)=-\frac{\ln x}{4x\sqrt{x}}<0,\ x\in[1,+\infty),$$

故 $f'(x)$ 单调递减. 于是，当 $1\leqslant x<+\infty$ 时，$\lim\limits_{x\to+\infty}f'(x)\leqslant f'(x)\leqslant f'(1)$. 又因为 $\lim\limits_{x\to+\infty}f'(x)=\lim\limits_{x\to+\infty}\dfrac{\ln x+2}{2\sqrt{x}}=\lim\limits_{x\to+\infty}\dfrac{1}{\sqrt{x}}=0$，$\lim\limits_{x\to1}f'(x)=\lim\limits_{x\to1}\dfrac{\ln 1+2}{2\sqrt{1}}=1$，所以 $f'(x)$ 在 $[1,+\infty)$ 上有界.

设 $|f'(x)|<M$，$x\in[1,+\infty)$，则 $\forall\varepsilon>0$，$\exists\delta=\dfrac{\varepsilon}{M}$，当 x_1，$x_2\in[1,+\infty)$，且 $|x_1-x_2|<\delta$ 时，有 $|f(x_1)-f(x_2)|=|f'(\theta)(x_1-x_2)|<M|x_1-x_2|<M\cdot\dfrac{\varepsilon}{M}=\varepsilon$，所以 $f(x)$ 在 $[1,+\infty)$ 上一致连续.

例 25 （上海师范大学；江西大学）设函数 $f(x)$ 在 $[0,+\infty)$ 上一致连续，且 $\forall x>0$，有 $\lim\limits_{n\to\infty}f(x+n)=0$. 试证：$\lim\limits_{x\to+\infty}f(x+n)=0$.

[解题要点] (1) 一致连续的定义、有限覆盖定理；(2) 极限的定义：$\lim\limits_{x\to+\infty}f(x+n)=0\Leftrightarrow\forall\varepsilon>0$，$\exists M=M(\varepsilon)>0$，当 $x>M$ 时，有 $|f(x)|<\varepsilon$.

证：由于 $f(x)$ 在 $[0,+\infty)$ 上一致连续，则 $\forall x>0$，$\exists\delta>0$，使当 x_1，$x_2\in[0,+\infty)$，且

$$|x_1-x_2|<\delta \text{ 时，有 } |f(x_1)-f(x_2)|<\frac{\varepsilon}{2},\ \forall x\in[0,1]. \quad ①$$

作邻域 $U(x;\delta)$，则 $[0,1]\subset\bigcup\limits_{x\in[0,1]}U(x;\delta)$，由有限覆盖定理，存在有限个 $U(x,\delta)(i=1,2,\cdots,m)$ 也覆盖区间 $[0,1]$，即

$$[0,1]\subset\bigcup_{i=1}^{m}U(x_i,\delta),\ (x_i\in[0,1]).$$

由于 $\forall x>0$，存在正整数 $n=[x]$，使得

$$x-[x]\in[0,1)\subset[0,1]\subset\bigcup_{i=1}^{m}U(x_i,\delta),$$
$$\Rightarrow x-[x]\in U(x_i,\delta)\Rightarrow|x-[x]-x_i|<\delta\Rightarrow|x-(n+x_i)|<\delta.$$

于是 $\forall x>0$，总存在正整数 $n=[x]$ 以及 x_i $(i=1,2,\cdots,m)$，使 $|x-(x_i+n)|<\delta$.

所以由①有

$$|f(x)-f(x_1+n)|<\frac{\varepsilon}{2} \qquad ②$$

又对任意 $x_i(i=1,2,\cdots,m)$，由 $\lim\limits_{n\to\infty}f(x_i+n)=0$，则对上述 $\varepsilon>0$，总存在 $N_i=N_i(\varepsilon,x_i)>0$，使当 $n>N_i$ 时，有 $|f(x_i+n)|<\frac{\varepsilon}{2}$ $(i=1,2,\cdots,m)$.

令 $N=\max\{N_1,N_2,\cdots,N_m\}=N(\varepsilon)$，则当 $n>N\geqslant N_i$ 时，有

$$|f(x_i+n)|<\frac{\varepsilon}{2}\ (i=1,2,\cdots,m) \qquad ③$$

因此，当 $x>N+1$ 时，有 $n=[x]\geqslant[N+1]>N\geqslant N_i$，从而有

$$\begin{aligned}|f(x)|&=|f(x)-f(x_i+n)+f(x_i+n)|\\&\leqslant|f(x)-f(x_i+n)|+|f(x_i+n)|\leqslant\frac{\varepsilon}{2}+\frac{\varepsilon}{2}=\varepsilon.\end{aligned}$$

即 $\forall\varepsilon>0$，$\exists M=N+1=M(\varepsilon)>0$，当 $x>M$ 时，有 $|f(x)|<\varepsilon$. 所以 $\lim\limits_{x\to+\infty}f(x)=0$.

注9：上题中的“$\forall x>0$，$\lim\limits_{n\to\infty}f(x+n)=0$”可以改为“$\forall x\in(0,1)$，$\lim\limits_{n\to\infty}f(x+n)=0$”.

例26　（武汉大学，1998年）设 $f(x)$ 在 $[0,+\infty)$ 满足 Lipschitz 条件，即存在 $m>0$，对任意 x'，$x''\in[0,+\infty)$ 有 $|f(x')-f(x'')|\leqslant m|x'-x''|$. 证明：$f(x'')$ $(0<a<1$ 为常数$)$ 在 $[0,+\infty)$ 上一致连续.

[解题要点]　(1) 利用微分中值定理、闭区间上连续函数的一致连续性；(2) 一致连续的定义.

证：先证 $g(x)=x^a$ 在 $[0,+\infty)$ 上一致连续. 因为 $g(x)=x^a$ 在 $[0,1]$ 上连续，故由康托定理，$g(x)=x^a$ 在 $[0,1]$ 上一致连续.

$\forall\varepsilon>0$，考虑 x_1，$x_2\in[1,+\infty)$ 且 $x_1<x_2$. 那么由微分中值定理，有

$$\begin{aligned}|g(x_1)-g(x_2)|&=|x_1^a-x_2^a|=x_2^a-x_1^a=g(x_2)-g(x_1)\\&=g'(\xi)(x_2-x_1)\ \ (\xi\in(x_1,x_2)\subset[1,+\infty))\\&=a\cdot\frac{1}{\xi^{1-a}}(x_2-x_1)\ \ \left(\xi>1\Rightarrow\xi^{1-a}>1\Rightarrow0<\frac{1}{\xi^{1-a}}<1\right)\\&\leqslant a|x_1-x_2|.\end{aligned}$$

令 $a|x_1-x_2|<\varepsilon$ 得 $|x_1-x_2|<\frac{\varepsilon}{a}$，因此取 $\delta=\frac{\varepsilon}{a}$，则当 $|x_1-x_2|<\delta$ 时，有 $|g(x_1)-g(x_2)|<\varepsilon$. 即 $g(x)=x^2$ 在 $[1,+\infty)$ 上一致连续.

于是 $g(x)=x^a$ 在 $[0,+\infty)$ 上一致连续. 由 $g(x)=x^a$ 在 $[0,+\infty)$ 上一致连续，所以对 $\forall\varepsilon>0$，$\exists\delta>0$，当 x_1，$x_2\in[1,+\infty)$，且 $|x_1-x_2|<\delta$ 时，都有 $|x_1^a-x_2^a|<\frac{\varepsilon}{m}$，那么

$$|f(x_1^a)-f(x_2^a)|\leqslant m|x_1^a-x_2^a|<m\cdot\frac{\varepsilon}{m}=\varepsilon,$$

所以可得 $f(x^a)$ 在 $[0,+\infty)$ 上一致连续.

例27　（复旦大学，2002年）证明：函数 $f(x)=\frac{1}{x}$ 在区间 $(0,1]$ 上不一致连续.

[解题要点]　利用非一致连续的归结原则.

证：方法1：取 $x_n=\frac{1}{n}$，$y_n=\frac{1}{n+1}$，$n=1, 2, 3, \cdots$，则 x_n，$y_n\in(0, 1]$. 因为 $|f(x_n)-f(y_n)|=\left|\frac{y_n-x_n}{x_ny_n}\right|=1$，所以，存在 $\varepsilon_0=1$，对所有 $\delta>0$，当 $|x_n-y_n|<\delta$ 时，有 $|f(x_n)-f(y_n)|=\left|\frac{y_n-x_n}{x_ny_n}\right|\geqslant1$，故函数 $f(x)=\frac{1}{x}$ 在区间（0，1］上不一致连续.

方法2：取 $x_n=\frac{1}{n}$，$y_n=\frac{1}{n+1}$，$n=1, 2, 3, \cdots$，则 x_n，$y_n\in(0, 1]$. 因为 $\lim\limits_{n\to\infty}|x_n-y_n|=0$，而 $\lim\limits_{n\to\infty}|f(x_n)-f(y_n)|=1$，所以函数 $f(x)=\frac{1}{x}$ 在区间（0，1］上不一致连续.

例 28　（汕头大学，2003 年；中北大学，2005 年；浙江师范大学，2003 年）证明：函数 $f(x)=\sin\frac{1}{x}$ 在（0，1］上不一致连续.

解法 1：

［解题要点］　利用非一致连续的归结原则.

证：取 $x_n=\frac{1}{2n\pi}$，$y_n=\frac{1}{2n\pi+\frac{\pi}{2}}$，则 x_n，$y_n\in(0, 1]$. 因为

$$\lim_{n\to\infty}(x_n-y_n)=\lim_{n\to\infty}\left(\frac{1}{2n\pi}-\frac{1}{2n\pi+\frac{\pi}{2}}\right)=\lim_{n\to\infty}\frac{\frac{\pi}{2}}{2n\pi\left(2n\pi+\frac{\pi}{2}\right)}=0,$$

而

$$\lim_{n\to\infty}|f(x_n)-f(y_n)|=\lim_{n\to\infty}\left|\sin(2n\pi)-\sin\left(2n\pi+\frac{\pi}{2}\right)\right|=1,\ \lim_{n\to\infty}|f(x_n)-f(y_n)|\neq0,$$

所以函数 $f(x)=\sin\frac{1}{x}$ 在（0，1］上不一致连续.

解法 2：

［解题要点］　利用非一致连续的定义.

证：在（0，1］内取 $x_n=\frac{1}{n\pi}$，$x_n'=\frac{2}{(n+1)\pi}$，取 $\varepsilon_0=\frac{1}{2}$，对任意的 $\delta>0$，只要 n 充分大，总有 $|x_n-x_n'|<\frac{1}{(n+1)\pi}<\delta$，且 $|f(x_n)-f(x_n')|=\left|\sin n\pi-\sin\frac{(n+1)\pi}{2}\right|=1>\varepsilon_0$，所以 $f(x)$ 在（0，1］上不一致连续.

注 10：证明不一致连续，需特别注意两个特殊点或两个特殊的点列是如何选取的.

第三章　一元函数微分学

一、基本概念与基本结论

（一）导数与微分

1. 函数在一点 x_0 处导数定义

$$f'(x_0)=\lim_{x\to x_0}\frac{f(x)-f(x_0)}{x-x_0}\text{ 或 }f'(x_0)=\lim_{\Delta x\to 0}\frac{f(x_0+\Delta x)-f(x_0)}{\Delta x}.$$

2. 左、右导数

（1）左导数：$f'_-(x_0)=\lim\limits_{x\to x_0^-}\dfrac{f(x)-f(x_0)}{x-x_0}$ 或 $f'_-(x_0)=\lim\limits_{\Delta x\to 0^-}\dfrac{f(x_0+\Delta x)-f(x_0)}{\Delta x}$.

（2）右导数：$f'_+(x_0)=\lim\limits_{x\to x_0^+}\dfrac{f(x)-f(x_0)}{x-x_0}$ 或 $f'_+(x_0)=\lim\limits_{\Delta x\to 0^+}\dfrac{f(x_0+\Delta x)-f(x_0)}{\Delta x}$.

3. 函数 $y=f(x)$ 在点 x_0 可微的定义

设 $y=f(x)$ 在点 x_0 的某个邻域 $U(x_0)$ 内有定义，记 $\Delta y=f(x_0+\Delta x)-f(x_0)$. 如果 $\Delta y=A\Delta x+o(\Delta x)\ (\Delta x\to 0)$，其中 A 是与 Δx 无关的常数，$o(\Delta x)$ 是 Δx 的高阶无穷小量，则称函数 $y=f(x)$ 在点 x_0 可微，并称 $A\Delta x$ 为函数 $y=f(x)$ 在点 x_0 处的微分，记作 $\mathrm{d}y\big|_{x=x_0}=A\Delta x$ 或 $\mathrm{d}f(x)\big|_{x=x_0}=A\Delta x$.

注 1：如果 $\Delta y=A\Delta x+o(\Delta x)\ (\Delta x\to 0)$，则 $A=f'(x_0)$，且 $\Delta x=\mathrm{d}x$.

注 2：函数 $y=f(x)$ 在点 x 处的微分为 $\mathrm{d}y=f'(x)\mathrm{d}x$.

4. 一元函数微分的应用

一元函数微分可应用于近似计算，具体计算公式为 $f(x_0+\Delta x)\approx f(x_0)+f'(x_0)\Delta x$，其中 Δx 的绝对值较小时，近似计算结果较准确.

5. 几何意义

几何意义是：$y=f(x)$ 在 x_0 的导数 $\dfrac{\mathrm{d}y}{\mathrm{d}x}\Big|_{x=x_0}$ 表示曲线 $y=f(x)$ 在点 $(x_0, f(x_0))$ 处切

线的斜率.

6. $f(x)$在点x_0处可导$\Leftrightarrow f(x)$在点x_0处可微$\Rightarrow f(x)$在点x_0处连续

7. 基本求导公式、求导法则

(1) 基本初等函数的求导公式:

①$(c)'=0$ (c为常数);

②$(x^\alpha)'=\alpha x^{\alpha-1}$ (α为任意实数);

③$(a^x)'=a^x\ln a$ ($a>0$, $a\neq1$), $(e^x)'=e^x$;

④$(\log_a x)'=\dfrac{1}{x\ln a}=\dfrac{1}{x}\log_a e$, $(\ln x)'=\dfrac{1}{x}$;

⑤$(\sin x)'=\cos x$; $(\cos x)'=-\sin x$. $(\tan x)'=\sec^2 x$; $(\cot x)'=-\csc^2 x$; $(\sec x)'=\sec x\tan x$; $(\csc x)'=-\csc x\cot x$;

⑥$(\arcsin x)'=\dfrac{1}{\sqrt{1-x^2}}$; $(\arccos x)'=-\dfrac{1}{\sqrt{1-x^2}}$; $(\arctan x)'=\dfrac{1}{1+x^2}$; $(\text{arccot}\, x)'=-\dfrac{1}{1+x^2}$.

(2) 基本求导法则:

①$(u\pm v)'=u'\pm v'$;

②$(uv)'=u'v+uv'$; $(cu)'=cu'$ (c为常数);

③$\left(\dfrac{v}{u}\right)'=\dfrac{v'u-vu'}{u^2}$; $\left(\dfrac{1}{u}\right)'=-\dfrac{1}{u^2}$;

④$\dfrac{dy}{dx}=\dfrac{1}{\frac{dx}{dy}}$;

⑤$\dfrac{dy}{dx}=\dfrac{dy}{du}\cdot\dfrac{du}{dx}$.

8. 参变量函数的导数、高阶导数

(1) 设$\begin{cases}x=\varphi(t)\\ y=\psi(t)\end{cases}$ ($\alpha\leqslant t\leqslant\beta$), 则$\dfrac{dy}{dx}=\dfrac{\psi'(t)}{\varphi'(t)}$;

$$\frac{d^2y}{dx^2}=\frac{d}{dx}\left(\frac{dy}{dx}\right)=\frac{\psi''(t)\varphi'(t)-\psi'(t)\varphi''(t)}{[\varphi'(t)]^3}.$$

(2) 莱布尼茨公式:

$$(uv)^{(n)}=C_n^0u^{(n)}v^{(0)}+C_n^1u^{(n-1)}v^{(1)}+C_n^2u^{(n-2)}v^{(2)}+\cdots+C_n^ku^{(n-k)}v^{(k)}+\cdots+C_n^nu^{(0)}v^{(n)}$$
$$=\sum_{k=0}^{n}C_n^ku^{(n-k)}v^{(k)}.$$

9. 导数的应用

求平面曲线的切线与法线方程: 如果函数$y=f(x)$在点x_0处可导, 则平面曲线$y=f(x)$在点(x_0, y_0)处的切线方程为$y-y_0=f'(x_0)(x-x_0)$, 法线方程为$y-y_0=-\dfrac{1}{f'(x_0)}(x-x_0)$.

（二）微分基本定理与不定式极限

1. 费马定理

设$f(x)$在某$U(x_0)$内有定义且在x_0可导. 若点x_0为$f(x)$的极值点，则有：$f'(x_0)=0$.

2. 罗尔中值定理

若$f(x)$满足：①$f(x)$在闭区间$[a, b]$上连续；②$f(x)$在开区间(a, b)内可导；③$f(a)=f(b)$. 则在(a, b)内至少存在一点ξ，使得$f'(\xi)=0$.

3. 拉格朗日中值定理

若函数$f(x)$满足：①$f(x)$在闭区间$[a, b]$上连续；②$f(x)$在开区间(a, b)内可导. 则在(a, b)内至少存在一点ξ，使得$f'(\xi)=\dfrac{f(b)-f(a)}{b-a}$.

4. 柯西中值定理

若① 函数$f(x)$和$g(x)$都在闭区间$[a, b]$连续；②$f(x)$与$g(x)$都在开区间(a, b)内可导；③$f'(x)$与$g'(x)$在(a, b)内不同时为零；④$g(a)\neq g(b)$. 则在(a, b)内至少存在一点ξ，使得$\dfrac{f'(\xi)}{g'(\xi)}=\dfrac{f(b)-f(a)}{g(b)-g(a)}$.

5. 泰勒定理

（1）拉格朗日型泰勒定理.

若函数$f(x)$满足：

① 在闭区间$[a, b]$上函数f存在直到n阶连续导数；

② 在开区间(a, b)内存在$f(x)$的$n+1$阶导数.

则对任何x，$x_0\in[a, b]$，至少存在一点$\xi\in(a, b)$，使得

$$f(x)=f(x_0)+f'(x_0)(x-x_0)+\frac{f''(x_0)}{2!}(x-x_0)^2+\cdots+\frac{f^{(n)}(x_0)}{n!}(x-x_0)^n+\frac{f^{(n+1)}(\xi)}{(n+1)!}(x-x_0)^{n+1}.$$

（2）带皮亚诺型余项的泰勒定理.

若函数$f(x)$在x_0存在直至n阶导数，则

$$f(x)=f(x_0)+f'(x_0)(x-x_0)+\frac{f''(x_0)}{2!}(x-x_0)^2+\cdots+\frac{f^{(n)}(x_0)}{n!}(x-x_0)^n+o((x-x_0)^n)(x\to x_0).$$

6. 洛必达法则

（1）$\dfrac{0}{0}$型不定式极限；

若① $\lim\limits_{x\to x_0}f(x)=0$，$\lim\limits_{x\to x_0}g(x)=0$；

②f 与 g 在 x_0 的某空心邻域 $\mathring{U}(x_0)$ 内可导，且 $g'(x)\neq 0$；

③ $\lim\limits_{x\to x_0}\dfrac{f'(x)}{g'(x)}=A$（$A$ 可为实数，也可为 $\pm\infty$ 或 ∞）.

则 $\lim\limits_{x\to x_0}\dfrac{f(x)}{g(x)}=\lim\limits_{x\to x_0}\dfrac{f'(x)}{g'(x)}=A.$

（2）$\dfrac{\infty}{\infty}$ 型不定式极限.

若 ① $\lim\limits_{x\to x_0^+}f(x)=\lim\limits_{x\to x_0^+}g(x)=\infty$；

②f、g 在 x_0 的某 $\mathring{U}_+(x_0)$ 上可导，且 $g'(x)\neq 0$；

③ $\lim\limits_{x\to x_0}\dfrac{f'(x)}{g'(x)}=A$（$A$ 可为实数，也可为 $\pm\infty$ 或 ∞）.

则 $\lim\limits_{x\to x_0}\dfrac{f(x)}{g(x)}=\lim\limits_{x\to x_0}\dfrac{f'(x)}{g'(x)}=A.$

二、例题选讲

例 1 若 $f(x)=x(x-1)\cdots(x-2017)$，求 $f'(0)$.

[解题要点] 利用导数定义.

解：$f'(0)=\lim\limits_{x\to 0}\dfrac{f(x)-f(0)}{x}=\lim\limits_{x\to 0}\dfrac{x(x-1)\cdots(x-2017)-0}{x}$

$=\lim\limits_{x\to 0}(x-1)(x-2)\cdots(x-2017)=-2017!.$

注 3：此题也可用求导法则来做.

例 2 已知 $f(0)=0$，$f'(0)=1$，求 $\lim\limits_{n\to\infty}\left[f\left(\dfrac{1}{n^2}\right)+f\left(\dfrac{2}{n^2}\right)+\cdots+f\left(\dfrac{n}{n^2}\right)\right].$

[解题要点] 利用带皮亚诺型余项的泰勒定理.

分析：可利用 $f'(0)$ 的定义得到 $f(x)$ 在 $x=0$ 附近的局部表达式，再代入所求极限式作计算.

解：由于 $f'(0)=\lim\limits_{x\to 0}\dfrac{f(x)-f(0)}{x}$，则 $f(x)=f(0)+f'(0)x+o(x)$，从而

$f\left(\dfrac{1}{n^2}\right)+f\left(\dfrac{2}{n^2}\right)+\cdots+f\left(\dfrac{n}{n^2}\right)=\dfrac{1}{n^2}+\dfrac{2}{n^2}+\cdots+\dfrac{n}{n^2}+n\cdot o\left(\dfrac{1}{n}\right)=\dfrac{n(n+1)}{2n^2}+o(1)\to$
$\dfrac{1}{2}(n\to\infty).$

即 $\lim\limits_{n\to\infty}\left[f\left(\dfrac{1}{n^2}\right)+f\left(\dfrac{2}{n^2}\right)+\cdots+f\left(\dfrac{n}{n^2}\right)\right]=\dfrac{1}{2}.$

例3　设 $f(x)$ 是连续可导函数，且 $f(x)=x+x\int_0^1 f(t)\mathrm{d}t+x^2\lim\limits_{x\to 0}\frac{f(x)}{x}$，求 $f(x)$.

［解题要点］（1）函数的定积分与极限都是常数，该题的本质就是要确定这两个常数；（2）由 $f(0)=0$，有 $\lim\limits_{x\to 0}\frac{f(x)}{x}=\lim\limits_{x\to 0}\frac{f(x)-f(0)}{x}=f'(0)$.

解：易知 $f(0)=0$，则 $\lim\limits_{x\to 0}\frac{f(x)}{x}=\lim\limits_{x\to 0}\frac{f(x)-f(0)}{x}=f'(0)$，设 $A=\int_0^1 f(t)\mathrm{d}t$，则由

$$f(x)=x+xA+x^2f'(0). \qquad ①$$

对上式两边积分得 $A=\int_0^1[t+tA+t^2f'(0)]\mathrm{d}t=\frac{1}{2}+\frac{1}{2}A+\frac{1}{3}f'(0)$，即

$$A=1+\frac{2}{3}f'(0). \qquad ②$$

在①式中两边求导后并令 $x=0$，得 $f'(0)=1+A$，　③

由②、③式得 $f'(0)=6$，$A=5$，故 $f(x)=6x+6x^2$.

注4：此题的关键是能从条件的极限形式联系到导数的定义式.

例4　设 $f(x)$ 在 $(-\delta,+\delta)$ 上有定义，对任何 $x,y\in(-\delta,+\delta)$ 恒有

$$f(x+y)=\frac{f(x)+f(y)}{1-f(x)f(y)}.$$

又 $f(x)$ 在点 $x=0$ 处可导，且 $f'(0)=1$，求证：$f(x)$ 在 $(-\delta,+\delta)$ 内处处可导，并求函数的表达式.

［解题要点］（1）利用连续的定义；（2）由 $f(0)=0$，有 $\lim\limits_{x\to 0}\frac{f(x)}{x}=\lim\limits_{x\to 0}\frac{f(x)-f(0)}{x}=f'(0)$.

分析：由所给的关系式将函数在区间内任一点导数的定义转化为在 $x=0$ 处导数的定义式，可得到函数的可导性；找到了导数的关系式，也就是建立了微分方程，解方程就可得到函数表达式.

证：在关系式 $f(x+y)=\frac{f(x)+f(y)}{1-f(x)f(y)}$ 中，令 $x=y=0$ 可以得到 $f(0)=0$，又

$$\frac{f(x+y)-f(x)}{y}=\frac{f(y)}{y}\cdot\frac{1+f^2(x)}{1-f(x)f(y)},\quad \forall x,\ y\in(-\delta,+\delta),$$

令 $y\to 0$ 并注意到 $\lim\limits_{y\to 0}\frac{f(y)}{y}=f'(0)=1$ 可得到 $f'(x)=1+f^2(x)$. 所以 $f(x)$ 在 $(-\delta,+\delta)$ 内处处可导，解上面微分方程并注意到 $f(0)=0$，可得 $f(x)=\tan x$.

例5　对 $\forall x,y\in(-\infty,+\infty)$，$f(x)$ 均满足方程 $f(x+y)=f(x)+f(y)$，且 $f'(0)=2$，求 $f(x)$.

［解题要点］（1）善于利用条件求出 $f(0)$；（2）充分利用导数的定义.

解：令 $x=y=0$，则 $f(0)=2f(0)$，即有 $f(0)=0$，对任一 $x\in(-\infty,+\infty)$，由方程得（设 $y\neq 0$）$\frac{f(x+y)-f(x)}{y}=\frac{f(y)}{y}=\frac{f(y)-f(0)}{y}$，令 $y\to 0$ 对两边取极限得：$f'(x)=f'(0)=2$，由此得 $f'(x)=2$，从而 $f(x)=2x+c$，又由 $f(0)=0$ 可知 $c=0$，即 $f(x)=2x$.

例 6 设函数 $f(x)$ 在 $x=0$ 连续，并且 $\lim\limits_{x\to 0}\dfrac{f(2x)-f(x)}{x}=A$. 求证：$f'(0)=A$.

[解题要点] 善于利用导数的定义以及导数与微分的关系.

证：因为 $\lim\limits_{x\to 0}\dfrac{f(2x)-f(x)}{x}=A$，所以

$$f(2x)-f(x)=Ax+o(x). \qquad ①$$

由①式有

$$\begin{cases} f(x)-f\left(\dfrac{x}{2}\right)=A\cdot\dfrac{x}{2}+o(x), \\ f\left(\dfrac{x}{2}\right)-f\left(\dfrac{x}{4}\right)=A\cdot\dfrac{x}{4}+o(x), \\ \quad\vdots \\ f\left(\dfrac{x}{2^n}\right)-f\left(\dfrac{x}{2^{n+1}}\right)=A\cdot\dfrac{x}{2^{n+1}}+o(x). \end{cases}$$

把这些式子加起来得

$$f(x)-f\left(\frac{x}{2^{n+1}}\right)=Ax\left(\frac{1}{2}+\frac{1}{2^2}+\cdots+\frac{1}{2^{n+1}}\right)+o(x). \qquad ②$$

由于 $f(x)$ 在 $x=0$ 连续，②式两边对 $n\to+\infty$ 取极限，得 $f(x)-f(0)=Ax+o(x)$，于是有 $\lim\limits_{x\to 0}\dfrac{f(x)-f(0)}{x}=A$，即 $f'(0)$ 存在，且 $f'(0)=A$.

例 7 对 $\forall x, y\in(-\infty,+\infty)$，$f(x)$ 均满足方程 $f(x+y)=f(x)\cdot f(y)$，且 $f'(0)=1$，求 $f(x)$.

[解题要点] (1) 善于利用条件求出 $f(0)$；(2) 利用导数的定义；(3) 求解可分离变量的微分方程.

解：令 $x=y=0$，则 $f(0)=f^2(0)$，即有 $f(0)=0$ 或 $f(0)=1$.

若 $f(0)=0$，令方程中 $y=0$，则对任一 $x\in(-\infty,+\infty)$，都有 $f(x)=f(x+0)=f(x)\cdot f(0)=0$，$f(x)$ 为常数函数，这同 $f'(0)=1$ 矛盾，故 $f(0)=1$.

再由方程得：$\dfrac{f(x+y)-f(x)}{y}=\dfrac{f(x)f(y)-f(x)}{y}=f(x)\cdot\dfrac{f(y)-f(0)}{y}$，

令 $y\to 0$ 对两边取极限，并由 $f'(0)=1$ 得：$f'(x)=f(x)$，这是可分离变量的微分方程，其通解为：$f(x)=ce^x$，又由 $f(0)=1$ 可知 $c=1$，即 $f(x)=e^x$.

例 8 已知 $f(x)$ 可导，且对 $\forall x, y\in(-\infty,+\infty)$，均有 $f(x+y)=e^xf(y)+e^yf(x)$，且 $f'(0)=e$，求证：$f'(x)=f(x)+e^{x+1}$.

[解题要点] (1) 善于利用条件求出 $f(0)$；(2) 利用导数的定义；(3) 求解可分离变量的微分方程.

证：令 $x=y=0$，由方程可得 $f(0)=2f(0)$，即有 $f(0)=0$，则

$$f'(x)=\lim_{y\to 0}\frac{f(x+y)-f(x)}{y}=\lim_{y\to 0}\left[\frac{e^xf(y)}{y}+\frac{f(x)(e^y-1)}{y}\right]$$

$$= \lim_{y\to 0} e^x \frac{f(y)-f(0)}{y} + \lim_{y\to 0} f(x)\frac{e^y - e^0}{y} = e^x f'(0) + f(x)$$
$$= e^{x+1} + f(x),$$

即 $f'(x) = f(x) + e^{x+1}$.

例 9 设 $f''(0)$ 存在，求证：$\lim\limits_{h\to 0}\dfrac{f(2h)-2f(0)+f(-2h)}{4h^2} = f''(0)$.

[解题要点]（1）利用洛必达法则；（2）利用二阶导数的定义.

证：原式左端 $= \lim\limits_{h\to 0}\dfrac{2f'(2h)-2f'(-2h)}{8h}$

$$= \frac{1}{2}\lim_{h\to 0}\frac{f'(2h)-f'(-2h)}{2h}$$
$$= \frac{1}{2}\lim_{h\to 0}\frac{f'(0+2h)-f'(0)+f'(0)-f'(-2h)}{2h}$$
$$= \frac{1}{2}\lim_{h\to 0}\left[\frac{f'(0+2h)-f'(0)}{2h} + \frac{f'(0+(-2h))-f'(0)}{-2h}\right]$$
$$= \frac{1}{2}(f''(0)+f''(0)) = f''(0).$$

例 10 （中国科学院，2003 年）在什么条件下函数

$$f(x) = \begin{cases} x^n \sin\dfrac{1}{x}, & x\neq 0 (x=1, 2, \cdots) \\ 0, & x=0 \end{cases}$$

（1）在 $x=0$ 连续？

（2）在 $x=0$ 可导？

（3）在 $x=0$ 处导函数 $f'(x)$ 连续？

[解题要点] 利用连续和导数的定义.

解：（1）当 $x\neq 0$ 且 $x\in \mathring{U}(0, 1) = (-1, 0)\cup(0, 1)$. 由于

$$0\leqslant |f(x)| \leqslant \left| x^n \sin\frac{1}{x}\right| \leqslant |x^n| \xrightarrow{(\text{当 } n>0)} 0 (x\to 0).$$

故 $n>0$ 时，$\lim\limits_{x\to 0} f(x) = 0 = f(0)$，此时 $f(x)$ 在 $x=0$ 连续.

当 $n<0$ 时，可证 $\lim\limits_{x\to 0} x^n \sin\dfrac{1}{x}$ 不存在，即 $\lim\limits_{x\to 0} f(x)$ 不存在，从而 $f(x)$ 在 $x=0$ 处不连续.

（2）由于 $f'(0) = \lim\limits_{x\to 0}\dfrac{f(x)-f(0)}{x-0} = \lim\limits_{x\to 0}\dfrac{x^n\sin\frac{1}{x}}{x} = \lim\limits_{x\to 0} x^{n-1}\sin\dfrac{1}{x}$，于是，当且仅当 $n-1>0$ 即 $n>1$ 时极限为 0. 即 $n>1$ 时，$f(x)$ 在 $x=0$ 可导且 $f'(0)=0$. 当 $n\leqslant 1$ 时，$f(x)$ 在 $x=0$ 不可导.

（3）由于 $f'(x) = \begin{cases} 0, & x=0 \\ nx^{n-1}\sin\dfrac{1}{x} - x^{n-2}\cos\dfrac{1}{x}, & x\neq 0 \end{cases}$

故当且仅当 $n-1>0$ 且 $n-2>0$ 时，$\lim\limits_{x\to0}f'(x)=0$. 故 $n>2$ 时 $f'(x)$ 在 $x=0$ 连续，$n\leqslant2$ 则不连续.

注 5：$f(x)$ 在 $x=0$ 连续 $\Leftrightarrow \lim\limits_{x\to0}f(x)=f(0)$. 记住以下结论

$$\lim_{x\to0}x^n\sin\frac{1}{x}\left(\lim_{x\to0}x^n\cos\frac{1}{x}\right)\begin{cases}=0, & n>0\\ \text{发散}, & n\leqslant0\end{cases}$$

例 11 （南京大学；复旦大学）设 $f(x)$ 在 $(-\infty,+\infty)$ 上有连续的二阶导数，$f(0)=0$，且 $g(x)=\begin{cases}\dfrac{f(x)}{x}, & x\neq0\\ f'(0), & x=0\end{cases}$，求证：$g(x)$ 在 $(-\infty,+\infty)$ 上有连续的一阶导数.

[解题要点] 利用连续和导数的定义.

证：由于 $\lim\limits_{x\to0}g(x)=\lim\limits_{x\to0}\dfrac{f(x)}{x}=\lim\limits_{x\to0}\dfrac{f(x)-f(0)}{x}=f'(0)$，所以 $g(x)$ 在 $x=0$ 连续；在 $x\neq0$ 时，$g'(x)=\dfrac{xf'(x)-f(x)}{x^2}$，显然在任一 $x\neq0$ 处连续.

$$g'(0)=\lim_{x\to0}\frac{g(x)-g(0)}{x}=\lim_{x\to0}\frac{f(x)-f'(0)x}{x^2}=\lim_{x\to0}\frac{f'(x)-f'(0)}{2x}=\frac{1}{2}f''(0),$$

$$\lim_{x\to0}g'(x)=\lim_{x\to0}\frac{xf'(x)-f(x)}{x^2}=\lim_{x\to0}\frac{xf''(x)}{2x}=\frac{1}{2}f''(0).$$

例 12 设 $g(0)=g'(0)=0$，$f(x)=\begin{cases}g(x)\sin\dfrac{1}{x}, & x\neq0\\ 0, & x=0\end{cases}$，求 $f'(0)$.

[解题要点] 利用导数的定义.

解：$f'(0)=\lim\limits_{x\to0}\dfrac{f(x)-f(0)}{x}=\lim\limits_{x\to0}\dfrac{g(x)\sin\frac{1}{x}}{x}=\lim\limits_{x\to0}\dfrac{g(x)-g(0)}{x}\sin\dfrac{1}{x}=0.$

例 13 对于函数 $f(x)=|\sin x|^3$，$x\in(-1,1)$.

（1）证明：$f'''(x)$ 不存在；

（2）说明点 $x=0$ 是不是 $f'''(x)$ 的可去间断点.

[解题要点] （1）利用导数的定义；（2）利用可去间断点的定义.

（1）证：由于 $f(x)=\begin{cases}\sin^3x, & x\in(0,1)\\ 0, & x=0\\ -\sin^3x, & x\in(-1,0)\end{cases}$，

故

$$f'(x)=\begin{cases}3\sin^2x\cos x, & x\in(0,1)\\ 0, & x=0\\ -3\sin^2x\cos x, & x\in(-1,0)\end{cases},$$

$$f''(x)=\begin{cases}6\sin x\cos^2x-3\sin^3x, & x\in(0,1)\\ 0, & x=0\\ -6\sin x\cos^2x+3\sin^3x, & x\in(-1,0)\end{cases},$$

$$\lim_{x\to0^+}\frac{f''(x)-f''(0)}{x}=\lim_{x\to0^+}\frac{6\sin x\cos^2x-3\sin^3x}{x}=6,$$

$$\lim_{x\to0^-}\frac{f''(x)-f''(0)}{x}=\lim_{x\to0^-}\frac{-6\sin x\cos^2x+3\sin^3x}{x}=-6.$$

由于$f'''_+(0)\neq f'''_-(0)$，故$f'''(x)$不存在.

（2）解：由上面（1）可知$x=0$不是$f'''(x)$的可去间断点.

例 14　设$f(x)=\begin{cases}|x|, & x\neq0\\ 1, & x=0\end{cases}$. 证明：不存在一个函数以$f(x)$为其导函数.

［解题要点］　凡是证明"不存在……"的命题一般要用反证法.

证：用反证法，设存在一个函数$g(x)$，且$g'(x)=f(x)$，则

$$g'(x)=\begin{cases}x, & x>0\\ 1, & x=0\\ -x, & x<0\end{cases}\qquad ①$$

故

$$当\ x>0\ 时，g(x)=\frac{1}{2}x^2+c_1,$$

$$当\ x<0\ 时，g(x)=-\frac{1}{2}x^2+c_2.$$

又因为$g(x)$连续，所以$c_1=c_2=g(0)$，即

$$g(x)=\begin{cases}\frac{1}{2}x^2+c_1, & x>0\\ c_1, & x=0\\ -\frac{1}{2}x^2+c_1, & x<0\end{cases}$$

于是$g'(0)=\lim\limits_{x\to0^+}\dfrac{g(x)-g(0)}{x}=\lim\limits_{x\to0^+}\dfrac{\frac{1}{2}x^2}{x}=0$，这与①式矛盾，所以不存在一个函数以$f(x)$为其导函数.

例 15　设$f(x)=\begin{cases}\dfrac{\sin x}{x}, & x\neq0\\ 1, & x=0\end{cases}$，求$f^{(k)}(0)$.

［解题要点］　先用间接法泰勒展开，然后根据泰勒定理比较系数.

解：由$\sin x=x-\dfrac{x^3}{3!}+\dfrac{x^5}{5!}+\cdots+(-1)^{n+1}\dfrac{x^{2n-1}}{(2n-1)!}+\cdots$

$$\Rightarrow\frac{\sin x}{x}=1-\frac{x^2}{3!}+\frac{x^4}{5!}+\cdots+(-1)^{n+1}\frac{x^{2n-2}}{(2n-1)!}+\cdots,$$

又　$f(x)=f(0)+f'(0)x+f''(0)\dfrac{x^2}{2!}+\cdots+\dfrac{f^{(2n-2)}(0)}{(2n-2)!}x^{2n-2}+\cdots$

$$\Rightarrow\frac{f^{(2n-2)}(0)}{(2n-2)!}=(-1)^{n+1}\frac{1}{(2n-1)!}$$

$$\Rightarrow f^{(2n-2)}(0)=(-1)^{n+1}\frac{1}{2n-1}$$

$$\Rightarrow f^{(k)}(0)=\begin{cases}0, & k=2n-1(n=1,\ 2,\ \cdots)\\ (-1)^{n+1}\frac{1}{2n-1}, & k=2n-2(n=2,\ 3,\ \cdots)\end{cases}$$

例 16　若函数 $f(x)$ 在 $[0,\ 1]$ 上连续，在 $(0,\ 1)$ 内可导，且 $f(0)=f(1)=0$，$f\left(\frac{1}{2}\right)=1$，证明：(1) 存在 $\eta\in\left(\frac{1}{2},\ 1\right)$，使得 $f(\eta)=\eta$；

(2) 对任意的实数 λ，存在 $\xi\in(0,\ \eta)$，使得 $f'(\xi)-\lambda[f(\xi)-\xi]=1$.

[解题要点]　(1) 注意作辅助函数，将方程的根转化为另一个函数的零点；(2) 利用根的存在性定理（或者介值性定理）；(3) 充分利用 $(e^{-\lambda x}f(x))'=e^{-\lambda x}[f'(x)-\lambda f(x)]$ 及其变形来构造辅助函数.

证：(1) 记 $F(x)=f(x)-x$，则它在 $[0,\ 1]$ 上连续，且

$$F\left(\frac{1}{2}\right)F(1)=\left[f\left(\frac{1}{2}\right)-\frac{1}{2}\right][f(1)-1]=\left(1-\frac{1}{2}\right)(0-1)<0,$$

所以，由连续函数的根的存在性定理知，存在 $\eta\in\left(\frac{1}{2},\ 1\right)$，使得 $F(\eta)=0$，即 $f(\eta)=\eta$.

(2) 令 $G(x)=e^{-\lambda x}[f(x)-x]$，对任意的实数 λ，$G(x)$ 在 $[0,\ 1]$ 上连续，在 $(0,\ 1)$ 内可导，且 $G(0)=G(\eta)=0$，所以由罗尔中值定理可知，存在 $\xi\in(0,\ \eta)$，使得 $G'(\xi)=0$，即 $f'(\xi)-\lambda[f(\xi)-\xi]=1$.

例 17　设函数 $f(x)$ 在 $[a,\ b]$ 上连续，在 $(a,\ b)$ 内可导，且 $f(x)\neq 0$，$x\in(a,\ b)$. 若 $f(a)=f(b)=0$，证明：对任意的实数 k，存在 $\xi\in(a,\ b)$，使得 $f'(\xi)=kf(\xi)$.

[解题要点]　(1) 利用连续和间断的定义；(2) 任意实数可以由有理数和无理数逼近.

证：设 $F(x)=e^{-kx}f(x)$，则 $F(x)$ 在 $[a,\ b]$ 满足罗尔中值定理的条件，所以存在 $\xi\in(a,\ b)$，使得 $F'(\xi)=0$，即 $-ke^{-k\xi}f(\xi)+e^{-k\xi}f'(\xi)=0$，由此得：$f'(\xi)=kf(\xi)$.

例 18　设函数 $f(x)$ 在 $[a,\ b]$ 上连续，在开区间 $(a,\ b)$ 可导，且 $f(a)=f(b)=0$. 求证：存在 $\xi\in(a,\ b)$，使得 $f(\xi)=f'(\xi)$.

[解题要点]　(1) 利用罗尔中值定理；(2) 要证 $\exists\xi$ 使 $f(\xi)=f'(\xi)$，考虑 $(e^{-x}f(x))'=[f'(x)-f(x)]e^{-x}$.

证：作 $F(x)=e^{-x}f(x)$，则 $F(a)=F(b)=0$，由罗尔中值定理，$\exists\xi\in(a,\ b)$ 使 $F'(\xi)=0$，即 $[f'(\xi)-f(\xi)]e^{-\xi}=0\Rightarrow f(\xi)=f'(\xi)$.

例 19　设函数 $f(x)$ 在 $[a,\ b]$ 上连续，在开区间 $(a,\ b)$ 可导且 $f(x)\neq 0$. 设 $f(a)=e^a$，$f(b)=e^b$. 求证：$\exists\xi\in(a,\ b)$，使 $f(\xi)=f'(\xi)$.

[解题要点]　$f(\xi)=f'(\xi)\Leftrightarrow\frac{f'(\xi)}{f(\xi)}=1\Leftrightarrow(\ln f(x)-x)'\Big|_{x=\xi}=0$.

证：作 $F(x)=\ln f(x)-x$，则 $F(a)=F(b)=0$，由罗尔中值定理可得：$\exists\xi\in(a,\ b)$，使 $F'(\xi)=0$，即 $\frac{f'(\xi)}{f(\xi)}-1=0$，所以 $f(\xi)=f'(\xi)$.

例 20 设 $f(x)$ 在 $[0,1]$ 连续，在 $(0,1)$ 可导. 求证：$\exists\xi\in(0,1)$，使得 $f'(\xi)\cdot f(1-\xi)=f(\xi)f'(1-\xi)$.

[解题要点] 作 $g(x)=f(x)f(1-x)$，则 $g'(x)=f'(x)f(1-x)-f(x)f'(1-x)$.

证：设 $g(x)=f(x)f(1-x)$，则 $g'(x)=f'(x)f(1-x)-f(x)f'(1-x)$，当 $x=0$ 时，$g(0)=f(0)f(1)=g(1)$，由罗尔中值定理可知，$\exists\xi\in(0,1)$，使得

$$g'(\xi)=f'(\xi)f(1-\xi)-f(\xi)f'(1-\xi)=0.$$

即 $f'(\xi)f(1-\xi)=f(\xi)f'(1-\xi)$.

例 21 求 $\lim\limits_{n\to\infty}n^2\left(\arctan\dfrac{a}{n}-\arctan\dfrac{a}{n+1}\right)$ $(a\neq0)$.

[解题要点] 利用拉格朗日中值定理.

分析：极限式中的因式 $\left(\arctan\dfrac{a}{n}-\arctan\dfrac{a}{n+1}\right)$ 是函数 $\arctan ax$ 在区间 $\left[\dfrac{1}{n+1},\dfrac{1}{n}\right]$ 上的增量，可考虑用拉格朗日中值定理.

解：对 $f(x)=\arctan ax$ 在 $\left[\dfrac{1}{n+1},\dfrac{1}{n}\right]$ 上用拉格朗日中值定理，有

$\arctan\dfrac{a}{n}-\arctan\dfrac{a}{n+1}=\dfrac{a}{1+a^2\xi^2}\left(\dfrac{1}{n}-\dfrac{1}{n+1}\right)=\dfrac{a}{1+a^2\xi^2}\cdot\dfrac{1}{n(n+1)}\left(\dfrac{1}{n+1}<\xi<\dfrac{1}{n}\right)$，当 $n\to\infty$，$\xi\to0$，所以

$$原式=\lim_{\xi\to0}\frac{a}{1+a^2\xi^2}\cdot\lim_{n\to\infty}\frac{n^2}{n(n+1)}=a.$$

例 22 已知 $f(x)$ 在 $(-\infty,+\infty)$ 内可导，且 $\lim\limits_{x\to\infty}f'(x)=\mathrm{e}$，$\lim\limits_{x\to\infty}\left(\dfrac{x+c}{x-c}\right)^x=\lim\limits_{x\to\infty}[f(x)-f(x-1)]$，求 c.

[解题要点] 利用拉格朗日中值定理和重要极限.

解：由条件易知 $c\neq0$，而

$$\lim_{x\to\infty}\left(\frac{x+c}{x-c}\right)^x=\lim_{x\to\infty}\frac{\left(1+\frac{c}{x}\right)^x}{\left(1-\frac{c}{x}\right)^x}=\frac{\mathrm{e}^c}{\mathrm{e}^{-c}}=\mathrm{e}^{2c}. \qquad ①$$

又 $f(x)$ 在 $(-\infty,+\infty)$ 内可导，由拉格朗日中值定理，$\exists\xi\in(x-1,x)$，使得

$$f(x)-f(x-1)=f'(\xi),$$

对上式取极限并结合条件得

$$\lim_{x\to\infty}[f(x)-f(x-1)]=\lim_{x\to\infty}f'(\xi)=\mathrm{e}. \qquad ②$$

由①、②式得 $\mathrm{e}^{2c}=\mathrm{e}$，即 $c=\dfrac{1}{2}$.

例 23 （东北师范大学）若 $f(x)$ 在 $[a,+\infty)$ 上可导，且 $\lim\limits_{x\to+\infty}f'(x)=A$，证明：$\lim\limits_{x\to+\infty}\dfrac{f(x)}{x}=A$.

[解题要点] （1）利用极限的保号性和微分中值定理；（2）洛必达法则.

证：方法1：当$A>0$时，由 $\lim\limits_{x\to\infty}f'(x)=A>\dfrac{A}{2}$及极限保号性，$\exists M>0$，不妨设$M>a$，$\forall x>M$有$f'(x)>\dfrac{A}{2}$．在$[M, x]$上由微分中值定理有$f(x)-f(M)=f'(\zeta)(x-M)$，所以

$$f(x)=f(M)+f'(\zeta)(x-M)>f(M)+\frac{A}{2}(x-M)\to+\infty\ (x\to+\infty).$$

于是 $\lim\limits_{x\to+\infty}f(x)=+\infty$．故 $\lim\limits_{x\to+\infty}\dfrac{f(x)}{x}=\lim\limits_{x\to+\infty}\dfrac{f'(x)}{1}=\lim\limits_{x\to+\infty}f'(x)=A.$

方法2：当$A<0$时，由 $\lim\limits_{x\to\infty}f'(x)=A<\dfrac{A}{2}$及极限保号性，$\exists M>0$，不妨设$M>a$，$\forall x>M$有$f'(x)<\dfrac{A}{2}$，在$[M, x]$上由微分中值定理得：

$$f(x)-f(M)=f'(\zeta)(x-M),$$

所以

$$f(x)=f(M)+f'(\zeta)(x-M)<f(M)+\frac{A}{2}(x-M)\to-\infty\ (x\to+\infty).$$

于是 $\lim\limits_{x\to+\infty}f(x)=-\infty$，故 $\lim\limits_{x\to+\infty}\dfrac{f(x)}{x}=\lim\limits_{x\to+\infty}\dfrac{f'(x)}{1}=\lim\limits_{x\to+\infty}f'(x)=A.$

方法3：当$A=0$时，$\forall\varepsilon>0$，$\exists M>0$，$\forall x>M$有$|f'(x)|<\varepsilon$，在$[M, x]$上由微分中值定理得$f(M)-f(x)=f'(\zeta)(M-x)$，所以有$|f(x)|\leqslant|f(M)|+\varepsilon(x-M)$，即 $\left|\dfrac{f(x)}{x}\right|\leqslant\dfrac{1}{x}\cdot|f(M)|+\varepsilon\left(1-\dfrac{M}{x}\right)$，令$x\to+\infty$，有 $\lim\limits_{x\to+\infty}\left|\dfrac{f(x)}{x}\right|\leqslant0+\varepsilon(x-0)=\varepsilon$，即 $\lim\limits_{x\to+\infty}\left|\dfrac{f(x)}{x}\right|=0$. 故 $\lim\limits_{x\to+\infty}\left|\dfrac{f(x)}{x}\right|=0=A$，$\lim\limits_{x\to+\infty}\dfrac{f(x)}{x}=A$.

例24 在$[0, a]$上，$|f''(x)|\leqslant M$，且$f(x)$在$(0, a)$内取得最大值，试证：$|f'(0)|+|f'(a)|\leqslant Ma$.

［解题要点］ 利用微分中值定理.

证：因为$f(x)$在$(0, a)$内取得最大值，故必存在$c\in(0, a)$使得$f'(c)=0$，将微分中值定理用于$f'(x)$便得：$f'(c)-f'(0)=f''(\xi_1)c$，$f'(a)-f'(c)=f''(\xi_2)(a-c)$，即

$$f'(0)=f'(c)-f''(\xi_1)c=-f''(\xi_1)c,$$

$$f'(a)=f'(c)+f''(\xi_2)(a-c)=f''(\xi_2)(a-c),$$

于是$|f'(0)|=|-f''(\xi_1)c|\leqslant Mc$，$|f'(a)|=|f''(\xi_2)(a-c)|\leqslant M(a-c)$，从而$|f'(0)|+|f'(a)|\leqslant Ma$.

例25 设$f(x)$，$f'(x)$在$[a, b]$上连续，$f''(x)$在(a, b)内存在，若$f(a)=f(b)=0$，且存在c使$f(c)>0(a<c<b)$，证明：在(a, b)内存在一点ξ，使$f''(\xi)<0$.

［解题要点］ 反复利用拉格朗日中值定理.

证：对$f(x)$在$[a, c]$、$[c, b]$上分别应用拉格朗日中值定理得

$$\frac{f(c)-f(a)}{c-a}=f'(\xi_1),\ \xi_1\in(a, c),$$

$$\frac{f(b)-f(c)}{b-c}=f'(\xi_2),\ \xi_2\in(c,\ b).$$

由$f(a)=f(b)=0$，$f(c)>0$得$f'(\xi_1)>0$，$f'(\xi_2)<0$. 对$f'(x)$在$[\xi_1,\ \xi_2]$上用拉格朗日中值定理，则存在$\xi\in(\xi_1,\ \xi_2)$，使$f''(\xi)=\dfrac{f'(\xi_2)-f'(\xi_1)}{\xi_2-\xi_1}<0$.

例 26 （南京大学）设$f(x)$在$[a,\ b]$上连续，在$(a,\ b)$内有二阶导数，试证：存在$c\in(a,\ b)$使得

$$f(b)-2f\left(\frac{a+b}{2}\right)+f(a)=\frac{(a-b)^2}{4}f''(c). \qquad ①$$

[解题要点] 作$F(x)=f\left(x+\dfrac{b-a}{2}\right)-f(x)$，反复利用拉格朗日中值定理.

证：当f在$(a,\ b)$内有二阶导数时，作：

$$F(x)=f\left(x+\frac{b-a}{2}\right)-f(x). \qquad ②$$

在$\left[a,\ \dfrac{a+b}{2}\right]$上用拉格朗日中值定理：

$$F\left(\frac{a+b}{2}\right)-F(a)=F'(\xi)\left(\frac{a+b}{2}-a\right)=\left[f'\left(\xi+\frac{b-a}{2}\right)-f'(\xi)\right]\frac{b-a}{2}$$

$$=f''(c)\cdot\left(\frac{b-a}{2}\right)\cdot\left(\frac{b-a}{2}\right)=①\text{式右边} \qquad ③$$

由②式得$F\left(\dfrac{a+b}{2}\right)-F(a)=\left[f\left(\dfrac{a+b}{2}+\dfrac{b-a}{2}\right)\right]-f\left(a+\dfrac{b-a}{2}\right)-f\left(\dfrac{a+b}{2}\right)+f(a)$

$$=f(b)-2f\left(\frac{a+b}{2}\right)+f(a)=①\text{式左边} \qquad ④$$

将④代入③式，即证①式.

例 27 设函数f在$[-1,\ 1]$上二次可导，且$f(-1)=0$，$f(0)=0$，$f(1)=1$. 证明：$\exists\theta\in(-1,\ 1)$，使得$f''(\theta)=1$.

[解题要点] 作$F(x)=f(x+1)-f(x)$，利用拉格朗日中值定理.

证：作$F(x)=f(x+1)-f(x)$，在$[-1,\ 0]$上用拉格朗日中值定理，存在$\xi\in(-1,\ 0)$，使得

$$F(0)-F(-1)=F'(\xi)=f'(\xi+1)-f'(\xi),$$

而$f'(\xi+1)-f'(\xi)=f''(\theta)(\xi+1-\xi)=f''(\theta)$，$-1<\xi<\theta<\xi+1<1$，

$$F(0)-F(-1)=f(1)-f(0)-(f(0)-f(-1))=1-0-(0-0)=1,$$

所以$f''(\theta)=1$，$\theta\in(-1,\ 1)$.

例 28 设$f(x)$在$[a,\ b]$上连续，在$(a,\ b)$内可导$(b>a>0)$. 证明：必有$\xi\in(a,\ b)$使$\dfrac{bf(b)-af(a)}{b-a}=f(\xi)+\xi f'(\xi)$.

[解题要点] 利用柯西中值定理.

证：考虑 $g(x)=xf(x)$ 和 $h(x)=x$，则由题设及柯西中值定理有

$$\frac{g(b)-g(a)}{h(b)-h(a)}=\frac{g'(\xi)}{h'(\xi)},$$

即

$$\frac{bf(b)-af(a)}{b-a}=f(\xi)+\xi f'(\xi).$$

故结论成立.

例 29　设 $f(x)$ 在 $[a,b]$ 上连续，在 (a,b) 内可导，$b>a>0$，$f(a)\neq f(b)$. 证明：存在 $\xi,\eta\in(a,b)$，使 $f'(\xi)=\dfrac{a+b}{2\eta}f'(\eta)$.

［解题要点］　利用拉格朗日中值定理和柯西中值定理.

证：由拉格朗日中值定理有 $\xi\in(a,b)$，使得

$$f'(\xi)=\frac{f(b)-f(a)}{b-a}=(a+b)\cdot\frac{f(b)-f(a)}{b^2-a^2}. \qquad ①$$

令 $g(x)=x^2$，则由柯西中值定理，有 $\eta\in(a,b)$，使得

$$\frac{f(b)-f(a)}{g(b)-g(a)}=\frac{f'(\eta)}{g'(\eta)}. \qquad ②$$

由①、②得

$$f'(\xi)=(a+b)\cdot\frac{f(b)-f(a)}{b^2-a^2}=(a+b)\cdot\frac{f(b)-f(a)}{g(b)-g(a)}=(a+b)\cdot\frac{f'(\eta)}{2\eta}.$$

例 30　若函数 $f(x)$ 在 $[0,2]$ 上二次可微，且满足 $|f(x)|\leqslant 1$，及 $|f''(x)|\leqslant 1$ $(x\in[0,2])$. 证明：对一切 $x\in[0,2]$，$|f'(x)|\leqslant 2$ 成立.

［解题要点］　利用泰勒公式.

证：对任一点 $x\in[0,2]$，根据二阶泰勒公式有

$$f(0)=f(x)+f'(x)(0-x)+\frac{f''(t_1)}{2}x^2\ (0<t_1<x),$$

$$f(2)=f(x)+f'(x)(2-x)+\frac{f''(t_2)}{2}(2-x)^2\ (x<t_2<2).$$

将上面两式相减并整理后得

$$2f'(x)=f(2)-f(0)+\frac{1}{2}x^2f''(t_1)-\frac{1}{2}(2-x)^2f''(t_2).$$

上式两边取绝对值，由绝对值不等式得

$$2|f'(x)|\leqslant|f(0)|+|f(2)|+\frac{1}{2}x^2|f''(t_1)|+\frac{1}{2}(2-x)^2|f''(t_2)|.$$

由题设 $|f(x)|\leqslant 1$、$|f''(x)|\leqslant 1$ 可知

$$2|f'(x)|\leqslant 2+\frac{x^2+(2-x)^2}{2}=x^2-2x+4\leqslant 4,\ x\in[0,2],$$

即 $|f'(x)|\leqslant 2$，$x\in[0,2]$.

例 31　设 $f(x)$ 在 $[a,b]$ 上二阶可导，$f'(a)=f'(b)=0$. 证明：$\exists\xi\in(a,b)$，

使 $|f''(\xi)| \geqslant \frac{4}{(b-a)^2}|f(a)-f(b)|$.

[解题要点]　(1) 利用泰勒公式；(2) 用泰勒公式把函数在中点处的函数值用在端点处的函数值及导数值表示，以得到要证的结论.

证：由泰勒公式有

$$f(x)=f(x_0)+f'(x_0)(x-x_0)+\frac{f''(\xi)}{2!}(x-x_0)^2,$$

令 $x=\frac{a+b}{2}$，$x_0=a$，则

$$f\left(\frac{a+b}{2}\right)=f(a)+f'(a)\frac{b-a}{2}+\frac{f''(\xi_1)}{2!}\left(\frac{b-a}{2}\right)^2. \quad ①$$

令 $x=\frac{a+b}{2}$，$x_0=b$ 得

$$f\left(\frac{a+b}{2}\right)=f(b)+f'(b)\frac{a-b}{2}+\frac{f''(\xi_2)}{2!}\left(\frac{a-b}{2}\right)^2. \quad ②$$

由① - ②得

$$0=f(a)-f(b)+\frac{1}{2}\left(\frac{a-b}{2}\right)^2(f''(\xi_1)-f''(\xi_2)),$$

即

$$|f(a)-f(b)| \leqslant \frac{(a-b)^2}{8}(|f''(\xi_1)|+|f''(\xi_2)|).$$

令 $|f''(\xi)|=\max\{|f''(\xi_1)|,|f''(\xi_2)|\}$，则

$$|f(a)-f(b)| \leqslant \frac{(a-b)^2}{8}\cdot 2|f''(\xi)|=\frac{(a-b)^2}{4}|f''(\xi)|,$$

故结论成立.

例 32　(南京航空航天大学) 设函数 $f(x)$ 在区间 $[0,1]$ 上有二阶导数，且当 $0\leqslant x\leqslant 1$ 时恒有 $|f(x)|\leqslant 1$，$|f''(x)|\leqslant 2$. 证明：当 $0\leqslant x\leqslant 1$ 时，$|f'(x)|\leqslant 3$.

[解题要点]　将函数在端点处的函数值用泰勒公式在区间中的点 x 函数值及导数值表示.

证：

$$f(1)=f(x)+f'(x)(1-x)+\frac{1}{2}f''(\xi)(1-x)^2, \quad ①$$

$$f(0)=f(x)+f'(x)(0-x)+\frac{1}{2}f''(\eta)(0-x)^2. \quad ②$$

由① - ②得 $f'(x)=f(1)-f(0)-\frac{1}{2}f''(\xi)(1-x)^2+\frac{1}{2}f''(\eta)(0-x)^2$，注意到

$$0\leqslant x\leqslant 1,\ (1-x)^2\leqslant 1-x,\ 0\leqslant x\leqslant 1,\ x^2\leqslant x,$$

所以 $|f'(x)|\leqslant 1+1+(1-x)^2+x^2\leqslant 3$.

例 33 设 $f\in C^2(\mathbf{R})$ 且 $f(x+h)+f(x-h)-2f(x)\geqslant 0$. $\forall x\in\mathbf{R}$, $\forall h>0$, 证明: $\forall x\in\mathbf{R}$, $f''(x)>0$.

[解题要点] (1) 用泰勒公式在点 x 展开 $f(x+h)$ 和 $f(x-h)$; (2) 利用极限的保不等式性质.

证: $\forall x\in\mathbf{R}$, $\forall h>0$, 有

$$\begin{cases} f(x+h)=f(x)+f'(x)h+\dfrac{f''(x)}{2}h^2+o(h^2) \\ f(x-h)=f(x)-f'(x)h+\dfrac{f''(x)}{2}h^2+o(h^2). \end{cases}$$

所以有

$$f(x+h)+f(x-h)=2f(x)+f''(x)h^2+o(h^2).$$

由条件 $f(x+h)+f(x-h)-2f(x)\geqslant 0$, $\forall x\in\mathbf{R}$, $\forall h>0$, 可知 $f''(x)h^2+o(h^2)\geqslant 0$, 从而 $f''(x)+\dfrac{o(h^2)}{h^2}\geqslant 0$. 故 $\lim\limits_{h\to 0}\left(f''(x)+\dfrac{o(h^2)}{h^2}\right)\geqslant 0$, 所以 $f''(x)\geqslant 0$.

第四章　一元函数积分学

一、基本概念与基本结论

（一）定积分

定积分概念产生的背景：计算曲边梯形面积.

1. 定积分 $\int_a^b f(x)\mathrm{d}x$ 的定义

定义1　设函数 $f(x)$ 在闭区间 $[a, b]$ 有定义，分割 $T=\{a=x_0<x_1<\cdots<x_n=b\}=\{\Delta_1, \Delta_2, \cdots, \Delta_n\}$ 把闭区间 $[a, b]$ 划分成 n 个小区间 $\Delta_1, \Delta_2, \cdots, \Delta_n$，其中 $\Delta_i=[x_{i-1}, x_i]$，$\Delta x_i=x_i-x_{i-1}$，$\|T\|=\max\limits_{1\leqslant i\leqslant n}\{\Delta x_i\}$（分割 T 的细度），任取 $\xi_i\in\Delta_i$，若极限 $\lim\limits_{\|T\|\to 0}\sum\limits_{i=1}^{n}f(\xi_i)\Delta x_i$ 存在且为 J，则称极限 $\lim\limits_{\|T\|\to 0}\sum\limits_{i=1}^{n}f(\xi_i)\Delta x_i=J$ 为函数 $f(x)$ 在闭区间 $[a, b]$ 上定积分（Riemann 积分），记作 $\int_a^b f(x)\mathrm{d}x=J$，即

$$\int_a^b f(x)\mathrm{d}x=\lim_{\|T\|\to 0}\sum_{i=1}^{n}f(\xi_i)\Delta x_i.$$

2. 定积分计算

（1）常规计算法.

①牛顿—莱布尼茨公式法：

$$\int_a^b f(x)\mathrm{d}x=F(x)\Big|_a^b=F(b)-F(a)，其中 F'(x)=f(x).$$

②分部积分法：

$$\int_a^b f(x)\mathrm{d}g(x)=[f(x)g(x)]_a^b-\int_a^b g(x)\mathrm{d}f(x)，x\in[a, b].$$

③换元积分法：

第一换元积分法：

$$\int_a^b f(\varphi(x))\mathrm{d}(\varphi(x))=\int_c^d f(u)\mathrm{d}u，其中\ u=\varphi(x)，\varphi(a)=c，\varphi(b)=d.$$

第二换元积分法：

$$\int_a^b f(x)\mathrm{d}x=\int_\alpha^\beta f(\varphi(t))\ \varphi'(t)\mathrm{d}t，x=\varphi(t)，a=\varphi(\alpha)，b=\varphi(\beta).$$

（2）对称性计算法.

当函数 $f(x)$ 在对称闭区间 $[-a,\ a]$ 上为奇函数（$f(-x)=-f(x)$）时，则 $\int_{-a}^a f(x)\mathrm{d}x=0$；当函数 $f(x)$ 在对称闭区间 $[-a,\ a]$ 上为偶函数（$f(-x)=f(x)$）时，则 $\int_{-a}^a f(x)\mathrm{d}x=2\int_0^a f(x)\mathrm{d}x$.

（二）一元函数的反常积分（非正常积分）

1. 一元函数的反常积分的定义

定义 2 函数 $f(x)$ 在无限区间 $[a,\ +\infty)$ 连续，则定义 $\int_a^{+\infty} f(x)\mathrm{d}x=\lim\limits_{A\to+\infty}\int_a^A f(x)\mathrm{d}x$，如果极限 $\lim\limits_{A\to+\infty}\int_a^A f(x)\mathrm{d}x$ 存在，我们称反常积分 $\int_a^{+\infty} f(x)\mathrm{d}x$ 收敛.

定义 3 函数 $f(x)$ 在非闭区间 $(a,\ b]$ 连续，而在点 a 右邻域内无界（a 是函数 $f(x)$ 的瑕点），即函数在点 a 的某邻域内无界，则定义 $\int_a^b f(x)\mathrm{d}x=\lim\limits_{\varepsilon\to0^+}\int_{a+\varepsilon}^b f(x)\mathrm{d}x=\lim\limits_{k\to a^+}\int_k^b f(x)\mathrm{d}x$，如果极限 $\lim\limits_{\varepsilon\to0^+}\int_{a+\varepsilon}^b f(x)\mathrm{d}x$ 存在，我们称反常积分 $\int_a^b f(x)\mathrm{d}x$ 收敛.

函数 $f(x)$ 在点 a 右邻域内无界的意思是：$\lim\limits_{x\to a^+}|f(x)|=+\infty$. 注意：函数在点 a 没有定义，但函数 $f(x)$ 在点 a 右极限 $\lim\limits_{x\to a^+}f(x)$ 可以存在，这时 a 不是函数 $f(x)$ 的瑕点.

定义 4 函数 $f(x)$ 在开区间 $(a,\ b)$ 内连续，a，b 都是函数 $f(x)$ 的瑕点，则定义 $\int_a^b f(x)\mathrm{d}x=\int_a^c f(x)\mathrm{d}x+\int_c^b f(x)\mathrm{d}x=\lim\limits_{\varepsilon\to0^+}\int_{a+\varepsilon}^c f(x)\mathrm{d}x+\lim\limits_{\delta\to0^-}\int_c^{b-\delta} f(x)\mathrm{d}x$，如果极限 $\lim\limits_{\varepsilon\to0^+}\int_{a+\varepsilon}^c f(x)\mathrm{d}x$ 和 $\lim\limits_{\delta\to0^-}\int_c^{b-\delta} f(x)\mathrm{d}x$ 均存在，我们称反常积分 $\int_a^b f(x)\mathrm{d}x$ 收敛.

定义 5 函数 $f(x)$ 在无限区间 $(a,\ +\infty)$ 连续，a 是函数 $f(x)$ 的瑕点，则定义 $\int_a^{+\infty} f(x)\mathrm{d}x=\int_a^b f(x)\mathrm{d}x+\int_b^{+\infty} f(x)\mathrm{d}x=\lim\limits_{\varepsilon\to0^+}\int_{a+\varepsilon}^b f(x)\mathrm{d}x+\lim\limits_{A\to+\infty}\int_b^A f(x)\mathrm{d}x$，如果极限 $\lim\limits_{\varepsilon\to0^+}\int_{a+\varepsilon}^b f(x)\mathrm{d}x$ 和 $\lim\limits_{A\to+\infty}\int_b^A f(x)\mathrm{d}x$ 均存在，我们称反常积分 $\int_a^{+\infty} f(x)\mathrm{d}x$ 收敛.

2. 一元函数非正常积分的性质与收敛判别

重要结论：

$$\int_0^1 \frac{1}{x^p}\mathrm{d}x\begin{cases}收敛，当\ p<1\ 时\\ 发散，当\ p\geqslant1\ 时\end{cases}$$

$$\int_1^{+\infty} \frac{1}{x^p}\mathrm{d}x\begin{cases}发散，当\ p\leqslant1\ 时\\ 收敛，当\ p>1\ 时\end{cases}$$

（1）无穷积分的性质与收敛判别.

1）无穷积分的性质.

a. 若$\int_a^{+\infty} f_1(x)\mathrm{d}x$与$\int_a^{+\infty} f_2(x)\mathrm{d}x$收敛，则$\int_a^{+\infty}[k_1 f_1(x)\pm k_2 f_2(x)]\mathrm{d}x$也收敛，且$\int_a^{+\infty}[k_1 f_1(x)\pm k_2 f_2(x)]\mathrm{d}x=k_1\int_a^{+\infty} f_1(x)\mathrm{d}x\pm k_2\int_a^{+\infty} f_2(x)\mathrm{d}x$.

b. 若$f(x)$在任何有限闭区间$[a, u]$上可积，$a<b$，则$\int_a^{+\infty} f(x)\mathrm{d}x$与$\int_b^{+\infty} f(x)\mathrm{d}x$同敛态（同时收敛或同时发散），并且$\int_a^{+\infty} f(x)\mathrm{d}x=\int_a^b f(x)\mathrm{d}x+\int_b^{+\infty} f(x)\mathrm{d}x$.

c. 若$f(x)$在任何有限闭区间$[a, u]$上可积，且有$\int_a^{+\infty}|f(x)|\mathrm{d}x$收敛，则$\int_a^{+\infty} f(x)\mathrm{d}x$收敛，且$\left|\int_a^{+\infty} f(x)\mathrm{d}x\right|\leqslant\int_a^{+\infty}|f(x)|\mathrm{d}x$.

当$\int_a^{+\infty}|f(x)|\mathrm{d}x$收敛时，称$\int_a^{+\infty} f(x)\mathrm{d}x$绝对收敛. 我们称收敛而不绝对收敛为条件收敛.

2）无穷积分的收敛判别.

a. 柯西收敛准则.

定理1　（柯西收敛准则）无穷积分$\int_a^{+\infty} f(x)\mathrm{d}x$收敛的充要条件是：对$\forall\varepsilon>0$，$\exists X>0$，当$u_1$，$u_2>X$时，有$\left|\int_a^{u_1} f(x)\mathrm{d}x-\int_a^{u_2} f(x)\mathrm{d}x\right|=\left|\int_{u_1}^{u_2} f(x)\mathrm{d}x\right|<\varepsilon$.

b. 比较法则.

定理2　（比较法则）设定义在$[a, +\infty)$上的两个函数$f(x)$和$g(x)$都在任何有限区间$[a, u]$上可积，且满足$|f(x)|\leqslant g(x)$，$x\in[a, +\infty)$，则当$\int_a^{+\infty} g(x)\mathrm{d}x$收敛时$\int_a^{+\infty}|f(x)|\mathrm{d}x$必收敛；当$\int_a^{+\infty}|f(x)|\mathrm{d}x$发散时$\int_a^{+\infty} g(x)\mathrm{d}x$必发散.

推论1　设定义在$[a, +\infty)$上的两个函数$f(x)$和$g(x)$都在任何有限区间$[a, u]$上可积，$g(x)>0$，且$\lim\limits_{x\to+\infty}\dfrac{|f(x)|}{g(x)}=c$，则有

①当$0<c<+\infty$时，$\int_a^{+\infty}|f(x)|\mathrm{d}x$与$\int_a^{+\infty} g(x)\mathrm{d}x$同敛态；

②当$c=0$时，由$\int_a^{+\infty} g(x)\mathrm{d}x$收敛可推知$\int_a^{+\infty}|f(x)|\mathrm{d}x$也收敛；

③当$c=+\infty$时，由$\int_a^{+\infty} g(x)\mathrm{d}x$发散可推知$\int_a^{+\infty}|f(x)|\mathrm{d}x$也发散.

推论2　设$f(x)$是定义在$[a, +\infty)$（$a>0$）的函数，且在任何有限区间$[a, u]$上可积，则有

①当$|f(x)|\leqslant\dfrac{1}{x^p}$，$x\in[a, +\infty)$，且$p>1$时，$\int_a^{+\infty}|f(x)|\mathrm{d}x$收敛；

②当 $|f(x)| \geq \frac{1}{x^p}$，$x \in [a, +\infty)$，且 $p \leq 1$ 时，$\int_a^{+\infty} |f(x)| \mathrm{d}x$ 发散.

推论 3　设 $f(x)$ 是定义在 $[a, +\infty)$ $(a>0)$ 的函数，在任何有限区间 $[a, u]$ 上可积，且 $\lim\limits_{x \to +\infty} (x^p |f(x)|) = c$，则有

①当 $p>1$，$0 \leq c < +\infty$ 时，$\int_a^{+\infty} |f(x)| \mathrm{d}x$ 收敛；

②当 $p \leq 1$，$0 < c \leq +\infty$ 时，$\int_a^{+\infty} |f(x)| \mathrm{d}x$ 发散.

c. 狄利克雷（Dirichlet）判别法（狄氏判别法）.

定理 3　（狄氏判别法）若 $g(x)$ 在 $[a, +\infty)$ 上当 $x \to +\infty$ 时单调趋于 0，$F(u) = \int_a^u f(x) \mathrm{d}x$ 在 $[a, +\infty)$ 上有界，则 $\int_a^{+\infty} f(x) g(x) \mathrm{d}x$ 收敛.

d. 阿贝尔（Abel）判别法.

定理 4　（阿贝尔判别法）若 $g(x)$ 在 $[a, +\infty)$ 上单调有界，$\int_a^{+\infty} f(x) \mathrm{d}x$ 收敛，则 $\int_a^{+\infty} f(x) g(x) \mathrm{d}x$ 收敛.

（2）瑕积分的性质与收敛判别.

1）瑕积分的性质.

a. 若 $f_1(x)$ 与 $f_2(x)$ 都以 $x=a$ 为瑕点，k_1，k_2 为常数，则当瑕积分 $\int_a^b f_1(x) \mathrm{d}x$ 与 $\int_a^b f_2(x) \mathrm{d}x$ 收敛时，瑕积分 $\int_a^b [k_1 f_1(x) \pm k_2 f_2(x)] \mathrm{d}x$ 必定收敛，且

$$\int_a^b [k_1 f_1(x) \pm k_2 f_2(x)] \mathrm{d}x = k_1 \int_a^b f_1(x) \mathrm{d}x \pm k_2 \int_a^b f_2(x) \mathrm{d}x.$$

b. 设函数 $f(x)$ 以 $x=a$ 为瑕点，$c \in (a, b)$ 为任一常数，则瑕积分 $\int_a^b f(x) \mathrm{d}x$ 与 $\int_a^c f(x) \mathrm{d}x$ 同敛态（同时收敛或同时发散），并且 $\int_a^b f(x) \mathrm{d}x = \int_a^c f(x) \mathrm{d}x + \int_c^b f(x) \mathrm{d}x$，其中 $\int_c^b f(x)$ 为定积分.

c. 设函数 $f(x)$ 以 $x=a$ 为瑕点，若 $f(x)$ 在 $(a, b]$ 的任一内闭区间 $[u, b]$ 上可积，则当 $\int_a^b |f(x)| \mathrm{d}x$ 收敛时，$\int_a^b f(x) \mathrm{d}x$ 也必收敛，且 $\left| \int_a^b f(x) \mathrm{d}x \right| \leq \int_a^b |f(x)| \mathrm{d}x$.

当 $\int_a^b |f(x)| \mathrm{d}x$ 收敛时，称 $\int_a^b f(x) \mathrm{d}x$ 绝对收敛. 我们称收敛而不绝对收敛为条件收敛.

2）瑕积分的收敛判别.

a. 柯西收敛准则.

定理 5　（柯西收敛准则）瑕积分 $\int_a^b f(x) \mathrm{d}x$（瑕点为 a）收敛的充要条件是：

对$\forall \varepsilon>0$，$\exists \delta>0$，当u_1，$u_2\in(a, a+\delta)$时，有$\left|\int_{u_1}^{b} f(x)\mathrm{d}x-\int_{u_2}^{b} f(x)\mathrm{d}x\right|=\left|\int_{u_1}^{u_2} f(x)\mathrm{d}x\right|<\varepsilon$.

b. 比较法则.

定理6 （比较法则）设定义在$(a, b]$上的两个函数$f(x)$和$g(x)$，瑕点同为$x=a$，$f(x)$和$g(x)$都在任何有限区间$[u, b]\subset(a, b]$上可积，且满足$|f(x)|\leqslant g(x)$，$x\in(a, b]$，则当$\int_a^b g(x)\mathrm{d}x$收敛时$\int_a^b |f(x)|\mathrm{d}x$必收敛；当$\int_a^b |f(x)|\mathrm{d}x$发散时$\int_a^b g(x)\mathrm{d}x$必发散.

推论4 在定理5条件下若$g(x)>0$，且$\lim\limits_{x\to a^+}\dfrac{|f(x)|}{g(x)}=c$，则有

①当$0<c<+\infty$时，$\int_a^b |f(x)|\mathrm{d}x$与$\int_a^b g(x)\mathrm{d}x$同敛态；

②当$c=0$时，由$\int_a^b g(x)\mathrm{d}x$收敛可推知$\int_a^b |f(x)|\mathrm{d}x$也收敛；

③当$c=+\infty$时，由$\int_a^b g(x)\mathrm{d}x$发散可推知$\int_a^b |f(x)|\mathrm{d}x$也发散.

推论5 设$f(x)$是定义在$(a, b]$的函数，瑕点为$x=a$，且在任何有限区间$[u, b]\subset(a, b]$上可积，则有

①当$|f(x)|\leqslant\dfrac{1}{(x-a)^p}$，且$0<p<1$时，$\int_a^b |f(x)|\mathrm{d}x$收敛；

②当$|f(x)|\geqslant\dfrac{1}{(x-a)^p}$，且$p\geqslant1$时，$\int_a^b |f(x)|\mathrm{d}x$发散.

推论6 设$f(x)$是定义在$(a, b]$的函数，瑕点为$x=a$，且在任何有限区间$[u, b]\subset(a, b]$上可积，且$\lim\limits_{x\to a^+}[(x-a)^p|f(x)|]=\lambda$，则有

①当$0<p<1$，$0\leqslant\lambda<+\infty$时，$\int_a^b |f(x)|\mathrm{d}x$收敛；

②当$p\geqslant1$，$0<\lambda\leqslant+\infty$时，$\int_a^b |f(x)|\mathrm{d}x$发散.

二、例题选讲

例1 （山东师范大学，2010年）函数$f(x)$在$[0, 1]$上单调递减，试证：对于$\forall \alpha\in(0, 1)$，有$\int_0^\alpha f(x)\mathrm{d}x\geqslant\alpha\int_0^1 f(x)\mathrm{d}x$.

[解题要点] 对函数$F(x)=\int_0^x f(t)\mathrm{d}t-x\int_0^1 f(t)\mathrm{d}t$用微分中值定理.

证：令$F(x)=\int_0^x f(t)\mathrm{d}t-x\int_0^1 f(t)\mathrm{d}t$，$x\in[0, 1]$，则$F(0)=F(1)=0$. 又因为$f(x)$在$[0, 1]$上连续，在$(0, 1)$内可导，所以$\exists\xi\in(0, 1)$，使得$F'(\xi)=0$，即$f(\xi)-\int_0^1 f(t)\mathrm{d}t=0$. 因为函数$f(x)$在$[0, 1]$上单调减，所以

（1）当 $x\in(0,\ \xi)$时，有$f(x)-\int_0^1 f(t)\,\mathrm{d}t\geqslant f(\xi)-\int_0^1 f(t)\,\mathrm{d}t=0$，进而 $F'(x)\geqslant 0$，所以 $F(x)$ 单调增，其中 $x\in(0,\ \xi)$．又因 $F(0)=0$，所以 $F(x)\geqslant F(0)=0$，即 $\int_0^x f(t)\,\mathrm{d}t-x\int_0^1 f(t)\,\mathrm{d}t\geqslant 0$，$x\in(0,\ \xi)$．

（2）当 $x\in(\xi,\ 1)$时，有$f(x)-\int_0^1 f(t)\,\mathrm{d}t\leqslant f(\xi)-\int_0^1 f(t)\,\mathrm{d}t=0$，进而 $F'(x)\leqslant 0$，所以 $F(x)$单调减，其中 $x\in(\xi,\ 1)$．又因 $F(1)=0$，所以 $F(x)\geqslant F(1)=0$，即$\int_0^x f(t)\,\mathrm{d}t-x\int_0^1 f(t)\,\mathrm{d}t\geqslant 0$，$x\in(\xi,\ 1)$．

综合（1）、（2）、$F'(\xi)=0$ 知，对于 $\forall\alpha\in(0,\ 1)$，有$\int_0^\alpha f(x)\,\mathrm{d}x\geqslant\alpha\int_0^1 f(x)\,\mathrm{d}x$.

例 2 （华东师范大学，2006 年）求$\int_0^1 x^2\ln^2 x\,\mathrm{d}x$.

［解题要点］ 利用牛顿—莱布尼茨公式.

解：因为 $x^2\ln^2 x$ 在［0，1］上有间断点 0，并且

$$\lim_{x\to0^+}(x^2\ln^2 x)=\lim_{x\to0^+}\frac{\ln^2 x}{\frac{1}{x^2}}=\lim_{x\to0^+}\frac{2\cdot\frac{1}{x}\ln x}{-\frac{2}{x^3}}$$

$$=\lim_{x\to0^+}\frac{\ln x}{-\frac{1}{x^2}}=\lim_{x\to0^+}\frac{\frac{1}{x}}{\frac{2}{x^3}}=\lim_{x\to0^+}\frac{x^2}{2}=0,$$

即 0 不是瑕点，所以$\int_0^1 x^2\ln^2 x\,\mathrm{d}x$ 是正常积分．因为 $\lim\limits_{x\to0^+}(x^2\ln^2 x)=0$，所以

$$\lim_{x\to0^+}(x^2\ln x)=\lim_{x\to0^+}\left(x^2\ln^2 x\cdot\frac{1}{\ln x}\right)=\lim_{x\to0^+}(x^2\ln^2 x)\cdot\lim_{x\to0^+}\frac{1}{\ln x}=0,$$

$$\lim_{x\to0^+}(x^3\ln x)=\lim_{x\to0^+}x\cdot\lim_{x\to0^+}(x^2\ln x)=0.$$

同理，

$$\lim_{x\to0^+}(x^3\ln^2 x)=\lim_{x\to0^+}(xx^2\ln^2 x)=\lim_{x\to0^+}x\cdot\lim_{x\to0^+}(x^2\ln^2 x)=0,$$

进而

$$\begin{aligned}\int_0^1 x^2\ln^2 x\,\mathrm{d}x&=\frac{1}{3}\int_0^1\ln^2 x\,\mathrm{d}x^3=\frac{1}{3}x^3\ln^2 x\Big|_0^1-\frac{1}{3}\int_0^1 x^3\,\mathrm{d}\ln^2 x\\&=\frac{1}{3}x^3\ln^2 x\Big|_0^1-\frac{2}{3}\int_0^1 x^2\ln x\,\mathrm{d}x=\frac{1}{3}x^3\ln^2 x\Big|_0^1-\frac{2}{9}\int_0^1\ln x\,\mathrm{d}x^3\\&=\frac{1}{3}x^3\ln^2 x\Big|_0^1-\frac{2}{9}x^3\ln x\Big|_0^1+\frac{2}{9}\int_0^1 x^3\,\mathrm{d}\ln x\\&=\frac{1}{3}x^3\ln^2 x\Big|_0^1-\frac{2}{9}x^3\ln x\Big|_0^1+\frac{2}{9}\int_0^1 x^2\,\mathrm{d}x=\frac{2}{27}.\end{aligned}$$

例 3 （上海大学，2005 年）求定积分$\int_{-\frac{\pi}{2}}^{\frac{\pi}{2}}\frac{x+\cos x}{1+\sin^2 x}\mathrm{d}x$.

[解题要点] 利用偶函数定积分的性质和牛顿—莱布尼茨公式.

解：因为$\frac{x}{1+\sin^2 x}$为奇函数，$\frac{\cos x}{1+\sin^2 x}$为偶函数，所以

$$\int_{-\frac{\pi}{2}}^{\frac{\pi}{2}}\frac{x+\cos x}{1+\sin^2 x}\mathrm{d}x=2\int_0^{\frac{\pi}{2}}\frac{\cos x}{1+\sin^2 x}\mathrm{d}x=2\int_0^{\frac{\pi}{2}}\frac{1}{1+\sin^2 x}\mathrm{d}(\sin x)$$
$$=2\arctan(\sin x)\Big|_0^{\frac{\pi}{2}}=\frac{\pi}{2}.$$

例 4 设$f(x)\geqslant 0$且在 $[0,1]$ 上连续且单调递减，$0<\alpha<\beta<1$，求证$\int_0^{\alpha}f(x)\mathrm{d}x\geqslant\frac{\alpha}{\beta}\int_{\alpha}^{\beta}f(x)\mathrm{d}x$.

[解题要点] 利用积分中值定理.

证：由积分中值定理，$\exists\xi\in[0,\alpha]$，$\eta\in[\alpha,\beta]$，使得

$$\int_0^{\alpha}f(x)\mathrm{d}x=\alpha f(\xi)\,(0\leqslant\xi\leqslant\alpha),$$
$$\int_{\alpha}^{\beta}f(x)\mathrm{d}x=(\beta-\alpha)f(\eta)\,(\alpha\leqslant\eta\leqslant\beta).$$

于是，由$f(x)$的单调性有

$$\xi\leqslant\eta\Rightarrow f(\xi)\geqslant f(\eta)\Rightarrow\frac{\int_0^{\alpha}f(x)\mathrm{d}x}{\alpha}\geqslant\frac{\int_{\alpha}^{\beta}f(x)\mathrm{d}x}{\beta-\alpha}$$
$$\Rightarrow\int_0^{\alpha}f(x)\mathrm{d}x\geqslant\frac{\alpha}{\beta-\alpha}\int_{\alpha}^{\beta}f(x)\mathrm{d}x\geqslant\frac{\alpha}{\beta}\int_{\alpha}^{\beta}f(x)\mathrm{d}x.$$

故结论成立.

例 5 证明：f在 $[0,1]$ 连续，在$(0,1)$可导，且$f(1)=9\int_0^{\frac{1}{9}}xe^{1-x}f(x)\mathrm{d}x$，则$\exists\xi\in(0,1)$ 使得$f'(\xi)=\left(1-\frac{1}{\xi}\right)f(\xi)$.

[解题要点] 利用积分中值定理和微分中值定理.

证：假设有

$$\left.\begin{aligned}\frac{1}{9}f(1)&=\int_0^{\frac{1}{9}}xe^{1-x}f(x)\mathrm{d}x\\ \frac{1}{9}f(1)&=\int_0^{\frac{1}{9}}f(1)\mathrm{d}x\end{aligned}\right\}\Rightarrow\int_0^{\frac{1}{9}}[xe^{1-x}f(x)-f(1)]\mathrm{d}x=0$$

$\xrightarrow{\text{(积分中值定理)}}\exists t\in\left(0,\frac{1}{9}\right)$使得$te^{1-t}f(t)-f(1)=0$（令$F(x)=xe^{1-x}f(x)$）

$\Rightarrow F(t)-F(1)=0$

$\xrightarrow{\text{(微分中值定理)}}F(t)-F(1)=F'(\xi)(t-1)=0$，$1<\xi<t$或$t<\xi<1$.

$\Rightarrow F'(\xi)=0$ 而 $F'(x)=xe^{1-x}f'(x)+f(x)e^{1-x}(1-x)$

$\Rightarrow \xi f'(\xi)+f(\xi)(1-\xi)=0$

$\xrightarrow{(\xi\neq 0)} f'(\xi)+f(\xi)\left(\frac{1}{\xi}-1\right)=0,$

故结论成立.

注1：这里利用积分中值定理有$\int_0^{\frac{1}{9}}g(x)\mathrm{d}x=g(t)\left(\frac{1}{9}-0\right)$，其中 $g(x)=xe^{1-x}f(x)-f(1)$.

例6 设$f(x)$在 $[a, b]$ 上二阶可导，且$f\left(\frac{a+b}{2}\right)=0$. 证明：$\left|\int_a^b f(x)\mathrm{d}x\right|\leqslant \frac{(b-a)^3}{24}\sup\limits_{x\in[a,b]}|f''(x)|$.

[解题要点] 利用泰勒公式.

证：由泰勒公式有$f(x)=f(x_0)+f'(x_0)(x-x_0)+\frac{f''(\xi)}{2!}(x-x_0)^2$，令 $x_0=\frac{a+b}{2}$得

$$f(x)=f\left(\frac{a+b}{2}\right)+f'\left(\frac{a+b}{2}\right)\left(x-\frac{a+b}{2}\right)+\frac{f''(\xi)}{2!}\left(x-\frac{a+b}{2}\right)^2$$

$$\leqslant f'\left(\frac{a+b}{2}\right)\left(x-\frac{a+b}{2}\right)+\frac{1}{2}\sup_{x\in[a,b]}|f''(x)|\left(x-\frac{a+b}{2}\right)^2.$$

又因为

$$\left|\int_a^b f(x)\mathrm{d}x\right|\leqslant f'\left(\frac{a+b}{2}\right)\int_a^b\left(x-\frac{a+b}{2}\right)\mathrm{d}x+\frac{1}{2}\sup_{x\in[a,b]}|f''(x)|\int_a^b\left(x-\frac{a+b}{2}\right)^2\mathrm{d}x,$$

而$f'\left(\frac{a+b}{2}\right)\int_a^b\left(x-\frac{a+b}{2}\right)\mathrm{d}x=0$，所以

$$\left|\int_a^b f(x)\mathrm{d}x\right|\leqslant\frac{(b-a)^3}{24}\sup_{x\in[a,b]}|f''(x)|.$$

例7 设$a>0$，$f'(x)$在 $[0, a]$ 上连续，求证：$|f(0)|\leqslant\frac{1}{a}\int_0^a|f(x)|\mathrm{d}x+\int_0^a|f'(x)|\mathrm{d}x$.

[解题要点] 利用积分中值定理和牛顿—莱布尼茨公式.

证：由积分中值定理得，$\exists\xi\in[0, a]$ 使得$\int_0^a|f(x)|\mathrm{d}x=|f(\xi)|(a-0)$，即 $|f(\xi)|=\frac{1}{a}\int_0^a|f(x)|\mathrm{d}x$. 由牛顿—莱布尼茨公式有

$$|f(0)|-|f(\xi)|\leqslant|f(0)-f(\xi)|$$

$$=\left|\int_\xi^0 f'(x)\mathrm{d}x\right|\leqslant\int_0^\xi|f'(x)|\mathrm{d}x\leqslant\int_0^a|f'(x)|\mathrm{d}x,$$

故

$$|f(0)|\leqslant|f(\xi)|+\int_0^a|f'(x)|\mathrm{d}x=\frac{1}{a}\int_0^a|f(x)|\mathrm{d}x+\int_0^a|f'(x)|\mathrm{d}x,$$

即结论成立.

例8 设$f(x)$，$g(x)$在 $[0, 1]$ 上单调递增且连续，证明：$\int_0^1 f(x)\mathrm{d}x\int_0^1 g(x)\mathrm{d}x\leqslant$

$\int_0^1 f(x)g(x)\mathrm{d}x$.

［解题要点］　利用不等式$(f(x)-f(y))(g(x)-g(y))\geqslant 0$和二重积分性质.

证：对$\forall x, y\in[0,1]$，由题设有$(f(x)-f(y))(g(x)-g(y))\geqslant 0$，即

$$\int_0^1\int_0^1(f(x)g(x)-f(x)g(y)-f(y)g(x)+f(y)g(y))\mathrm{d}x\mathrm{d}y\geqslant 0.$$

于是有

$$\int_0^1 f(x)\mathrm{d}x\int_0^1 g(x)\mathrm{d}x\leqslant\int_0^1 f(x)g(x)\mathrm{d}x.$$

例 9　若$f(x)$是$[a,b]$上定义的连续函数．如果$\int_a^b[f(x)]^2\mathrm{d}x=0$，则$f(x)=0$，$a\leqslant x\leqslant b$.

［解题要点］　利用反证法和连续函数的保号性.

证：用反证法，若$f(x)\neq 0$，$x\in[a,b]$．则存在$x_0\in[a,b]$使$f(x_0)\neq 0$（即$f(x_0)>0$或$f(x_0)<0$）．由连续函数的保号性，则$\exists\delta>0$，使当$x_0-\delta\leqslant x\leqslant x_0+\delta$时，有$f(x)\neq 0$，于是$[f(x)]^2>0$，从而$\int_{x_0-\delta}^{x_0+\delta}[f(x)]^2\mathrm{d}x>0$．因此，

$$\int_a^b[f(x)]^2\mathrm{d}x=\int_a^{x_0-\delta}f^2(x)\mathrm{d}x+\int_{x_0-\delta}^{x_0+\delta}f^2(x)\mathrm{d}x+\int_{x_0+\delta}^b f^2(x)\mathrm{d}x>0,$$

这与假设矛盾，故$f(x)=0$，$x\in[a,b]$.

例 10　设当$x\in[a,b]$，$f(x)\geqslant 0$，$f(x)\neq 0$，且$f(x)$在$[a,b]$上连续，证明：$\int_a^b f(x)\mathrm{d}x>0$.

［解题要点］　利用连续函数的保号性.

证：由于$f(x)\geqslant 0$，$f(x)\neq 0$，$x\in[a,b]$，因$\exists x_0\in[a,b]$使$f(x_0)>0$．由$f(x)$连续及保号性，因此$\exists\delta>0$使$\forall c, d\in U(x_0;\delta)$，且$c<d$，$f(x)>\frac{1}{2}f(x_0)$，$x\in U(x_0,\delta)\cap[a,b]$，得$\int_{x_0-\delta}^{x_0+\delta}f(x)\mathrm{d}x=f(\xi)\cdot 2\delta>0$，其中$\xi\in(x_0-\delta, x_0+\delta)$.

所以

$$\begin{aligned}\int_a^b f(x)\mathrm{d}x&=\int_a^c f(x)\mathrm{d}x+\int_c^d f(x)\mathrm{d}x+\int_d^b f(x)\mathrm{d}x\\&\geqslant\int_c^d f(x)\mathrm{d}x\geqslant\int_c^d\frac{1}{2}f(x_0)\mathrm{d}x=\frac{1}{2}f(x_0)(d-c)>0,\end{aligned}$$

故结论成立.

例 11　$f'(x)$在$[a,b]$上连续，则$\max|f(x)|\leqslant\left|\frac{1}{b-a}\int_a^b f(x)\mathrm{d}x\right|+\int_a^b|f'(x)|\mathrm{d}x$.

［解题要点］　(1) 利用连续函数的最值定理；(2) 利用积分中值定理和牛顿—莱布尼茨公式.

证：由最值定理，$\exists x_0\in[a,b]$使得$\max|f(x)|=|f(x_0)|$；由积分中值定理，$\exists\xi\in[a,b]$，使得$\left|\frac{1}{b-a}\int_a^b f(x)\mathrm{d}x\right|=f(\xi)$．不妨设$x_0<\xi$，于是

$$\max|f(x)| \leqslant \left|\frac{1}{b-a}\int_a^b f(x)\mathrm{d}x\right| + \int_a^b |f'(x)|\mathrm{d}x$$

$$\Leftrightarrow |f(x_0)| - |f(\xi)| \leqslant \int_a^b |f'(x)|\mathrm{d}x.$$

而根据牛顿—莱布尼茨公式，有

$$|f(x_0)| - |f(\xi)| \leqslant |f(x_0) - f(\xi)|$$
$$= \left|\int_{x_0}^{\xi} f'(x)\mathrm{d}x\right| \leqslant \int_{x_0}^{\xi} |f'(x)|\mathrm{d}x \leqslant \int_a^b |f'(x)|\mathrm{d}x.$$

故结论成立.

例 12 证明：$\int_e^{+\infty} \frac{\ln(\ln x)}{\ln x}\cos x\mathrm{d}x$ 条件收敛.

［解题要点］ （1）利用级数收敛的狄氏判别法；（2）由 $\cos^2 x = \frac{1+\cos 2x}{2}$，有 $\left|\frac{\ln(\ln x)}{\ln x}\cos x\right| \geqslant \frac{\ln(\ln x)}{\ln x}\cos^2 x = \frac{\ln(\ln x)}{2\ln x} + \frac{\ln(\ln x)}{2\ln x}\cos 2x.$

证：由狄氏判别法知 $\int_e^{+\infty} \frac{\ln(\ln x)}{\ln x}\cos x\mathrm{d}x$ 收敛．事实上，

①$\int_e^A \cos x\mathrm{d}x$ 在［e，$+\infty$］上有界（$\left|\int_e^A \cos x\mathrm{d}x\right| \leqslant 2$）；

②$\frac{\ln(\ln x)}{\ln x}$ 单调递减，趋于 $0(x\to+\infty)$（令 $t=\ln x$，$\left(\frac{\ln t}{t}\right)' = \frac{1-\ln t}{t^2} < 0$，$\lim\limits_{t\to+\infty}\frac{\ln t}{t} = \lim\limits_{t\to+\infty}\frac{1}{t} = 0$）.

由①和②$\Rightarrow \int_e^{+\infty} \frac{\ln(\ln x)}{\ln x}\cos x\mathrm{d}x$ 收敛.

下证级数非绝对收敛．利用 $\cos^2 x = \frac{1+\cos 2x}{2}$，于是

$$\left.\begin{aligned}&\left|\frac{\ln(\ln x)}{\ln x}\cos x\right| \geqslant \frac{\ln(\ln x)}{\ln x}\cos^2 x = \frac{\ln(\ln x)}{2\ln x} + \frac{\ln(\ln x)}{2\ln x}\cos 2x\\ &\int_e^{+\infty}\frac{\ln(\ln x)}{2\ln x}\mathrm{d}x \text{ 发散}\left(\text{由 } \lim_{x\to+\infty}\frac{\frac{\ln(\ln x)}{\ln x}}{\frac{1}{x}} = \lim_{x\to+\infty}\left(\frac{x}{\ln x}\cdot\ln(\ln x)\right) = +\infty\text{，而}\int_e^{+\infty}\frac{1}{x}\mathrm{d}x \text{ 发散}\right)\\ &\int_e^{+\infty}\frac{\ln(\ln x)}{2\ln x}\cos x\mathrm{d}x \text{ 收敛}\end{aligned}\right\}$$

$\Rightarrow \int_e^{+\infty}\left|\frac{\ln(\ln x)}{\ln x}\cos x\right|\mathrm{d}x$ 发散．由①、②知原式为条件收敛.

例 13 设 $a>0$，$f(x)$ 是定义在［$-a$，a］上连续偶函数，则 $\int_{-a}^{a}\frac{f(x)}{1+\mathrm{e}^x}\mathrm{d}x = \int_0^a f(x)\mathrm{d}x.$

［解题要点］ 利用偶函数定积分的性质.

证：$f(x)$ 为偶函数 $\Rightarrow \int_0^a f(x)\mathrm{d}x = \frac{1}{2}\int_{-a}^{a} f(x)\mathrm{d}x$，要证原式成立只需证

$$\int_{-a}^{a}\left(\frac{f(x)}{1+e^{x}}-\frac{f(x)}{2}\right)dx=\int_{-a}^{a}f(x)\left(\frac{1}{1+e^{2}}-\frac{1}{2}\right)dx=0. \quad ①$$

令 $g(x)=\frac{1}{1+e^{x}}-\frac{1}{2}=\frac{1-e^{x}}{2(1+e^{x})}$，则 $g(-x)=\frac{1-e^{-x}}{2(1+e^{-x})}=\frac{e^{x}-1}{2(e^{x}+1)}=-g(x)$，即 $g(x)$为奇函数，故①成立，于是结论成立.

例 14 （四川大学）设$f(x)$在 $[0, 1]$ 上有二阶连续导数，$f(0)=f(1)=0$，且 $f(x)\neq 0$，$\forall x\in(0, 1)$. 求证：$\int_{0}^{1}\left|\frac{f''(x)}{f(x)}\right|dx\geqslant 4$.

［解题要点］（1）利用连续函数的最值定理；（2）利用微分中值定理.

证：由题设，$f''(x)$在 $[0, 1]$ 上连续，故$f(x)$在 $[0, 1]$ 上可导从而连续. 于是，$|f(x)|$在 $[0, 1]$ 连续. 由最值定理，$|f(x)|$在 $[0, 1]$ 上有最大值 y_0. 设 $y_0=f(x_0)$. 由$f(x)\neq 0$，故 $x_0\neq 0$. 由微分中值定理有

$$\left.\begin{aligned}&\frac{y_0}{x_0}=\frac{f(x_0)}{x_0}=\frac{f(x_0)-f(0)}{x_0-0}=f'(\xi)(0<\xi<x_0)\\&\frac{-y_0}{1-x_0}=\frac{f(1)-f(x_0)}{1-x_0}=f'(\eta)(x_0<\eta<1)\end{aligned}\right\}$$

$$\Rightarrow\int_{0}^{1}\left|\frac{f''(x)}{f(x)}\right|dx\geqslant\int_{0}^{1}\frac{|f''(x)|}{y_0}dx>\frac{1}{y_0}\int_{\xi}^{\eta}|f''(x)|dx\geqslant\frac{1}{y_0}\left|\int_{\xi}^{\eta}|f''(x)|dx\right|$$

$$=\frac{1}{y_0}|f'(\eta)-f'(\xi)|=\frac{1}{y_0}\left|\frac{-y_0}{1-x_0}-\frac{y_0}{x_0}\right|=\frac{1}{x_0(1-x_0)}.$$

又 $0<x_0<1\Rightarrow x_0(1-x_0)\leqslant\frac{1}{4}$（由函数 $y=x(1-x)$有最大值 $y_{\max}=\frac{1}{2}\left(1-\frac{1}{2}\right)=\frac{1}{4}$），

故$\int_{0}^{1}\left|\frac{f''(x)}{f(x)}\right|dx\geqslant\frac{1}{x_0(1-x_0)}\geqslant 4$.

例 15 （北京大学，1999 年）设$f\in[0, 1]$，且在$(0, 1)$上可微，若 $8\int_{\frac{7}{8}}^{1}f(x)dx=f(0)$，证明：存在 $\xi\in(0, 1)$，使得$f'(\xi)=0$.

［解题要点］ 利用积分中值定理和罗尔中值定理.

证：由题设 f 在 $[0, 1]$ 上连续，从而在 $\left[\frac{7}{8}, 1\right]$ 上连续，由积分中值定理，$\exists a\in\left[\frac{7}{8}, 1\right]$使

$$\int_{\frac{7}{8}}^{1}f(x)dx=f(a)\cdot\left(1-\frac{7}{8}\right)$$

$$\Rightarrow f(0)=8\int_{\frac{7}{8}}^{1}f(x)dx=8f(a)\left(1-\frac{7}{8}\right)=f(a),$$

由题设，f 在$(0, 1)$上可微，从而在$(0, a)$上可微，由罗尔中值定理，$\exists\xi\in(0, a)$使 $f'(\xi)=0$.

例 16 设函数 $f(x)$ 在 $[0,1]$ 上单调递减，证明：$\forall a\in(0,1)$ 有 $\int_0^a f(x)\,\mathrm{d}x\geqslant a\int_0^1 f(x)\,\mathrm{d}x$.

[解题要点] (1) 换元积分：$\int_0^a f(x)\,\mathrm{d}x \xlongequal{(x=at)} a\int_0^1 f(at)\,\mathrm{d}t$；(2) 积分不等式性质：$\left.\begin{array}{l} f(t)\leqslant g(t)\\ \alpha<\beta\end{array}\right\}\Rightarrow\int_\alpha^\beta f(t)\,\mathrm{d}t\leqslant\int_\alpha^\beta g(t)\,\mathrm{d}t$.

证：由于

$$\int_0^a f(x)\,\mathrm{d}x \xlongequal{(x=at)} a\int_0^1 f(at)\,\mathrm{d}t. \quad ①$$

$$\left.\begin{array}{l}\left.\begin{array}{l}0<a<1\\ 0\leqslant t\leqslant 1\end{array}\right\}\Rightarrow 0\leqslant at\leqslant t\leqslant 1\\ \qquad f\text{在}[0,1]\text{上单调递减}\end{array}\right\}\Rightarrow f(at)\geqslant f(t)$$

$$\Rightarrow\int_0^1 f(at)\,\mathrm{d}t\geqslant\int_0^1 f(t)\,\mathrm{d}t. \quad ②$$

由①和②得

$$\int_0^a f(x)\,\mathrm{d}x\geqslant a\int_0^1 f(t)\,\mathrm{d}t = a\int_0^1 f(x)\,\mathrm{d}x.$$

故结论成立.

例 17 （中国科学院）设 $f(x)$ 在 $(0,+\infty)$ 上连续可微，且 $f(0)=1$. 当 $x\geqslant 0$ 时 $f(x)>|f'(x)|$. 证明：$x>0$ 时，$\mathrm{e}^x\geqslant f(x)$.

[解题要点] (1) $|x|<a(a>0)\Rightarrow -a<x<a$；(2) $\int_a^b\frac{f'(t)}{f(t)}\mathrm{d}t=\int_a^b\frac{1}{f(t)}\mathrm{d}f(t)=[\ln|f(t)|]_a^b$.

证：当 $x\geqslant 0$ 时，由 $0\leqslant|f'(x)|<f(x)$ 有 $f(x)>0$ 且

$$-f(x)<f'(x)<f(x)\Rightarrow -1<\frac{f'(x)}{f(x)}<1.$$

于是，$\forall x>0$，当 $0\leqslant t\leqslant x$ 时，有 $\frac{f'(t)}{f(t)}<1$

$$\Rightarrow\int_0^x\frac{f'(t)}{f(t)}\mathrm{d}t<\int_0^x 1\,\mathrm{d}t\Rightarrow\ln f(t)\Big|_0^x<x$$

$$\Rightarrow\ln f(x)-\ln f(0)<x$$

$$\Rightarrow\ln f(x)<x\Rightarrow\mathrm{e}^{\ln f(x)}<\mathrm{e}^x,$$

即 $f(x)<\mathrm{e}^x$，故结论成立.

例 18 （南京工程学院）设 $f(x)$，$g(x)$ 及它们的平方在 $[a,b]$ 上可积. 证明 Schwarz 不等式：$\left(\int_a^b f(x)g(x)\,\mathrm{d}x\right)^2\leqslant\left(\int_a^b f^2(x)\,\mathrm{d}x\right)\left(\int_a^b g^2(x)\,\mathrm{d}x\right)$.

[解题要点] (1) 考查 $\int_a^b(f(x)+tg(x))^2\mathrm{d}x\geqslant 0$；(2) $ax^2+bx+c\geqslant 0\Leftrightarrow\Delta=b^2-4ac\leqslant 0$.

证：考查 $F(t)=\int_a^b(f(x)+tg(x))^2\mathrm{d}x$

$$=\int_a^b f^2(x)\mathrm{d}x-2t\int_a^b f(x)g(x)\mathrm{d}x+t^2\int_a^b g^2(x)\mathrm{d}x\geqslant 0,$$

故

$$\Delta=\left(-2\int_a^b f(x)g(x)\mathrm{d}x\right)^2-4\int_a^b g^2(x)\mathrm{d}x\cdot\int_a^b f^2(x)\mathrm{d}x\leqslant 0.$$

即得 Schwarz 不等式.

例 19　(中国科学院) 设 $h(t)$ 在 $[a,\ b]$ 上连续且 $h(t)>0$. 求证: $\int_a^b h(t)\mathrm{d}t\cdot\int_a^b\frac{1}{h(t)}\geqslant(b-a)^2$.

[解题要点]　利用 Schwarz 不等式.

证: 利用 Schwarz 不等式:

$$\left(\int_a^b f(t)g(t)\mathrm{d}t\right)^2\leqslant\int_a^b f^2(t)\mathrm{d}t\cdot\int_a^b g^2(t)\mathrm{d}t.\quad ①$$

在①中令 $f(t)=\sqrt{h(t)},\ g(t)=\frac{1}{\sqrt{h(t)}}$, 得

$$\left(\int_a^b\left(\sqrt{h(t)}\cdot\frac{1}{\sqrt{h(t)}}\right)\mathrm{d}t\right)^2\leqslant\int_a^b h(t)\mathrm{d}t\cdot\int_a^b\frac{1}{h(t)}\mathrm{d}t,$$

即

$$(b-a)^2\leqslant\int_a^b h(t)\mathrm{d}t\cdot\int_a^b\frac{1}{h(t)}\mathrm{d}t.$$

故结论成立.

例 20　(北京大学, 2000 年) 设函数 $f(x)$ 在 $[a,\ b]$ 上连续, 证明: $\left(\int_a^b f(x)\mathrm{d}x\right)^2\leqslant(b-a)\int_a^b f^2(x)\mathrm{d}x$.

[解题要点]　利用 Schwarz 不等式.

证: 利用 Schwarz 不等式

$$\left(\int_a^b f(x)g(x)\mathrm{d}x\right)^2\leqslant\int_a^b f^2(x)\mathrm{d}x\cdot\int_a^b g^2(x)\mathrm{d}x.\quad ①$$

在①中令 $g(x)=1$ 即得要证的结论.

例 21　(上海师范大学) 证明: 若 $f(x)$ 为 $[0,\ 1]$ 上的连续函数, 且对一切 $x\in[0,\ 1]$ 有 $\int_0^x f(u)\mathrm{d}u\geqslant f(x)\geqslant 0$, 则 $f(x)=0$.

[解题要点]　(1) 利用微分中值定理; (2) 利用连续函数的最值定理.

证: 显然 $f(0)=0$, 这是因为 $0\leqslant f(0)\leqslant\int_0^0 f(u)\mathrm{d}u=0$.

下证 $\forall x_0\in(0,\ 1)$, $f(x_0)=0$. 事实上, $\forall x_0\in(0,\ 1)$, 由题设及积分中值定理有

$$0\leqslant f(x_0)\leqslant\int_0^{x_0}f(u)\mathrm{d}u=f(\xi_1)x_0\ (0\leqslant\xi_1\leqslant x_0),$$

显然 $0\leqslant\xi_1\leqslant x_0<1$, 类似地, 对上述 $0\leqslant\xi_1<1$, 由中值定理, 存在 $0<\xi_2<1$ 使得

$$0\leqslant f(\xi_1)\leqslant\int_0^{\xi_1}f(u)\mathrm{d}u=f(\xi_2)\xi_1\ (不妨设\ 0\leqslant\xi_2\leqslant\xi_1),$$

于是 $0\leqslant f(x_0)\leqslant f(\xi_2)\xi_1x_0\leqslant f(\xi_2)x_0^2$. 同理，存在 $\xi_n\in[0,x_0]$ 使

$$0\leqslant f(x_0)\leqslant f(\xi_n)x_0^n. \qquad ①$$

又 $f(x)$ 在 $[0,1]$ 上连续，由最值定理，$f(x)$ 在 $[0,1]$ 上存在最大值 M，由①有

$$0\leqslant f(x_0)\leqslant Mx_0^n\ (\forall n\geqslant 1).$$

令 $n\to\infty$ 得 $\lim\limits_{n\to\infty}Mx_0^n=0$，故 $f(x_0)=0$.

最后证 $f(1)=0$. 由于 f 在 $x=1$ 左连续，故 $f(1)=\lim\limits_{x\to 1^-}f(x)=0$.

由上知结论成立.

例 22 设 $f(x)$ 的一阶导数在 $[0,1]$ 上连续，且 $f(0)=f(1)=0$. 求证：$\left|\int_0^1 f(x)\mathrm{d}x\right|\leqslant\frac{1}{4}\max\limits_{0\leqslant x\leqslant 1}|f'(x)|$.

[解题要点] (1) 利用分部积分；(2) 利用积分中值定理.

证：由于

$$\begin{aligned}\int_0^1 f(x)\mathrm{d}x&=\int_0^1 f(x)\mathrm{d}\left(x-\frac{1}{2}\right)\\&\xlongequal{(分部积分)}\left[f(x)\left(x-\frac{1}{2}\right)\right]\Big|_0^1-\int_0^1\left(x-\frac{1}{2}\right)f'(x)\mathrm{d}x\\&=-\int_0^1\left(x-\frac{1}{2}\right)f'(x)\mathrm{d}x\\ \Rightarrow\left|\int_0^1 f(x)\mathrm{d}x\right|&=\left|\int_0^1\left(x-\frac{1}{2}\right)f'(x)\mathrm{d}x\right|\leqslant\int_0^1|f'(x)|\left|x-\frac{1}{2}\right|\mathrm{d}x\\&\xlongequal{(积分中值定理)}|f'(\xi)|\cdot\int_0^1\left|x-\frac{1}{2}\right|\mathrm{d}x\ (x\in[0,1]).\end{aligned}$$

而

$$\int_0^1\left|x-\frac{1}{2}\right|\mathrm{d}x=\int_0^{\frac{1}{2}}\left(\frac{1}{2}-x\right)\mathrm{d}x+\int_{\frac{1}{2}}^1\left(x-\frac{1}{2}\right)\mathrm{d}x=\frac{1}{4},$$

故

$$\left|\int_0^1 f(x)\mathrm{d}x\right|\leqslant\frac{1}{4}|f'(\xi)|\leqslant\frac{1}{4}\max_{0\leqslant x\leqslant 1}|f'(x)|.$$

例 23 （湖南大学）设 $f(x)$ 及 $g(x)$ 在 $[a,b]$ 上连续，$f(x)\leqslant g(x)$，且 $\int_a^b f(x)\mathrm{d}x=\int_a^b g(x)\mathrm{d}x$. 证明：在 $[a,b]$ 上，$f(x)\equiv g(x)$.

[解题要点] (1) 利用连续函数的保号性；(2) 利用积分中值定理.

证：设 $F(x)=f(x)-g(x)$，$x\in[a,b]$，则在 $[a,b]$ 上，$F(x)\leqslant 0$ 且 $\int_a^b F(x)\mathrm{d}x=0$. 下证 $F(x)=0$，$x\in[a,b]$. 反证法. 若存在某 $x_0\in[a,b]$，使 $F(x_0)\neq 0$，则 $F(x_0)<0$，由 F 在 x_0 连续（不妨设 $a<x_0<b$），存在 $\delta>0$ 使 $a<x_0-\delta<x_0+\delta<b$，并且在 $[x_0-\delta,x_0+\delta]$ 上有 $F(x)<0$，于是 $\int_{x_0-\delta}^{x_0+\delta}F(x)\mathrm{d}x<0$. 事实上，由积分中值定理，

$\exists\xi\in[x_0-\delta,\ x_0+\delta]$使$\int_{x_0-\delta}^{x_0+\delta}F(x)\mathrm{d}x=F(\xi)\cdot 2\delta<0.$

同理，$\int_{a_1}^{b_1}F(x)\mathrm{d}x\leqslant 0(\ \forall\ [a_1,\ b_1]\subset[a,\ b])$. 于是有

$$\begin{aligned}\int_a^b F(x)\mathrm{d}x&=\left(\int_a^{x_0-\delta}+\int_{x_0-\delta}^{x_0+\delta}+\int_{x_0+\delta}^b\right)F(x)\mathrm{d}x\\&\leqslant\int_{x_0-\delta}^{x_0+\delta}F(x)\mathrm{d}x<0,\end{aligned}$$

矛盾. 故在$[a,\ b]$上，$f(x)\equiv g(x)$.

例 24　（湖北大学，2002 年）设$f(x)$在$[a,\ b]$上连续，且$\int_a^b f(x)\mathrm{d}x=0$，$\int_a^b xf(x)\mathrm{d}x=0$,证明：至少存在两点$x_1,\ x_2\in[a,\ b]$，使得$f(x_1)=f(x_2)=0$.

[解题要点]　利用积分中值定理,并利用下面两个结论：(1) 设$f(x)$在$[a,\ b]$上连续，若$f(x)$在$[a,\ b]$上没有零点，则$f(x)$在$[a,\ b]$上同号（即不变号）；(2) 设$f(x)$在$[a,\ b]$上连续，若$\int_a^b f(x)\mathrm{d}x=0$，则$f(x)$在$[a,\ b]$上必不同号（即变号，亦即若$\exists x_1\in[a,\ b]$使$f(x_1)>0$，则$\exists x_2\in[a,\ b]$使$f(x_2)<0$)；

证 (1)：事实上，若$f(x)$在$[a,\ b]$上变号，即$\exists c,\ d\in[a,\ b]$使$f(c)\ f(d)\ <0$. 由零点存在定理，$\exists\xi$使$f(\xi)=0$（这里$\xi\in[c,\ d]\subset[a,\ b]$)，矛盾.

证 (2)：反证. 假定$\exists x_1\in[a,\ b]$使$f(x_1)>0$且$\forall x\in[a,\ b]$，$x\neq x_1$，使$f(x)\geqslant 0$. 则$\int_a^b f(x)\mathrm{d}x\geqslant\int_{x_1-\delta}^{x_1+\delta}f(x)\mathrm{d}x>0$（由连续函数保号性，不妨设$\forall x\in(x_1-\delta,\ x_1+\delta)$有$f(x)>0$)，此与$\int_a^b f(x)\mathrm{d}x=0$矛盾.

证：由$f(x)$在$[a,\ b]$上连续，且$\int_a^b f(x)\mathrm{d}x=0$. 由积分中值定理，存在$x_1\in[a,\ b]$使$f(x_1)=\dfrac{1}{b-a}\int_a^b f(x)\mathrm{d}x=0$.（不妨设$a<x_1<b$）

若x_1是$f(x)$在$[a,\ b]$上唯一零点，则$(x-x_1)f(x)$在$[a,\ b]$上保持同号，故$\int_a^b(x-x_1)f(x)\mathrm{d}x\neq 0$，但

$$\int_a^b(x-x_1)f(x)\mathrm{d}x=\int_a^b xf(x)\mathrm{d}x-x_1\int_a^b f(x)\mathrm{d}x=0-0=0,$$

此与已知矛盾，故至少$x_1,\ x_2\in(a,\ b)$ $(x_1\neq x_2)$ 使$f(x_1)=f(x_2)=0$.

注 2：若x_0是$f(x)$在$[a,\ b]$上唯一零点，则$(x-x_0)f(x)$在$[a,\ b]$上保持同号.

事实上，若不然，考虑到$f(x)$在$[a,\ x_0)$和$(x_0,\ b]$上无零点，故$f(x)$在$[a,\ x_0)$上严格同号，在$(x_0,\ b]$上严格同号，

于是有以下两种情形：

(1) $(x-x_0)\ f(x)>0$ $(\forall x\in[a,\ x_0))$，且$(x-x_0)\ f(x)<0$ $(\forall x\in(x_0,\ b])$，此时必有$f(x)<0$ $(\forall x\in[a,\ x_0)\cup(x_0,\ b])$，于是$\int_a^b f(x)\mathrm{d}x=\int_a^{x_0}f(x)\mathrm{d}x+\int_{x_0}^b f(x)\mathrm{d}x<0$，此与$\int_a^b f(x)\mathrm{d}x=0$矛盾.

（2）$(x-x_0)f(x)<0$（$\forall x\in[a,x_0)$），且$(x-x_0)f(x)>0$（$\forall x\in(x_0,b]$），此时必有$f(x)>0$（$\forall x\in[a,x_0)\cup(x_0,b]$），于是$\int_a^b f(x)\mathrm{d}x=\int_a^{x_0}f(x)\mathrm{d}x+\int_{x_0}^b f(x)\mathrm{d}x>0$，此与$\int_a^b f(x)\mathrm{d}x=0$矛盾．

例 25　（上海交通大学；兰州大学）求 $\lim\limits_{n\to\infty}\int_0^{\frac{\pi}{2}}\sin^n x\mathrm{d}x$．

［解题要点］　利用以下两个结论：（1）$\lim\limits_{n\to\infty}x_n=a\Leftrightarrow\forall\varepsilon\in(0,1)$，$\exists N>0$，$\forall n>N$ 有 $|x_n-a|<\varepsilon$；（2）$0<x<\frac{\pi}{2}$时，$0<\sin^n x<1(\forall n\geqslant1)$．

解：$\forall 0<\varepsilon<\frac{\pi}{2}$，$y=\sin x$ 在$\left[0,\frac{\pi}{2}\right]$上单调递增．考虑

$$0\leqslant\int_0^{\frac{\pi}{2}}\sin^n x\mathrm{d}x=\int_0^{\frac{\pi}{2}-\frac{\varepsilon}{2}}\sin^n x\mathrm{d}x+\int_{\frac{\pi}{2}-\frac{\varepsilon}{2}}^{\frac{\pi}{2}}\sin^n x\mathrm{d}x. \qquad ①$$

当$x\in\left[0,\frac{\pi}{2}-\frac{\varepsilon}{2}\right]\subset\left[0,\frac{\pi}{2}\right]$时，$0<\sin x<\sin\left(\frac{\pi}{2}-\frac{\varepsilon}{2}\right)$，从而有

$$0<\sin^n x<\sin^n\left(\frac{\pi}{2}-\frac{\varepsilon}{2}\right),$$

故由①有

$$\begin{aligned}0\leqslant\int_0^{\frac{\pi}{2}}\sin^n x\mathrm{d}x&\leqslant\int_0^{\frac{\pi}{2}-\frac{\varepsilon}{2}}\sin^n\left(\frac{\pi}{2}-\frac{\varepsilon}{2}\right)\mathrm{d}x+\int_{\frac{\pi}{2}-\frac{\varepsilon}{2}}^{\frac{\pi}{2}}1\mathrm{d}x\\&=\left(\frac{\pi}{2}-\frac{\varepsilon}{2}\right)\sin^n\left(\frac{\pi}{2}-\frac{\varepsilon}{2}\right)+\frac{\varepsilon}{2}\\&\leqslant\frac{\pi}{2}\sin^n\left(\frac{\pi}{2}-\frac{\varepsilon}{2}\right)+\frac{\varepsilon}{2}.\end{aligned} \qquad ②$$

由于$0<\sin\left(\frac{\pi}{2}-\frac{\varepsilon}{2}\right)<1$，故$\lim\limits_{n\to\infty}\sin^n\left(\frac{\pi}{2}-\frac{\varepsilon}{2}\right)=0$．于是对上述$\varepsilon>0$，$\exists N=N(\varepsilon)>0$，当$n>N$时，有$\sin^n\left(\frac{\pi}{2}-\frac{\varepsilon}{2}\right)<\frac{2}{\pi}\cdot\frac{\varepsilon}{2}$．于是由②，当$n>N$有

$$0\leqslant\int_0^{\frac{\pi}{2}}\sin^n x\mathrm{d}x\leqslant\frac{\pi}{2}\cdot\frac{2}{\pi}\cdot\frac{\varepsilon}{2}+\frac{\varepsilon}{2}=\varepsilon,$$

即$\left|\int_0^{\frac{\pi}{2}}\sin^n x\mathrm{d}x\right|<\varepsilon$，故$\lim\limits_{n\to\infty}\int_0^{\frac{\pi}{2}}\sin^n x\mathrm{d}x=0$．

例 26　（上海交通大学，2000 年）设$f(x)$为$[a,b]$上的连续递增函数，则有不等式：$\int_a^b xf(x)\mathrm{d}x\geqslant\frac{a+b}{2}\int_a^b f(x)\mathrm{d}x$．　①

［解题要点］　（1）①式等价于$\int_a^b\left(x-\frac{a+b}{2}\right)f(x)\mathrm{d}x\geqslant0$；（2）利用第二积分中值定理；（3）$\int_a^b\left(x-\frac{a+b}{2}\right)\mathrm{d}x=0$．

证：由于①式等价于$\int_a^b\left(x-\frac{a+b}{2}\right)f(x)\mathrm{d}x\geqslant0$．

又 $f(x)$ 在 $[a, b]$ 上连续递增，由第二积分中值定理，存在 $\xi \in [a, b]$ 使得

$$\begin{aligned}\int_a^b\left(x-\frac{a+b}{2}\right)f(x)\mathrm{d}x &= f(a)\int_a^{\xi}\left(x-\frac{a+b}{2}\right)\mathrm{d}x + f(b)\int_{\xi}^b\left(x-\frac{a+b}{2}\right)\mathrm{d}x \\ &= f(a)\left[\int_a^b\left(x-\frac{a+b}{2}\right)\mathrm{d}x + \int_b^{\xi}\left(x-\frac{a+b}{2}\right)\mathrm{d}x\right] + f(b)\int_{\xi}^b\left(x-\frac{a+b}{2}\right)\mathrm{d}x \\ &= f(a)\int_a^b\left(x-\frac{a+b}{2}\right)\mathrm{d}x + [f(b)-f(a)]\int_{\xi}^b\left(x-\frac{a+b}{2}\right)\mathrm{d}x \\ &= [f(b)-f(a)]\left(\frac{1}{2}x^2-\frac{a+b}{2}x\right)\Bigg|_{\xi}^{b} \\ &= [f(b)-f(a)]\left[\frac{b^2-\xi^2}{2}-\frac{a+b}{2}(b-\xi)\right] \\ &= [f(b)-f(a)]\cdot\frac{1}{2}(b-\xi)(\xi-a)\geqslant 0.\end{aligned}$$

故①式成立.

例 27　（北京航空航天大学，2000 年）求证：

（1）$\lim\limits_{n\to\infty}\int_a^{\frac{\pi}{2}}(1-\sin x)^n\mathrm{d}x=0$，其中 $a\in(0, 1)$；

（2）$\lim\limits_{n\to\infty}\int_0^{\frac{\pi}{2}}(1-\sin x)^n\mathrm{d}x=0$.

[解题要点]　（1）利用 $\sin x$ 在 $\left[0, \frac{\pi}{2}\right]$ 上的单调递增性质；（2）$|r|<1$ 时，$\lim\limits_{n\to\infty}r^n=0$；（3）当 $a\leqslant x\leqslant b$ 时有 $m_1\leqslant f(x)\leqslant m_2$，则 $m_1(b-a)\leqslant\int_a^b f(x)\mathrm{d}x\leqslant m_2(b-a)$；（4）定积分区间可加性：$\int_0^{\frac{\pi}{2}}=\int_0^{\frac{\varepsilon}{2}}+\int_{\frac{\varepsilon}{2}}^{\frac{\pi}{2}}$；（5）数列极限两边夹法则.

证：（1）当 $x\in\left[a, \frac{\pi}{2}\right]$ 时，

$$0<\sin a<\sin x\leqslant 1\Rightarrow 0\leqslant 1-\sin x\leqslant 1-\sin a<1,$$

故

$$0\leqslant\int_a^{\frac{\pi}{2}}(1-\sin x)^n\mathrm{d}x\leqslant\int_a^{\frac{\pi}{2}}(1-\sin a)^n\mathrm{d}x=\left(\frac{\pi}{2}-a\right)(1-\sin a)^n.$$

而 $\lim\limits_{n\to\infty}(1-\sin a)^n=0$，由两边夹法则可知 $\lim\limits_{n\to\infty}\int_a^{\frac{\pi}{2}}(1-\sin x)^n\mathrm{d}x=0$.

（2）由（1）可知，$\forall 0<\varepsilon<1$，有 $\lim\limits_{n\to\infty}\int_{\frac{\varepsilon}{2}}^{\frac{\pi}{2}}(1-\sin x)^n\mathrm{d}x=0$. 故

$$\exists N>0,\ \forall n>N \text{ 有 } \left|\int_{\frac{\varepsilon}{2}}^{\frac{\pi}{2}}(1-\sin x)^n\mathrm{d}x\right|<\frac{\varepsilon}{2}. \qquad ①$$

又当 $x\in\left[0,\ \frac{\varepsilon}{2}\right]$时，$0\leqslant x\leqslant\frac{\varepsilon}{2}<1<\frac{\pi}{2}$，故 $0\leqslant\sin x<1$，$0\leqslant(1-\sin x)^n<1$，于是

$$\left|\int_0^{\frac{\varepsilon}{2}}(1-\sin x)^n\mathrm{d}x\right|\leqslant\int_0^{\frac{\varepsilon}{2}}|1-\sin x|^n\mathrm{d}x\leqslant\int_0^{\frac{\varepsilon}{2}}1\mathrm{d}x=\frac{\varepsilon}{2}. \qquad ②$$

由①和②，当 $n>N$ 时有

$$\left|\int_0^{\frac{\pi}{2}}(1-\sin x)^n\mathrm{d}x\right|\leqslant\left|\int_0^{\frac{\varepsilon}{2}}(1-\sin x)^n\mathrm{d}x\right|+\left|\int_{\frac{\varepsilon}{2}}^{\frac{\pi}{2}}(1-\sin x)^n\mathrm{d}x\right|\leqslant\frac{\varepsilon}{2}+\frac{\varepsilon}{2}=\varepsilon,$$

故 $\lim\limits_{n\to\infty}\int_0^{\frac{\pi}{2}}(1-\sin x)^n\mathrm{d}x=0$.

例 28 （福建师范大学）设 $f(x)=\int_x^{x^2}\left(1+\frac{1}{2t}\right)^t\sin\frac{1}{\sqrt{t}}\mathrm{d}t\,(x>0)$，求 $\lim\limits_{n\to\infty}f(n)\sin\frac{1}{n}$.

[解题要点] （1）积分中值定理：$\int_a^b f(x)\mathrm{d}x=f(\xi)(b-a)(a\leqslant\xi\leqslant b)$；（2）变限积分求导公式：$\left[\int_{b(x)}^{a(x)}f(t)\mathrm{d}t\right]'=f(a(x))a'(x)-f(b(x))b'(x)$；（3）归结原则，可将数列极限化为函数极限；（4）洛必达法则.

解：由积分中值定理，$\exists c$（c 介于 x 与 x^2 之间）使得

$$f(x)=\left(1+\frac{1}{2c}\right)^c\sin\frac{1}{\sqrt{c}}(x^2-x).$$

不妨设 $x<c<x^2$. 当 $x\to+\infty$ 时，$c\to+\infty$，于是

$$\lim_{c\to+\infty}\left(1+\frac{1}{2c}\right)^c=\lim_{c\to+\infty}\left(1+\frac{1}{2c}\right)^{2c\cdot\frac{1}{2}}=\mathrm{e}^{\frac{1}{2}}.$$

当 c 充分大时，

$$x<c<x^2\Rightarrow\frac{\pi}{2}>\frac{1}{\sqrt{c}}>\frac{1}{x}>0\Rightarrow\sin\frac{1}{\sqrt{c}}(x^2-x)>\sin\frac{1}{x}(x^2-x),$$

于是

$$f(x)>\left(1+\frac{1}{2c}\right)^c\cdot\sin\frac{1}{x}\cdot(x^2-x).$$

而 $\lim\limits_{x\to+\infty}\sin\frac{1}{x}\cdot(x^2-x)=+\infty$，故 $\lim\limits_{x\to+\infty}f(x)=+\infty$. 由洛必达法则有

$$\text{原式}=\lim_{x\to+\infty}f(x)\sin\frac{1}{x}=\lim_{x\to+\infty}\frac{\int_x^{x^2}\left(1+\frac{1}{2t}\right)^t\sin\frac{1}{\sqrt{t}}\mathrm{d}t}{x}\left(\text{因为}\sin\frac{1}{x}\sim\frac{1}{x}(x\to+\infty)\right)$$

$$\xlongequal{\left(\frac{\infty}{\infty}\right)}\lim_{x\to+\infty}\frac{\left(1+\frac{1}{2x^2}\right)^{x^2}\cdot\sin\frac{1}{x}\cdot 2x-\left(1+\frac{1}{2x}\right)^x\cdot\sin\frac{1}{\sqrt{x}}\cdot 1}{1}$$

$$=2\lim_{x\to+\infty}\left(1+\frac{1}{2x^2}\right)^{2x^2\cdot\frac{1}{2}}\cdot\sin\frac{1}{x}\cdot x-\lim_{x\to+\infty}\left(1+\frac{1}{2x}\right)^{2x\cdot\frac{1}{2}}\cdot\sin\frac{1}{\sqrt{x}}$$

$$=2e^{\frac{1}{2}}-e^{\frac{1}{2}}\cdot 0=2\sqrt{e},$$

故 $\lim\limits_{n\to\infty}f(n)\sin\dfrac{1}{n}=2\sqrt{e}$.

例 29　（武汉大学）设在 $[-1, 1]$ 上的连续函数 $f(x)$ 满足条件：对 $[-1, 1]$ 上的任意连续偶函数 $g(x)$，积分 $\int_{-1}^{1}f(x)g(x)\mathrm{d}x=0$. 试证：$f(x)$ 是 $[-1, 1]$ 上的奇函数.

[解题要点]　(1) f 为奇函数 $\Leftrightarrow f(-x)=-f(x)\Leftrightarrow[f(x)+f(-x)]^2=0$,

g 为偶函数 $\Leftrightarrow g(-x)=g(x)$;

(2) $g(x)$ 为偶函数 $\Rightarrow\int_{-1}^{1}f(x)g(x)\mathrm{d}x=\int_{-1}^{1}f(-t)g(-t)(-1)\mathrm{d}t=\int_{-1}^{1}f(-x)g(x)\mathrm{d}x$;

(3) $a<b$, $\int_a^b f^2(x)\mathrm{d}x=0\Rightarrow f(x)=0(x\in[a, b])$.

证：作变换 $x=-t$，则

$$\int_{-1}^{1}f(x)g(x)\mathrm{d}x=\int_{1}^{-1}f(-t)g(-t)(-1)\mathrm{d}t=\int_{-1}^{1}f(-t)g(-t)\mathrm{d}t.$$

又 $g(x)$ 为偶函数，$g(-x)=g(x)$，故由题设有

$$\int_{-1}^{1}f(x)g(x)\mathrm{d}x=\int_{-1}^{1}f(-x)g(-x)\mathrm{d}x=\int_{-1}^{1}f(-x)g(x)\mathrm{d}x=0.$$

于是

$$\int_{-1}^{1}[f(x)+f(-x)]g(x)\mathrm{d}x=0. \qquad ①$$

取 $h(x)=f(x)+f(-x)$，则 $h(x)$ 为 $[-1, 1]$ 上的连续偶函数，由上述证明之结论①有

$$\int_{-1}^{1}[f(x)+f(-x)]h(x)\mathrm{d}x=0,$$

即 $\int_{-1}^{1}[f(x)+f(-x)]^2\mathrm{d}x=0$，故 $[f(x)+f(-x)]^2=0$，于是 $f(x)+f(-x)=0$，即 $f(-x)=-f(x)$，故 $f(x)$ 为 $[-1, 1]$ 上的奇函数.

例 30　利用积分中值定理证明：若 $f(x)$ 在 $[a, b]$ 上连续，且 $\int_a^b f^2(x)\mathrm{d}x=0$，求证：$f(x)\equiv 0$ $(x\in[a, b])$.

[解题要点]　(1) 若 $g(x)\geqslant 0(x\in[a, b])$，则 $\forall[a_1, b_1]\subset[a, b]$ 有 $\int_{a_1}^{b_1}g(x)\mathrm{d}x\leqslant\int_a^b g(x)\mathrm{d}x$; (2) 积分中值定理; (3) $f(x)$ 在 x_0 连续 $\Leftrightarrow\forall x_n\to x_0$ 有 $f(x_0)=f(\lim\limits_{n\to\infty}x_n)=\lim\limits_{n\to\infty}f(x_n)$.

证：$\forall x_0\in[a, b]$，不妨设 $a<x_0<b$. $\exists$ 充分大的 N，当 $n>N$ 有 $a<x_0-\dfrac{1}{n}<x_0<x_0+\dfrac{1}{n}<b$. 在 $\left[x_0-\dfrac{1}{n}, x_0+\dfrac{1}{n}\right]$ 上用积分中值定理有

$$0=\int_{x_0-\frac{1}{n}}^{x_0+\frac{1}{n}}f^2(x)\,dx=f^2(\xi)\cdot\frac{2}{n}，其中\ x_0-\frac{1}{n}<\xi_n<x_0+\frac{1}{n}.$$

于是 $f(\xi_n)=0(n>N)$. 故 $f(x_0)=f(\lim\limits_{n\to\infty}\xi_n)=\lim\limits_{n\to\infty}f(\xi_n)=0$.

例 31 （华东师范大学，2000 年）设函数 $f(x)$ 在 $[a,b]$ 上连续，且 $f(x)>0$. 又 $F(x)=\int_a^x f(t)\,dt+\int_b^x\frac{1}{f(t)}dt$. 证明：

（1）$F'(x)\geqslant 2$；

（2）$F(x)=0$ 在 $[a,b]$ 上有且仅有一个根.

［解题要点］ (1) $\frac{d}{dx}\int_a^x f(t)dt=f(x)$；(2) $a\geqslant 0$，$b\geqslant 0\Rightarrow a+b\geqslant 2\sqrt{ab}$；(3) $f\in C[a,b]$，$f(a)f(b)<0\Rightarrow f(x)=0$ 在 $[a,b]$ 上至少有一根；（4）若 f 在 $[a,b]$ 上单调，则 $f(x)=0$ 在 $[a,b]$ 上至多有一个根.

证：（1）由变限积分求导公式有

$$\begin{aligned}F'(x)&=\frac{d}{dx}\int_a^x f(t)\,dt+\frac{d}{dx}\int_b^x\frac{1}{f(t)}dt\\&=f(x)+\frac{1}{f(x)}\geqslant 2\sqrt{f(x)\cdot\frac{1}{f(x)}}=2.\end{aligned}$$

（2）由（1），$F'(x)>0$，故 $F(x)$ 在 $[a,b]$ 上单调递增，从而至多有一个零点. 又 $F(x)$ 在 $[a,b]$ 上连续. 于是有 $F(a)=\int_b^a\frac{1}{f(t)}dt=-\int_a^b\frac{1}{f(t)}dt<0$，故 $F(b)=\int_a^b f(t)\,dt>0$，即 $F(a)F(b)<0$. 由零点存在性定理，$F(x)$ 在 $[a,b]$ 上有零点，从而方程 $F(x)=0$ 有唯一根.

例 32 （国防科技大学）设 $f(x)$ 在 $[-a,a]$ $(a>0)$ 上连续. 证明：$\int_{-a}^a f(x)\,dx=\int_0^a[f(x)+f(-x)]\,dx$，并计算：$\int_{-\frac{\pi}{4}}^{\frac{\pi}{4}}\frac{1}{1+\sin x}dx$.

［解题要点］ （1）$f(x)=\frac{f(x)+f(-x)}{2}+\frac{f(x)-f(-x)}{2}$；（2）$f(x)+f(-x)$ 为偶函数，$f(x)-f(-x)$ 为奇函数；（3）$g(x)$ 在 $[-a,a]$ 上为奇函数 $\Rightarrow\int_{-a}^a g(x)\,dx=0$；$g(x)$ 在 $[-a,a]$ 上为偶函数 $\Rightarrow\int_{-a}^a g(x)\,dx=2\int_0^a g(x)\,dx$.

证：由于 $f(x)+f(-x)$，$f(x)-f(-x)$ 分别在 $[-a,a]$ 上为偶函数和奇函数. 故

$$\begin{aligned}\int_{-a}^a f(x)\,dx&=\int_{-a}^a\left[\frac{f(x)+f(-x)}{2}+\frac{f(x)-f(-x)}{2}\right]dx\\&=\frac{1}{2}\int_{-a}^a[f(x)+f(-x)]\,dx+\frac{1}{2}\int_{-a}^a[f(x)-f(-x)]\,dx\end{aligned}$$

$$=\frac{1}{2}\cdot 2\int_0^a [f(x)+f(-x)]\,dx+\frac{1}{2}\cdot 0$$
$$=\int_0^a [f(x)+f(-x)]\,dx.$$

于是

$$\int_{-\frac{\pi}{4}}^{\frac{\pi}{4}}\frac{1}{1+\sin x}dx=\int_0^{\frac{\pi}{4}}\left[\frac{1}{1+\sin x}+\frac{1}{1+\sin(-x)}\right]dx=\int_0^{\frac{\pi}{4}}\left(\frac{1}{1+\sin x}+\frac{1}{1-\sin x}\right)dx$$
$$=\int_0^{\frac{\pi}{4}}\frac{2}{1-\sin^2 x}dx=2\int_0^{\frac{\pi}{4}}\sec^2 x\,dx=2\tan x\Big|_0^{\frac{\pi}{4}}=2.$$

例 33 （中国科学院，2002 年）设 $f(x)$ 在 $[0,+\infty)$ 上连续可微，并且 $\int_0^{+\infty}f^2(x)dx<+\infty$. 如果 $|f'(x)|\leqslant c$（当 $x>0$ 时），其中 c 为常数. 试证：$\lim\limits_{x\to+\infty}f(x)=0$.

[解题要点] （1）一致连续的定义；（2）若 $|f'(x)|\leqslant c$，则 f 在 $[0,+\infty]$ 上一致连续；（3）无穷限积分的柯西收敛准则.

证：反证法. 若 $\lim\limits_{x\to+\infty}f(x)\neq 0$，则 $\exists\varepsilon_0>0$，使得 $\forall A>0$，$\exists x_A>A$，有

$$|f(x_A)|\geqslant\sqrt{\varepsilon_0}.\qquad ①$$

又 $|f'(x)|\leqslant c$，故 f 在 $[0,+\infty]$ 上一致连续，于是 $\exists\delta>0$，使当 x'，$x''\in[0,+\infty)$，且 $|x'-x''|<\delta$ 时有

$$|f(x')-f(x'')|<\frac{\sqrt{\varepsilon_0}}{2}.\qquad ②$$

又 $\int_0^{+\infty}f^2(x)dx$ 收敛，由柯西收敛准则，$\exists\Delta>0$，当 x_1，$x_2>\Delta$ 时，有

$$\left|\int_{x_1}^{x_2}f^2(x)dx\right|<\frac{\varepsilon_0\delta}{2}.\qquad ③$$

由①，对上述 Δ，$\delta>0$，取 $A=\Delta+\delta>0$，$\exists x_0>A=\Delta+\delta$，有

$$|f(x_0)|\geqslant\sqrt{\varepsilon_0}.\qquad ④$$

显然，$(x_0-\delta,x_0+\delta)\subset(\Delta,+\infty)$. 当 $x\in(x_0-\delta,x_0+\delta)$ 时，$|x-x_0|<\delta$，由②有 $|f(x)-f(x_0)|<\frac{\sqrt{\varepsilon_0}}{2}$. 于是

$$|f(x)|=|f(x)-f(x_0)+f(x_0)|$$
$$\geqslant|f(x_0)|-|f(x)-f(x_0)|\geqslant\sqrt{\varepsilon_0}-\frac{\sqrt{\varepsilon_0}}{2}=\frac{\sqrt{\varepsilon_0}}{2},$$

即 $f^2(x)\geqslant\frac{\varepsilon_0}{4}$，故

$$\int_{x_0-\delta}^{x_0+\delta}f^2(x)dx\geqslant\int_{x_0-\delta}^{x_0+\delta}\frac{\varepsilon_0}{4}dx=\frac{\varepsilon_0}{4}\cdot 2\delta=\frac{\varepsilon_0\delta}{2},$$

此与③矛盾. 故 $\lim\limits_{x\to+\infty}f(x)=0$.

例 34 （中国科学院，2001 年）设 $f(x)$ 为连续实值正数，并且对所有 x，有 $f(x)\geqslant 0$，

且$\int_0^{+\infty} f(x)\,\mathrm{d}x < \infty$．求证：$\dfrac{1}{n}\int_0^n xf(x)\,\mathrm{d}x \to 0\ (n\to\infty)$．

［解题要点］（1）闭区间上连续函数的性质；（2）无穷限积分的柯西收敛准则；（3）积分中值定理.

证：由$\int_0^{+\infty} f(x)\mathrm{d}x < \infty$，$\forall \varepsilon > 0$，$\exists A > 0$，$\forall A_2 > A_1 > A$有$\left|\int_{A_1}^{A_2} f(x)\right| < \dfrac{\varepsilon}{2}$．又$f(x) \geqslant 0$，故

$$\int_{A_1}^{A_2} f(x) < \frac{\varepsilon}{2}. \qquad ①$$

当$n \geqslant A+1$时，有

$$\frac{1}{n}\int_0^n xf(x)\,\mathrm{d}x = \frac{1}{n}\int_0^{A+1} xf(x)\,\mathrm{d}x + \frac{1}{n}\int_{A+1}^n xf(x)\,\mathrm{d}x. \qquad ②$$

由$f(x)$的连续性知$xf(x)$在$[0, A+1]$上连续，从而有界．故存在$M > 0$，使$\forall x \in [0, A+1]$有$|xf(x)| < M$，即$xf(x) < M$．故

$$\frac{1}{n}\int_0^{A+1} xf(x)\,\mathrm{d}x < \frac{M(A+1)}{n} \to 0\ (n\to\infty).$$

于是对上述$\varepsilon > 0$，$\exists N_1 > 0$，$\forall n > N_1$有

$$\frac{1}{n}\int_0^{A+1} xf(x)\,\mathrm{d}x < \frac{M(A+1)}{n} < \frac{\varepsilon}{2}. \qquad ③$$

又由积分中值定理，$\exists \xi \in [A+1, n]$使得

$$\frac{1}{n}\int_{A+1}^n xf(x)\,\mathrm{d}x = \frac{1}{n}\xi\int_{A+1}^n f(x)\,\mathrm{d}x < \frac{\xi}{n}\cdot\frac{\varepsilon}{2} \leqslant \frac{\varepsilon}{2}. \qquad ④$$

为使②、③同时成立，取$N = \max\{A+1, N_1\}$，当$n > N$时有②、③、④同时成立，故

$$\frac{1}{n}\int_0^n xf(x)\,\mathrm{d}x < \frac{\varepsilon}{2} + \frac{\varepsilon}{2} = \varepsilon.$$

于是$\dfrac{1}{n}\int_0^n xf(x)\,\mathrm{d}x \to 0\ (n\to\infty)$.

例 35　（北京大学，1993 年）判断积分$\int_0^{+\infty} \dfrac{1}{x^p + x^q}\mathrm{d}x$的敛散性（其中$p$，$q$为参数）.

［解题要点］（1）非正常积分的敛散性判别法；（2）几个常用的非正常积分的敛散性.

解：注意$\int_0^{+\infty} \dfrac{1}{x^p + x^q}\mathrm{d}x = \int_0^1 \dfrac{\mathrm{d}x}{x^p + x^q} + \int_1^{+\infty} \dfrac{\mathrm{d}x}{x^p + x^q}$．

（1）当$p = q$时，

$$\int_0^1 \frac{\mathrm{d}x}{x^p + x^q} = \frac{1}{2}\int_0^1 \frac{\mathrm{d}x}{x^p}\begin{cases}\text{收敛}, & p < 1\\ \text{发散}, & p \geqslant 1\end{cases};$$

$$\int_1^{+\infty} \frac{\mathrm{d}x}{x^p + x^q} = \frac{1}{2}\int_1^{+\infty} \frac{\mathrm{d}x}{x^p}\begin{cases}\text{收敛}, & p > 1\\ \text{发散}, & p \leqslant 1\end{cases}.$$

故当$p = q$时，$\int_0^{+\infty} \dfrac{1}{x^p + x^q}\mathrm{d}x$发散.

（2）当 $p\neq q$，不妨设 $p<q$. 对于 $\int_1^{+\infty}\frac{dx}{x^p+x^q}$. 由于

$$\lim_{x\to+\infty}x^q\cdot\frac{1}{x^p+x^q}=\lim_{x\to+\infty}\frac{1}{x^{p-q}+1}=\frac{1}{0+1}=1,$$

故当 $q>1$ 时，$\int_1^{+\infty}\frac{dx}{x^p+x^q}$收敛，当 $q\leqslant1$ 时，$\int_1^{+\infty}\frac{dx}{x^p+x^q}$发散.

下面考虑 $q>1$ 且 $q>p$ 时，$\int_0^1\frac{dx}{x^p+x^q}$的敛散性.

当 $p\leqslant0$ 时，$\int_0^1\frac{dx}{x^p+x^q}=\int_0^1\frac{x^{-p}}{1+x^{q-p}}dx$ 为正常积分，从而收敛.

当 $p>0$ 时，$\lim\limits_{x\to0^+}x^p\cdot\frac{1}{x^p+x^q}=\lim\limits_{x\to0^+}\frac{1}{1+x^{q-p}}=1.$

于是 $p>0$ 时，若 $0<p<1$，则$\int_0^1\frac{dx}{x^p+x^q}$收敛，若 $p\geqslant1$，则$\int_0^1\frac{dx}{x^p+x^q}$发散. 综上所述，当 $p<q$，$q>1$ 且 $p<1$ 即 $p<1<q$ 时，$\int_0^{+\infty}\frac{1}{x^p+x^q}dx$ 收敛. 由 p，q 对称性，当 $q>1>p$ 时也收敛，其他情况必发散.

例 36 （北京大学，1998 年）证明：非正常积分$\int_0^{+\infty}\frac{\sin x^2}{1+x^p}dx(p\geqslant0)$收敛.

［解题要点］ 利用非正常积分的狄氏判别法.

证：由于

$$\int_0^{+\infty}\frac{\sin x^2}{1+x^p}dx=\int_0^1\frac{\sin x^2}{1+x^p}dx+\int_1^{+\infty}\frac{\sin x^2}{1+x^p}dx.$$

又$\int_0^1\frac{\sin x^2}{1+x^p}dx$ 是正常积分，故只证$\int_1^{+\infty}\frac{\sin x^2}{1+x^p}dx$ 收敛. 注意

$$\int_1^{+\infty}\frac{\sin x^2}{1+x^p}dx=\int_1^{+\infty}x\sin x^2\cdot\frac{1}{x(1+x^p)}dx.$$

令 $f(x)=x\sin x^2$，$g(x)=\frac{1}{x(1+x^p)}$，则 $g(x)$在 $[1,+\infty)$ 上单调减少且趋于零（$x\to+\infty$时），$\int_1^{+\infty}f(x)dx$ 的“部分和”有界：

$$\left|\int_1^A f(x)dx\right|=\left|\int_1^A x\sin x^2dx\right|=\left|\int_1^A\sin x^2dx^2\cdot\frac{1}{2}\right|=\frac{1}{2}\left|-\cos x^2\right|_1^A$$

$$=\frac{1}{2}\left|\cos1-\cos A^2\right|\leqslant\frac{1}{2}(1+1)=1.$$

故由狄氏判别法可知$\int_1^{+\infty}\frac{\sin x^2}{1+x^p}dx$ 收敛，从而$\int_0^{+\infty}\frac{\sin x^2}{1+x^p}dx$ 收敛.

例 37 （武汉大学）设 $f(x)$在 $[a,+\infty)$ 上一致连续，且$\int_a^{+\infty}f(x)dx$ 收敛，则 $\lim\limits_{x\to+\infty}f(x)=0$.

［解题要点］ （1）利用一致连续的定义；（2）利用无穷限积分收敛的柯西收敛

准则.

证：由$f(x)$在$[a,+\infty)$上一致连续，$\forall\varepsilon>0$，$\exists\delta>0$（不妨设$\delta<\varepsilon$），$\forall x_1$，$x_2\in[a,+\infty)$，当$|x_1-x_2|<\delta$时，有

$$|f(x_1)-f(x_2)|<\frac{\varepsilon}{2}. \quad ①$$

又$\int_a^{+\infty}f(x)\mathrm{d}x$收敛，对上述$\delta>0$，$\exists T>a$，$\forall x_1$，$x_2>T$有

$$\left|\int_{x_1}^{x_2}f(x)\mathrm{d}x\right|<\frac{\delta^2}{2}. \quad ②$$

故$\forall x\in[a,+\infty)$，当$x>T+\delta$时，令$x_1=x-\frac{\delta}{2}$，$x_2=x+\frac{\delta}{2}$．则x_1，$x_2>T$，由①、②有

$$\begin{aligned}|f(x)\delta|&=\left|\int_{x-\frac{\delta}{2}}^{x+\frac{\delta}{2}}f(x)\mathrm{d}x\right|=\left|\int_{x_1}^{x_2}[f(x)-f(t)+f(t)]\,\mathrm{d}t\right|\\&\leqslant\int_{x_1}^{x_2}|f(x)-f(t)|\,\mathrm{d}t+\int_{x_1}^{x_2}|f(t)|\,\mathrm{d}t\ \left(\text{当}t\in[x_1,x_2]\text{时，}|x-t|<\frac{\delta}{2}<\delta\right)\\&<\int_{x_1}^{x_2}\frac{\varepsilon}{2}\mathrm{d}t+\frac{\delta^2}{2}=\frac{\varepsilon}{2}\cdot\delta+\frac{\delta^2}{2}.\end{aligned}$$

于是$|f(x)|<\frac{\varepsilon}{2}+\frac{\delta}{2}<\varepsilon$，故$\lim\limits_{x\to+\infty}f(x)=0$.

例 38　（哈尔滨工业大学，1999 年）证明：

（1）$\int_1^{+\infty}\frac{\sin x}{x}\mathrm{d}x$收敛.

（2）$\int_1^{+\infty}\frac{|\sin x|}{x}\mathrm{d}x$发散.

[解题要点]　（1）利用无穷限积分收敛的狄氏判别法；（2）利用无穷限积分收敛的比较判别法.

证：（1）令$f(x)=\frac{1}{x}$，$g(x)=\sin x$，则$f(x)$在$[1,+\infty)$上单调趋于0（$x\to+\infty$），$\int_1^{+\infty}g(x)\mathrm{d}x$的“部分和”有界：$\forall A>1$，

$$\left|\int_1^A g(x)\mathrm{d}x\right|=\left|\int_1^A\sin x\mathrm{d}x\right|=|\cos 1-\cos A|\leqslant 2,$$

由狄氏判别法，$\int_1^{+\infty}\frac{\sin x}{x}\mathrm{d}x$收敛.

（2）对$x\in[1,+\infty)$，由于

$$\left|\frac{\sin x}{x}\right|\geqslant\frac{\sin^2 x}{x}=\frac{1-\cos 2x}{2x}=\frac{1}{2x}-\frac{\cos 2x}{2x},$$

类似地，$\int_1^{+\infty}\frac{\cos 2x}{2x}\mathrm{d}x$收敛，而$\int_1^{+\infty}\frac{\mathrm{d}x}{2x}$发散，故$\int_1^{+\infty}\left(\frac{1}{2x}-\frac{\cos 2x}{2x}\right)\mathrm{d}x$发散，由比较判别法，$\int_1^{+\infty}\frac{|\sin x|}{x}\mathrm{d}x$发散.

例 39　（中国地质大学，2005 年）讨论$\int_1^{+\infty}\dfrac{\mathrm{d}x}{x^p(\ln x)^q}$（$p$，$q>0$）的敛散性.

[解题要点]　（1）非正常积分的比较判别法；（2）当 $x\to1$ 时，$(\ln x)^q\sim(x-1)^q$（$q>0$）.

解：因为 $\lim\limits_{x\to1^+}\dfrac{1}{x^p(\ln x)^q}=+\infty$，所以 $x=1$ 是$\int_1^{+\infty}\dfrac{\mathrm{d}x}{x^p(\ln x)^q}$的瑕点. 将$\int_1^{+\infty}\dfrac{\mathrm{d}x}{x^p(\ln x)^q}$化为：$\int_1^{+\infty}\dfrac{\mathrm{d}x}{x^p(\ln x)^q}=\int_1^{\mathrm{e}}\dfrac{\mathrm{d}x}{x^p(\ln x)^q}+\int_{\mathrm{e}}^{+\infty}\dfrac{\mathrm{d}x}{x^p(\ln x)^q}=I_1+I_2$.

因为 $\lim\limits_{x\to1^+}\left[(x-1)^q\dfrac{1}{x^p(\ln x)^q}\right]=\lim\limits_{x\to1^+}\left[(x-1)^q\dfrac{1}{x^p(x-1)^q}\right]=\lim\limits_{x\to1^+}\dfrac{1}{x^p}=1$，所以由瑕积分收敛的比较判别法知，当 $q<1$ 时 I_1 收敛，当 $q\geqslant1$ 时 I_1 发散. 下面讨论反常积分 I_2 的敛散性.

（1）当 $q<1$ 时，如果 $p>1$，则由 $\lim\limits_{x\to+\infty}\left[x^p\dfrac{1}{x^p(\ln x)^q}\right]=\lim\limits_{x\to+\infty}\dfrac{1}{(\ln x)^q}=0$ 和 $p>1$，反常积分 I_2 收敛.

（2）当 $q<1$ 时，如果 $p=1$，则$\int_{\mathrm{e}}^{+\infty}\dfrac{\mathrm{d}x}{x^p(\ln x)^q}=\int_{\mathrm{e}}^{+\infty}\dfrac{\mathrm{d}x}{x(\ln x)^q}$发散，即反常积分 I_2 发散.

（3）当 $q<1$ 时，如果 $p<1$，无法判断.

综上所述，当 $q<1$，$p>1$ 时，反常积分收敛；当 $q<1$，$p=1$ 时，反常积分发散；当 $q<1$，$p<1$ 时，无法判断.

第五章　级　数

一、基本概念与基本结论

（一）数项级数

1. **数项级数的概念和定义**

定义 1　由数列$\{u_n\}$得到 $\sum_{n=1}^{\infty} u_n = u_1 + u_2 + u_3 + \cdots + u_n + \cdots$，$\sum_{n=1}^{\infty} u_n$ 称为数项级数或无穷级数，简称为级数，其中 u_n 称为数项级数的通项. $S_n = \sum_{k=1}^{n} u_k$ 称为数项级数 $\sum_{n=1}^{\infty} u_n$ 的前 n 项和，或部分和.

2. **数项级数的收敛性**

定义 2　若数列$\{S_n\}$收敛于 S，则称数项级数 $\sum_{n=1}^{\infty} u_n$ 收敛，记为 $\sum_{n=1}^{\infty} u_n < +\infty$，并称 S 为数项级数 $\sum_{n=1}^{\infty} u_n$ 的和，记为 $S = \sum_{n=1}^{\infty} u_n$. 称 $r_n = S - S_n$ 为级数 $\sum_{n=1}^{\infty} u_n$ 的第 n 个余项（或余和），简称余项（或余和）.

（1）$\sum_{n=1}^{\infty} u_n$ 收敛于 $S \Leftrightarrow \lim\limits_{n\to\infty} S_n = S$，其中 S 为常数.

$\sum_{n=1}^{\infty} u_n$ 收敛于 S 的充要条件是：$\forall \varepsilon > 0$，存在正整数 N，当 $n > N$ 时，有 $|S_n - S| < \varepsilon$.

（2）$\sum_{n=1}^{\infty} u_n$ 收敛于 S 的柯西收敛准则.

① $\sum_{n=1}^{\infty} u_n$ 收敛于 $S \Leftrightarrow$ 对 $\forall \varepsilon > 0$，存在正整数 N，当 n，$m > N$ 时，有 $|S_n - S_m| < \varepsilon$.

② $\sum_{n=1}^{\infty} u_n$ 收敛于 $S \Leftrightarrow$ 对 $\forall \varepsilon > 0$，存在正整数 N，$\forall n > N$，$\forall p \geqslant 1$ 有 $|u_{n+1} + u_{n+2} + \cdots +$

$u_{n+p}| < \varepsilon$.

(3) $\sum\limits_{n=1}^{\infty} u_n$ 收敛的必要条件：若 $\sum\limits_{n=1}^{\infty} u_n$ 收敛，则 $\lim\limits_{n\to\infty} u_n = 0$. 其逆否命题为：若 $\lim\limits_{n\to\infty} u_n \neq 0$，则 $\sum\limits_{n=1}^{\infty} u_n$ 不收敛.

3. 级数与无穷积分的关系

(1) $\int_1^{+\infty} f(x)\mathrm{d}x = \sum\limits_{n=1}^{\infty}\int_n^{n+1} f(x)\mathrm{d}x = \sum\limits_{n=1}^{\infty} u_n$，其中 $u_n = \int_n^{n+1} f(x)\mathrm{d}x$. 即无穷积分可化为级数.

(2) 对每个级数，定义函数 $f(x) = u_n$，$n \leqslant x < n+1$，$n = 1, 2, \cdots$，易见有 $\sum\limits_{n=1}^{\infty} u_n = \int_1^{+\infty} f(x)\mathrm{d}x$，即级数可化为无穷积分.

4. 收敛级数的基本性质

性质 1　$\sum u_n$ 收敛，a 为常数 $\Rightarrow \sum au_n$ 收敛，且有 $\sum au_n = a\sum u_n$.

性质 2　$\sum u_n$ 和 $\sum v_n$ 收敛，则 $\sum (u_n \pm v_n)$ 收敛，且有 $\sum (u_n \pm v_n) = \sum u_n \pm \sum v_n$.

性质 3　若级数 $\sum u_n$ 收敛，则任意加括号后所得级数 $\sum u'_n$ 也收敛，且和不变.

（二）正项级数

对于正项级数 $\sum\limits_{n=1}^{\infty} u_n$，必有 $u_n > 0$，S_n 单调递增；任意加括号不影响敛散性.

1. 正项级数判敛一般原则

定理 1　设 $u_n \geqslant 0$，则级数 $\sum\limits_{n=1}^{\infty} u_n$ 收敛 $\Leftrightarrow S_n$ 为有上界. 当 $\sum u_n$ 发散时，有 $S_n \to +\infty\ (n\to\infty)$.

定理 2　（正项级数判敛的比较原则）设 $\sum\limits_{n=1}^{\infty} u_n$ 和 $\sum\limits_{n=1}^{\infty} v_n$ 是两个正项级数，且 $\exists N$，$n > N$ 时有 $u_n \leqslant v_n$：(1) 当 $\sum\limits_{n=1}^{\infty} v_n < +\infty$，有 $\sum\limits_{n=1}^{\infty} u_n < +\infty$；(2) $\sum\limits_{n=1}^{\infty} u_n = +\infty \Rightarrow \sum\limits_{n=1}^{\infty} v_n = +\infty$.（(2) 与 (1) 互为逆否命题）

推论 1　（比较原则的极限形式）设 $\sum\limits_{n=1}^{\infty} u_n$ 和 $\sum\limits_{n=1}^{\infty} v_n$ 是两个正项级数且 $\lim\limits_{n\to\infty}\dfrac{u_n}{v_n} = l$，则

(1) 当 $0 < l < +\infty$ 时，$\sum\limits_{n=1}^{\infty} u_n$ 和 $\sum\limits_{n=1}^{\infty} v_n$ 敛散性一致；

(2) 当 $l = 0$ 时，$\sum\limits_{n=1}^{\infty} v_n < +\infty \Rightarrow \sum\limits_{n=1}^{\infty} u_n < +\infty$；

(3) 当 $l = +\infty$ 时，$\sum\limits_{n=1}^{\infty} v_n = +\infty \Rightarrow \sum\limits_{n=1}^{\infty} u_n = +\infty$.

推论 2 设 $\sum u_n$ 和 $\sum v_n$ 是两个正项级数，若存在 l_1，$l_2>0$，满足 $\exists N$，$n>N$ 时有 $l_1\leqslant\frac{u_n}{v_n}\leqslant l_2$. 特别地，若 $u_n\to 0$，$v_n\to 0$ 且 $u_n\sim v_n$（$n\to\infty$），则 $\sum\limits_{n=1}^{\infty}u_n$ 和 $\sum\limits_{n=1}^{\infty}v_n$ 敛散性一致.

2. **正项级数判敛法**

（1）比值法（达朗贝尔判别法）.

定理 3 设 $\sum\limits_{n=1}^{\infty}u_n$ 为正项级数，且 $\exists N_0$ 及 q（$0<q<1$），则 $n>N_0$ 时

①若 $\frac{u_{n+1}}{u_n}\leqslant q<1\Rightarrow\sum\limits_{n=1}^{\infty}u_n<+\infty$；②若 $\frac{u_{n+1}}{u_n}\geqslant 1\Rightarrow\sum\limits_{n=1}^{\infty}u_n=+\infty$.

推论 3 （比值法的极限形式）设 $\sum\limits_{n=1}^{\infty}u_n$ 为正项级数，且 $\lim\limits_{n\to\infty}\frac{u_{n+1}}{u_n}=q$. 则

①当 $q<1\Rightarrow\sum\limits_{n=1}^{\infty}u_n<+\infty$；②当 $q>1$ 或 $q=+\infty\Rightarrow\sum\limits_{n=1}^{\infty}u_n=+\infty$.

（2）根式判别法（柯西判别法）.

根式判别法也是以几何级数作为比较的对象建立的判别法.

定理 4 （根式判别法）设 $\sum\limits_{n=1}^{\infty}u_n$ 为正项级数，且 $\exists N_0$ 及 $l>0$，当 $n>N_0$ 时，

①若 $\sqrt[n]{u_n}\leqslant l<1\Rightarrow\sum\limits_{n=1}^{\infty}u_n<+\infty$；②若 $\sqrt[n]{u_n}\geqslant 1\Rightarrow\sum\limits_{n=1}^{\infty}u_n=+\infty$.

推论 4 （根式判别法的极限形式）设 $\sum u_n$ 为正项级数，且 $\lim\limits_{n\to\infty}\sqrt[n]{u_n}=l$. 则

①当 $l<1$ 时 $\Rightarrow\sum\limits_{n=1}^{\infty}u_n<+\infty$；②当 $l>1$ 时 $\Rightarrow\sum\limits_{n=1}^{\infty}u_n=+\infty$.

（3）积分判别法.

定理 5 设在区间 $[1,+\infty)$ 上函数 $f(x)\geqslant 0$ 且单调递减，则正项级数 $\sum\limits_{n=1}^{\infty}f(n)$ 与积分 $\int_1^{+\infty}f(x)\,\mathrm{d}x$ 敛散性一致.

（三）一般项级数

1. **交错级数**

定义 3 级数 $\sum\limits_{n=1}^{+\infty}(-1)^{n+1}u_n(u_n>0,n=1,2,\cdots)$ 称为交错级数.

定义 4 交错级数 $\sum\limits_{n=1}^{+\infty}(-1)^{n+1}u_n$（$u_n>0$，$n=1,2,\cdots$）满足以下两个条件：（1）数列 $\{u_n\}$ 单调递减；（2）$\lim\limits_{n\to\infty}u_n=0$，我们称该交错级数为莱布尼茨型级数.

定理 6 莱布尼茨(Leibniz) 判别法：莱布尼兹级数必收敛，且余和 r_n 的符号与余和首项相同，并有 $|r_n|\leqslant u_{n+1}$.

2. **绝对收敛级数及其性质**

（1）绝对收敛和条件收敛.

定义 5 非绝对收敛的级数如果收敛，则称该级数条件收敛.

定理 7 （绝对收敛与收敛的关系）绝对收敛的级数必收敛：$\sum |a_n|$ 收敛$\Rightarrow \sum a_n$ 收敛.

注：一般项级数判敛时，应先判其是否绝对收敛.

（2）绝对收敛级数重排后仍然绝对收敛.

3. **形如 $\sum a_n b_n$ 的级数判敛法**

（1）狄氏（Dirichlet）判别法.（2）阿贝尔（Abel）判别法.

定理 8 狄氏（Dirichlet）判别法：设①数列$\{a_n\}$单调递减趋于零；②级数 $\sum b_n$ 的部分和有界，则级数 $\sum a_n b_n$ 收敛.

定理 9 阿贝尔（Abel）判别法：设 ① 数列$\{a_n\}$单调有界；②级数 $\sum b_n$ 收敛，则级数 $\sum a_n b_n$ 收敛.

这两种判别法即

$$\left.\begin{array}{l} u_n \text{ 单调递减收敛于 } 0 \\ \sum v_n \text{ 部分和有界} \end{array}\right\} \xrightarrow{\text{狄氏判别法}} \sum u_n v_n \text{ 收敛.}$$

$$\left.\begin{array}{l} u_n \text{ 单调有界} \\ \sum v_n \text{ 收敛} \end{array}\right\} \xrightarrow{\text{阿贝尔判别法}} \sum u_n v_n \text{ 收敛.}$$

（四）幂级数

形如 $\sum\limits_{n=0}^{\infty} a_n (x-x_0)^n$和 $\sum\limits_{n=0}^{\infty} a_n x^n$ 的级数称为幂级数. 幂级数由系数数列$\{a_n\}$唯一确定，幂级数至少有一个收敛点（$\sum\limits_{n=0}^{\infty} a_n (x-x_0)^n$ 的收敛点为 x_0）.

1. **幂级数的收敛域**

定理 10 阿贝尔(Abel）定理：若幂级数 $\sum a_n x^n$ 在点 $x=\bar{x}\neq 0$ 收敛，则对满足不等式$|x|<|\bar{x}|$的任何 x，幂级数 $\sum a_n x^n$ 收敛而且绝对收敛；若在点 $x=\bar{x}$ 发散，则对满足不等式$|x|>|\bar{x}|$的任何 x，幂级数 $\sum a_n x^n$ 发散.

定义幂级数的收敛域长度的一半为收敛半径 R. 下面讨论收敛半径 R 的求法.

定理 11 对于幂级数 $\sum a_n x^n$，若 $\lim\limits_{n\to\infty}\sqrt[n]{|a_n|}=\rho$，则

① $0<\rho<+\infty$ 时，$R=\dfrac{1}{\rho}$；② $\rho=0$ 时 $R=+\infty$；③ $\rho=+\infty$ 时 $R=0$.

由于 $\lim\limits_{n\to\infty}\frac{|a_{n+1}|}{|a_n|}=\rho\Rightarrow\lim\limits_{n\to\infty}\sqrt[n]{|a_n|}=\rho$，因此亦可用比值法求收敛半径.

幂级数 $\sum a_nx^n$ 的收敛区间：$(-R, R)$.

幂级数 $\sum a_nx^n$ 的收敛域：一般来说，收敛区间⊂收敛域. 幂级数 $\sum a_nx^n$ 的收敛域是区间 $(-R, R)$、$(-R, R]$、$[-R, R)$ 或 $[-R, R]$ 之一.

2. **幂级数的一致收敛性**（函数项级数一致收敛详见第六章）

定理 12 若幂级数 $\sum a_nx^n$ 的收敛半径为 R，则该幂级数在收敛区间 $(-R, R)$ 上内闭一致收敛.

定理 13 设幂级数 $\sum a_nx^n$ 的收敛半径为 R $(R>0)$，且在点 $x=R$（或 $x=-R$）收敛，则幂级数 $\sum a_nx^n$ 在区间 $[0, R]$（或 $[-R, 0]$）上一致收敛.

易见，当幂级数 $\sum a_nx^n$ 的收敛域为 $[-R, R]$ $(R>0)$ 时，该幂级数即在区间 $[-R, R]$ 上一致收敛.

3. **幂级数的性质**

(1) 逐项求导和积分后的级数.

由于

$$\sum_{n=1}^{\infty}(a_nx^n)'=\sum_{n=1}^{\infty}na_nx^{n-1}, \tag{①}$$

$$\sum_{n=1}^{\infty}\int_0^x a_nt^n\mathrm{d}t=\sum_{n=1}^{\infty}\frac{a_n}{n+1}x^{n+1}. \tag{②}$$

故①和②仍为幂级数. 我们有

定理 14 幂级数 $\sum\limits_{n=1}^{\infty}na_nx^{n-1}$ 和 $\sum\limits_{n=1}^{\infty}\frac{a_n}{n+1}x^{n+1}$ 与 $\sum a_nx^n$ 有相同的收敛半径.

注 1：①和②与 $\sum a_nx^n$ 虽有相同的收敛半径（因而有相同的收敛区间），但未必有相同的收敛域，例如级数 $\sum\limits_{n=1}^{\infty}\frac{x^n}{n}$.

(2) 幂级数的运算性质.

定义 6 两个幂级数 $\sum\limits_{n=0}^{\infty}a_nx^n$ 和 $\sum\limits_{n=0}^{\infty}b_nx^n$ 在点 $x=0$ 的某邻域内相等是指：它们在该邻域内收敛且有相同的和函数. 此时简称 $\sum\limits_{n=0}^{\infty}a_nx^n$ 与 $\sum\limits_{n=0}^{\infty}b_nx^n$ 相等，记为 $\sum\limits_{n=0}^{\infty}a_nx^n=\sum\limits_{n=0}^{\infty}b_nx^n$.

定理 15 $\sum\limits_{n=0}^{\infty}a_nx^n=\sum\limits_{n=0}^{\infty}b_nx^n\Leftrightarrow a_n=b_n$ $(1\leqslant n<+\infty)$.

定理 16 设幂级数 $\sum\limits_{n=0}^{\infty}a_nx^n$ 和 $\sum\limits_{n=0}^{\infty}b_nx^n$ 的收敛半径分别为 R_a 和 R_b，$R=\min\{R_a, R_b\}$，则

① $\sum\lambda a_nx^n=\lambda\sum a_nx^n$，$|x|<R_a$，$\lambda$ 为常数，$\lambda\neq0$.

② $\sum_{n=0}^{\infty} a_n x^n + \sum_{n=0}^{\infty} b_n x^n = \sum_{n=0}^{\infty} (a_n + b_n) x^n$，$|x| < R$.

③ $(\sum_{n=0}^{\infty} a_n x^n)(\sum_{n=0}^{\infty} b_n x^n) = \sum_{n=0}^{\infty} c_n x^n$，$c_n = \sum_{k=0}^{n} a_k b_{n-k}$，$|x| < R$.

（3）幂级数的和函数的性质.

定理 17 设在 $(-R, R)$ $(R>0)$ 内 $\sum_{n=0}^{\infty} a_n x^n = f(x)$. 则

① $f(x)$ 在 $(-R, R)$ 内连续；

②若级数 $\sum a_n R^n$ $\left(\text{或} \sum a_n (-R)^n\right)$ 收敛，则 $f(x)$ 在点 $x=R$（或 $x=-R$）是左（或右）连续的；

③对 $\forall x \in (-R, R)$，$f(x)$ 在点 x 可微且有 $f'(x) = \sum_{n=1}^{\infty} n a_n x^{n-1}$；

④对 $\forall x \in (-R, R)$，$f(x)$ 在区间 $[0, x]$ 上可积，且 $\int_0^x f(t)\,dt = \sum_{n=0}^{\infty} \frac{a_n}{n+1} x^{n+1}$.

推论 5 和函数 $f(x)$ 在区间 $(-R, R)$ 内任意次可导，且有

$f'(x) = a_1 + 2a_2 x + \cdots + n a_n x^{n-1} + \cdots$，$\cdots$，$f^{(n)}(x) = n!\, a_n + (n+1)!\, a_{n+1} x + \cdots$.

推论 6 若 $\sum_{n=0}^{\infty} a_n x^n = f(x)$，则有

$$a_0 = f(0),\ a_1 = \frac{f'(0)}{1},\ a_2 = \frac{f''(0)}{2!},\ \cdots,\ a_n = \frac{f^{(n)}(0)}{n!},\ \cdots.$$

（四）函数的幂级数展开

1. 函数的幂级数展开

（1）泰勒级数.

设函数 $f(x)$ 在点 x_0 有任意阶导数，则有泰勒公式：

$$f(x) = \sum_{k=0}^{n} \frac{f^{(k)}(x_0)}{k!}(x-x_0)^k + R_n(x)$$

$$= f(x_0) + f'(x_0)(x-x_0) + \frac{f''(x_0)}{2!}(x-x_0)^2 + \cdots + \frac{f^{(n)}(x_0)}{n!}(x-x_0)^n + R_n(x).$$

（2）余项 $R_n(x)$ 的形式.

皮亚诺型余项：$R_n(x) = o((x-x_0)^n)$.

拉格朗日型余项：$R_n(x) = \frac{f^{(n+1)}(\xi)}{(n+1)!}(x-x_0)^{n+1}$，$\xi$ 在 x 与 x_0 之间，或

$$R_n(x) = \frac{f^{(n+1)}(x_0+\theta(x-x_0))}{(n+1)!}(x-x_0)^{n+1},\ 0<\theta<1.$$

积分型余项：当函数 $f(x)$ 在点 x_0 的某邻域内有 $n+1$ 阶连续导数时，有

$$R_n(x) = \frac{1}{n!}\int_{x_0}^{x} f^{(n+1)}(t)(x-t)^n\,dt.$$

柯西型余项：在上述积分型余项的条件下，有柯西型余项

$$R_n(x)=\frac{1}{n!}f^{(n+1)}(x_0+\theta(x-x_0))(1-\theta)^n(x-x_0)^{n+1},\ 0\leqslant\theta\leqslant1.$$

特别地，$x_0=0$ 时，柯西型余项为 $R_n(x)=\frac{1}{n!}f^{(n+1)}(\xi)(x-\xi)^n x$，$\xi$ 在 0 与 x 之间.

泰勒级数：泰勒公式仅有有限项，是用多项式逼近函数. 项数无限增多时，得

$$f(x_0)+f'(x_0)(x-x_0)+\frac{f''(x_0)}{2!}(x-x_0)^2+\cdots+\frac{f^{(n)}(x_0)}{n!}(x-x_0)^n+\cdots,$$

称此级数 $\sum_{n=0}^{\infty}\frac{f^{(n)}(x_0)}{n!}(x-x_0)^n$ 为函数 $f(x)$ 在点 x_0 的泰勒级数. 只要函数 $f(x)$ 在点 x_0 无限次可导，就可写出其泰勒级数. 称 $x_0=0$ 时的泰勒级数为马克劳林级数，即级数 $\sum_{n=0}^{\infty}\frac{f^{(n)}(0)}{n!}x^n$.

（3）函数的泰勒展开式.

若在点 x_0 的某邻域内函数 $f(x)$ 的泰勒级数收敛且和恰为 $f(x)$，则称函数 $f(x)$ 在点 x_0 可展开成泰勒级数，称此时的泰勒级数为函数 $f(x)$ 在点 x_0 的泰勒展开式或幂级数展开式，并称函数 $f(x)$ 在点 x_0 可展为幂级数（或称函数 $f(x)$ 在点 x_0 可泰勒展开）. 当 $x_0=0$ 时，称泰勒展开式为马克劳林展开式.

（4）函数 $f(x)$ 在点 x_0 可展为幂级数的条件.

定理 18 （必要条件）函数 $f(x)$ 在点 x_0 可展为幂级数 $\Rightarrow f(x)$ 在点 x_0 有任意阶导数.

定理 19 （充要条件）设函数 $f(x)$ 在点 x_0 有任意阶导数，则 $f(x)$ 在区间 (x_0-r,x_0+r) 内等于其泰勒级数（即可展为幂级数）的充要条件是：对 $\forall x\in U(x_0,r)$，有 $\lim\limits_{n\to\infty}R_n(x)=0$. 其中 $R_n(x)$ 是泰勒公式中的余项.

定理 20 （充分条件）设函数 $f(x)$ 在点 x_0 有任意阶导数，且导函数所成函数列 $\{f^{(n)}(x)\}$ 一致有界，则函数 $f(x)$ 可展为幂级数.

2. 初等函数的幂级数展开式

初等函数的幂级数展开式才是其本质上的解析表达式，它反映了初等函数的本质. 为得到初等函数的幂级数展开式，一般有两种方法，或直接展开，或间接展开.

直接展开：

（1）$e^x=\sum_{n=0}^{\infty}\frac{x^n}{n!}$，$x\in(-\infty,+\infty)$.

$$a^x=e^{x\ln a}=\sum_{n=0}^{\infty}\frac{x^n\ln^n a}{n!},\ x\in(-\infty,+\infty).$$

（2）$\sin x=\sum_{n=0}^{\infty}(-1)^n\frac{x^{2n+1}}{(2n+1)!}$，$x\in(-\infty,+\infty)$.

$$\cos x=\sum_{n=0}^{\infty}(-1)^n\frac{x^{2n}}{(2n)!},\ x\in(-\infty,+\infty).$$

（3）二项式 $(1+x)^m$ 的展开式：

m 为正整数时，$(1+x)^m$ 为多项式，展开式为其自身；m 不为正整数时，可在区间

$(-1,1)$ 内展开为

$$(1+x)^m=1+mx+\frac{m(m-1)}{2!}x^2+\cdots+\frac{m(m-1)(m-2)\cdots(m-n+1)}{n!}x^n+\cdots.$$

对余项的讨论可利用柯西型余项.

进一步讨论可知（参阅Γ. M. 菲赫金哥尔茨《微积分学教程》第二卷第二分册）：当 $m\leqslant -1$ 时，收敛域为 $(-1,1)$；当 $-1<m<0$ 时，收敛域为 $(-1,1]$；当 $m>0$ 时，收敛域为 $[-1,1]$.

利用二项式 $(1+x)^m$ 的展开式，可得到很多函数的展开式. 例如，取 $m=-1$ 时，得 $\frac{1}{1+x}=1-x+x^2-\cdots+(-1)^nx^n+\cdots$，$x\in(-1,1)$. 取 $m=-\frac{1}{2}$ 时，得 $\frac{1}{\sqrt{1+x}}=1-\frac{1}{2}x+\frac{1\cdot 3}{2\cdot 4}x^2-\frac{1\cdot 3\cdot 5}{2\cdot 4\cdot 6}x^3+\cdots$，$x\in(-1,1]$.

间接展开：利用已知展开式，进行变量代换、四则运算以及微积运算，可得到一些函数的展开式. 需要求导或求积运算时，要求展开的幂级数一致收敛.

(4) $\ln(1+x)=x-\frac{x^2}{2}+\frac{x^3}{3}-\cdots+(-1)^{n-1}\frac{x^n}{n}+\cdots=\sum\limits_{n=1}^{\infty}(-1)^{n-1}\frac{x^n}{n}$，$x\in(-1,1]$.

(5) $\arctan x=x-\frac{x^3}{3}+\frac{x^5}{5}-\frac{x^7}{7}+\cdots=\sum\limits_{n=0}^{\infty}(-1)^n\frac{x^{2n+1}}{2n+1}$，$x\in[-1,1]$.

（五）傅里叶级数

1. 傅里叶级数

(1) 以 2π 为周期的函数的傅里叶级数的定义.

设 $f(x)$ 是 $(-\infty,+\infty)$ 上以 2π 为周期的函数，且 $f(x)$ 在 $[-\pi,\pi]$ 上可积，称形如

$$\frac{a_0}{2}+\sum_{n=1}^{\infty}(a_n\cos nx+b_n\sin nx)$$

的函数项级数为 $f(x)$ 的傅里叶级数（或 $f(x)$ 的傅里叶展开式），记为 $f(x)\sim\frac{a_0}{2}+\sum\limits_{n=1}^{\infty}(a_n\cos nx+b_n\sin nx)$. 其中

$$a_0=\frac{1}{\pi}\int_{-\pi}^{\pi}f(x)\mathrm{d}x,\ a_n=\frac{1}{\pi}\int_{-\pi}^{\pi}f(x)\cos nx\mathrm{d}x,\ n=1,2,\cdots$$

$$b_n=\frac{1}{\pi}\int_{-\pi}^{\pi}f(x)\sin nx\mathrm{d}x,\ n=1,2,\cdots$$

称为 $f(x)$ 的傅里叶系数.

(2) 三角级数的收敛性.

定理 21 若级数 $\frac{|a_0|}{2}+\sum\limits_{n=1}^{\infty}(|a_n|+|b_n|)$ 收敛，则级数 $\frac{a_0}{2}+\sum\limits_{n=1}^{\infty}(a_n\cos nx+b_n\sin nx)$ 在 $\mathbf{R}$ 内绝对收敛且一致收敛.

(3) 三角函数的正交性.

①内积和正交.

由 R^3 中的内积与正交概念引入.

定义 7 设函数 f 和 g 在区间 $[a, b]$ 上 (R) 可积. 定义内积为 $\langle f, g\rangle = \int_a^b f(x)\cdot g(x)\mathrm{d}x$. 当 $\langle f, g\rangle = 0$ 时, 称函数 $f(x)$ 和 $g(x)$ 在区间 $[a, b]$ 上正交.

②三角函数构成正交系.

三角函数系 $\{1, \cos x, \sin x, \cos 2x, \sin 2x, \cdots, \cos nx, \sin nx, \cdots\}$ 是区间 $[-\pi, \pi]$ 上的正交系.

定理 22 若在整个数轴上 $f(x) = \frac{a_0}{2} + \sum_{n=1}^{\infty}(a_n\cos nx + b_n\sin nx)$, 且等式右端的级数一致收敛, 则有如下关系式

$$a_n = \frac{1}{\pi}\int_{-\pi}^{\pi} f(x)\cos nx\mathrm{d}x,\ n = 0, 1, 2, \cdots,\ b_n = \frac{1}{\pi}\int_{-\pi}^{\pi} f(x)\sin nx\mathrm{d}x,\ n = 1, 2, \cdots$$

傅里叶系数和傅里叶级数:

傅里叶公式: 设函数 $f(x)$ 在区间 $[-\pi, \pi]$ 上 (R) 可积, 称公式

$$a_n = \frac{1}{\pi}\int_{-\pi}^{\pi} f(x)\cos nx\mathrm{d}x,\ n = 0, 1, 2, \cdots,\ b_n = \frac{1}{\pi}\int_{-\pi}^{\pi} f(x)\sin nx\mathrm{d}x,\ n = 1, 2, \cdots$$

为傅里叶公式. 称由傅里叶公式得到的 a_n 和 b_n 为函数 $f(x)$ 的傅里叶系数. 并称以傅里叶系数 a_n 和 b_n 为系数的三角级数 $\frac{a_0}{2} + \sum_{n=1}^{\infty}(a_n\cos nx + b_n\sin nx)$ 为函数 $f(x)$ 的傅里叶级数, 记为 $f(x) \sim \frac{a_0}{2} + \sum_{n=1}^{\infty}(a_n\cos nx + b_n\sin nx)$.

(4) 收敛定理.

定义 8 若 $f(x)$ 的导函数 $f'(x)$ 在区间 $[a, b]$ 上连续, 则称函数 $f(x)$ 在区间 $[a, b]$ 上光滑. 若函数 $f(x)$ 在区间 $[a, b]$ 上至多有有限个第一类间断点, 且 $f'(x)$ 仅在区间 $[a, b]$ 上有限个点处不连续且为第一类间断点, 则称 $f(x)$ 是区间 $[a, b]$ 上的按段光滑函数.

定理 23 (收敛定理) 设函数 $f(x)$ 是以 2π 为周期的周期函数且在区间 $[-\pi, \pi]$ 上按段光滑, 则在每一点 $x \in [-\pi, \pi]$, $f(x)$ 的傅里叶级数 $\frac{a_0}{2} + \sum_{n=1}^{\infty}(a_n\cos nx + b_n\sin nx)$ 收敛于 $f(x)$ 在点 x 的左、右极限的算术平均值, 即

$$\frac{f(x+0) + f(x-0)}{2} = \frac{a_0}{2} + \sum_{n=1}^{\infty}(a_n\cos nx + b_n\sin nx),$$

其中 a_n 和 b_n 为函数 $f(x)$ 的傅里叶系数.

推论 7 若 $f(x)$ 是以 2π 为周期的连续函数, 且在 $[-\pi, \pi]$ 上按段光滑, 则 $f(x)$ 的傅里叶级数在 $(-\infty, +\infty)$ 内收敛于 $f(x)$.

注 2: 若 $f(x)$ 是以 2π 为周期的函数, 则 $a_n = \frac{1}{\pi}\int_c^{c+2\pi} f(x)\cos nx\mathrm{d}x$, $n = 0, 1, 2, \cdots$, $b_n =$

$\frac{1}{\pi}\int_{c}^{c+2\pi} f(x)\sin nx\mathrm{d}x$, $n=1, 2, \cdots$, 其中 c 为任意实数.

2. 以 $2l$ 为周期的函数的展开式

以 $2l$ 为周期的函数的傅里叶级数:

设函数 $f(x)$ 以 $2l$ 为周期, 在区间 $[-l, l]$ 上 (R) 可积, 作代换 $x=\frac{lt}{\pi}$, 则函数 $F(t)=f\left(\frac{lt}{\pi}\right)$ 以 2π 为周期, $F(t)$ 在区间 $[-\pi, \pi]$ 上 (R) 可积.

函数 $F(t)$ 的傅立叶系数为:

$$a_n=\frac{1}{\pi}\int_{-\pi}^{\pi} F(t)\cos nt\mathrm{d}t,\ n=0, 1, 2, \cdots$$

$$b_n=\frac{1}{\pi}\int_{-\pi}^{\pi} F(t)\sin nt\mathrm{d}t,\ n=1, 2, \cdots.$$

$F(t)$ 的傅里叶级数为:

$$F(t)\sim\frac{a_0}{2}+\sum_{n=1}^{\infty}(a_n\cos nt+b_n\sin nt).$$

还原为自变量 x, 注意到 $F(t)=f\left(\frac{lt}{\pi}\right)=f(x)$, $t=\frac{\pi x}{l}$, 就有

$$f(x)=F(t)\sim\frac{a_0}{2}+\sum_{n=1}^{\infty} a_n\cos\frac{n\pi x}{l}+b_n\sin\frac{n\pi x}{l},$$

其中

$$a_n=\frac{1}{\pi}\int_{-\pi}^{\pi} F(t)\cos nt\mathrm{d}t \xlongequal{t=\frac{\pi x}{l}} \frac{1}{l}\int_{-l}^{l} f(x)\cos\frac{n\pi x}{l}\mathrm{d}x,\ n=0, 1, 2, \cdots$$

$$b_n=\frac{1}{l}\int_{-l}^{l} f(x)\sin\frac{n\pi x}{l}\mathrm{d}x,\ n=1, 2, \cdots.$$

当函数 $f(x)$ 在区间 $[-l, l]$ 上按段光滑时, $f(x)$ 可展开为傅里叶级数.

注3: 三角函数系 $\{1, \cos\frac{\pi x}{l}, \sin\frac{\pi x}{l}, \cdots, \cos\frac{n\pi x}{l}, \sin\frac{n\pi x}{l}, \cdots\}$ 是区间 $[-l, l]$ 上的正交函数系.

3. 正弦级数和余弦级数

(1) 区间 $[-\pi, \pi]$ 上偶函数和奇函数的傅里叶级数.

设函数 f 为以 $2l$ 为周期的偶函数, 或是定义于 $[-l, l]$ 上的偶函数, 则 f 的傅里叶级数为

$$f(x)\sim\frac{a_0}{2}+\sum_{n=1}^{\infty} a_n\cos\frac{n\pi x}{l},\ a_n=\frac{2}{l}\int_{0}^{l} f(x)\cos\frac{n\pi x}{l}\mathrm{d}x,\ n=0, 1, 2, \cdots.$$

同理, 设函数 f 为以 $2l$ 为周期的奇函数, 或是定义于 $[-l, l]$ 上的奇函数, 则 f 的傅里叶级数为

$$f(x)\sim\sum_{n=1}^{\infty} b_n\sin\frac{n\pi x}{l},\ b_n=\frac{2}{l}\int_{0}^{l} f(x)\sin\frac{n\pi x}{l}\mathrm{d}x,\ n=1, 2, \cdots.$$

特别地，$l=\pi$ 时有 $f(x)\sim\sum_{n=1}^{\infty}b_n\sin nx$，$b_n=\frac{2}{\pi}\int_0^{\pi}f(x)\sin nx\mathrm{d}x$，$n=1$，2，….

（2）奇展开和偶展开.

在实际应用中，有时需把定义在 $[0, l]$（或 $[0, \pi]$）上的函数 f 展开成余弦级数或正弦级数. 可先把定义在 $[0, l]$（或 $[0, \pi]$）上的函数作偶式延拓或作奇式延拓到 $[-l, l]$（或 $[-\pi, \pi]$）上，然后求延拓后函数的傅里叶级数. 也可不必作延拓，直接按公式

$$f(x)\sim\frac{a_0}{2}+\sum_{n=1}^{\infty}a_n\cos\frac{n\pi x}{l},\ a_n=\frac{2}{l}\int_0^{l}f(x)\cos\frac{n\pi x}{l}\mathrm{d}x,\ n=0,\ 1,\ 2,\ \cdots$$

或

$$f(x)\sim\sum_{n=1}^{\infty}b_n\sin\frac{n\pi x}{l},\ b_n=\frac{2}{l}\int_0^{l}f(x)\sin\frac{n\pi x}{l}\mathrm{d}x,\ n=1,\ 2,\ \cdots.$$

计算出 f 的傅里叶系数和傅里叶级数.

二、例题选讲

例 1 讨论几何级数 $\sum_{n=0}^{\infty}q^n$ 的敛散性.

［解题要点］ 利用数项级数收敛与发散的定义.

解：因为 $S_n=\sum_{k=0}^{n}q^k=\frac{1-q^{n+1}}{1-q}$，所以，

(1) 当 $|q|<1$ 时，$S_n=\sum_{k=0}^{n}q^k=\frac{1-q^{n+1}}{1-q}\to\frac{1}{1-q}\ (n\to\infty)$，级数 $\sum_{n=0}^{\infty}q^n$ 收敛，即 $\sum_{n=0}^{\infty}q^n=\frac{1}{1-q}$；

（2）当 $|q|>1$ 时，$S_n=\sum_{k=0}^{n}q^k=\frac{1-q^{n+1}}{1-q}\to\infty\ (n\to\infty)$，级数 $\sum_{n=0}^{\infty}q^n$ 发散，即 $\sum_{n=0}^{\infty}q^n=\infty$；

（3）当 $q=1$ 时，$S_n=n+1\to+\infty\ (n\to\infty)$，级数 $\sum_{n=0}^{\infty}q^n$ 发散，即 $\sum_{n=0}^{\infty}q^n=+\infty$；

（4）当 $q=-1$ 时，$S_n=\frac{1}{2}(1+(-1)^n)\ (n\to\infty)$，级数 $\sum_{n=0}^{\infty}q^n$ 发散，即 $\sum_{n=0}^{\infty}q^n=\begin{cases}1, & n\text{ 为偶数}\\ 0, & n\text{ 为奇数}\end{cases}$.

综上所述，几何级数 $\sum_{n=0}^{\infty}q^n$ 当且仅当 $|q|<1$ 时收敛，且和为 $\frac{1}{1-q}$（注意 n 从 0 开始）.

例 2 （深圳大学，2006 年）讨论级数 $\sum_{n=1}^{\infty}\frac{1}{n(n+1)}$ 的敛散性.

［解题要点］ （1）利用 $\frac{1}{n(n+1)}=\frac{1}{n}-\frac{1}{n+1}$；（2）利用数项级数收敛与发散的

定义.

解：因为

$$S_n = \sum_{k=1}^{n} \frac{1}{k(k+1)} = \frac{1}{1\cdot 2}+\frac{1}{2\cdot 3}+\cdots+\frac{1}{n\cdot(n+1)}$$
$$=\left(\frac{1}{1}-\frac{1}{2}\right)+\left(\frac{1}{2}-\frac{1}{3}\right)+\cdots+\left(\frac{1}{n}-\frac{1}{n+1}\right)=1-\frac{1}{n+1}\to 1\ (n\to\infty),$$

所以级数 $\sum\limits_{n=1}^{\infty}\frac{1}{n(n+1)}$ 收敛于 1，其和 $\sum\limits_{n=1}^{\infty}\frac{1}{n(n+1)}=1$.

例 3 讨论级数 $\sum\limits_{n=1}^{\infty}\frac{n}{2^n}$ 的敛散性.

［解题要点］（1）利用错位相减法；（2）利用数项级数收敛与发散的定义.

解：设 $S_n=\sum\limits_{k=1}^{n}\frac{k}{2^k}=\frac{1}{2}+\frac{2}{2^2}+\frac{3}{2^3}+\cdots+\frac{n-1}{2^{n-1}}+\frac{n}{2^n}$，进而

$$\frac{1}{2}S_n=\frac{1}{2^2}+\frac{2}{2^3}+\frac{3}{2^4}+\cdots+\frac{n-1}{2^n}+\frac{n}{2^{n+1}},$$

而

$$\frac{1}{2}S_n=S_n-\frac{1}{2}S_n=\frac{1}{2}+\frac{1}{2^2}+\frac{1}{2^3}+\cdots+\frac{1}{2^n}-\frac{n}{2^{n+1}}=\frac{\frac{1}{2}\left(1-\frac{1}{2^n}\right)}{1-\frac{1}{2}}-\frac{n}{2^{n+1}}\to 1\ (n\to\infty),$$

所以 $S_n\to 2\ (n\to\infty)$. 因此，该级数收敛，即 $\sum\limits_{n=1}^{\infty}\frac{n}{2^n}=2$.

例 4 （上海大学，2006 年）求级数 $\sum\limits_{n=1}^{\infty}\frac{1}{(3n-2)(3n+1)}$ 的和.

［解题要点］（1）利用 $\frac{1}{(3k-2)(3k+1)}=\frac{1}{3}\left(\frac{1}{3k-2}-\frac{1}{3k+1}\right)$；（2）利用数项级数收敛与发散的定义.

解：因为

$$S_n=\sum_{k=1}^{n}\frac{1}{(3k-2)(3k+1)}=\frac{1}{3}\sum_{k=1}^{n}\left(\frac{1}{3k-2}-\frac{1}{3k+1}\right)=\frac{1}{3}\left(1-\frac{1}{3n+1}\right),$$

所以

$$\sum_{n=1}^{\infty}\frac{1}{(3n-2)(3n+1)}=\lim_{n\to\infty}S_n=\lim_{n\to\infty}\left[\frac{1}{3}\left(1-\frac{1}{3n+1}\right)\right]=\frac{1}{3}.$$

例 5 （重庆大学，2004 年）设 $0<a<1$，求 $\lim\limits_{n\to\infty}(a+2a^2+\cdots+na^n)$.

［解题要点］（1）利用错位相减法；（2）利用数项级数收敛与发散的定义.

解：令 $S_n=a+2a^2+\cdots+na^n$，则 $aS_n=a^2+2a^3+\cdots+na^{n+1}$，进而

$$S_n-aS_n=a+a^2+\cdots+a^n-na^{n+1},$$

所以

$$S_n=\frac{a+\cdots+a^n-na^{n+1}}{1-a}=\frac{\frac{a(1-a^n)}{1-a}-na^{n+1}}{1-a}=\frac{a(1-a^n)}{(1-a)^2}-\frac{na^{n+1}}{1-a}.$$

又因为

$$\begin{aligned}\lim_{n\to\infty}S_n&=\lim_{n\to\infty}\left[\frac{a(1-a^n)}{(1-a)^2}-\frac{na^{n+1}}{1-a}\right]=\lim_{n\to\infty}\frac{a(1-a^n)}{(1-a)^2}-\lim_{n\to\infty}\frac{na^{n+1}}{1-a}\\&=\frac{a}{(1-a)^2}-\lim_{x\to+\infty}\frac{xa^{x+1}}{1-a}=\frac{a}{(1-a)^2}-\lim_{x\to+\infty}\frac{x}{(1-a)a^{-(x+1)}}\\&=\frac{a}{(1-a)^2}-\lim_{x\to+\infty}\frac{1}{-(1-a)a^{-(x+1)}\ln a}=\frac{a}{(1-a)^2}-\lim_{x\to+\infty}\frac{a^{x+1}}{-(1-a)\ln a}\\&=\frac{a}{(1-a)^2}-0=\frac{a}{(1-a)^2},\end{aligned}$$

所以

$$\lim_{n\to\infty}(a+2a^2+\cdots+na^n)=\frac{a}{(1-a)^2}.$$

例 6 （武汉大学，2004 年）求 $\sum_{k=1}^{\infty}\arctan\frac{1}{2k^2}$.

［解题要点］（1）利用 $\arctan\frac{1}{2k^2}=\arctan(2k+1)-\arctan(2k-1)$；（2）利用数项级数收敛与发散的定义.

解：因为 $\arctan\frac{1}{2k^2}=\arctan(2k+1)-\arctan(2k-1)$，所以

$$\sum_{k=1}^{\infty}\arctan\frac{1}{2k^2}=\sum_{k=1}^{\infty}[\arctan(2k+1)-\arctan(2k-1)],$$

进而

$$S_n=\sum_{k=1}^{n}[\arctan(2k+1)-\arctan(2k-1)]=\arctan(2n+3)-\arctan 1.$$

又因 $\lim_{n\to\infty}S_n=\lim_{n\to\infty}[\arctan(2n+3)-\arctan 1]=\frac{\pi}{2}-\frac{\pi}{4}=\frac{\pi}{4}$，所以

$$\sum_{k=1}^{\infty}\arctan\frac{1}{2k^2}=\frac{\pi}{4}.$$

例 7 （华中科技大学，2004 年）设 $x_0=0$，$x_n=\sum_{k=1}^{n}a_k$ $(n\geqslant1)$，$x_n\to b$ $(n\to\infty)$，求 $\sum_{n=1}^{\infty}a_n(x_n+x_{n-1})$.

［解题要点］（1）利用部分和与通项的关系：$a_n=x_n-x_{n-1}$，其中 $x_n=\sum_{k=1}^{n}a_k$；（2）利用数项级数和的定义.

解：因为 $a_n=x_n-x_{n-1}$，所以

$$S_n = \sum_{k=1}^{n} a_k (x_k + x_{k-1}) = \sum_{k=1}^{n} (x_k - x_{k-1})(x_k + x_{k-1}) = \sum_{k=1}^{n} (x_k^2 - x_{k-1}^2)$$
$$= x_n^2 - x_0^2 = x_n^2,$$

进而 $\lim\limits_{n\to\infty} S_n = \lim\limits_{n\to\infty} x_n^2 = b^2$，所以 $\sum\limits_{n=1}^{\infty} a_n (x_n + x_{n-1}) = b^2$.

例 8 讨论级数 $\sum\limits_{n=1}^{\infty} \dfrac{2n}{5n-3}$的敛散性.

[**解题要点**] 利用正项级数的比较判别法或者数项级数收敛的必要性.

解法1：因为$\dfrac{2n}{5n-3} > \dfrac{2n}{5n} = \dfrac{2}{5}$，$S_n > n \cdot \dfrac{2}{5} \to \infty$ ($n\to\infty$)，所以 $\lim\limits_{n\to\infty} S_n > \lim\limits_{n\to\infty}\left(n \cdot \dfrac{2}{5}\right) = +\infty$，进而级数 $\sum\limits_{n=1}^{\infty} \dfrac{2n}{5n-3}$发散.

解法 2：由于$\dfrac{2n}{5n-3} \to \dfrac{2}{5} \neq 0$ ($n\to\infty$)，由级数收敛的必要性知，$\sum\limits_{n=1}^{\infty} \dfrac{2n}{5n-3}$发散.

例 9 正项级数 $\sum a_n$ 发散，且 $|a_n| \leqslant$ **M**. 令 $S_n = \sum\limits_{k=1}^{n} a_k$，求证：

(1) 当 $\sum a_n$ 单调递减时，$\sum\limits_{n=1}^{\infty} \dfrac{a_n - a_{n+1}}{S_n}$收敛；

(2) $\sum\limits_{n=1}^{\infty} \dfrac{a_n}{S_n}$发散；

(3) $\sum\limits_{n=1}^{\infty} \dfrac{a_n}{S_n} = \int_{a_1}^{+\infty} \dfrac{\mathrm{d}x}{x} = +\infty$.

[**解题要点**] 利用数项级数收敛的柯西收敛准则.

证：(1)
$$|u_{n+1} + \cdots + u_{n+p}| = \frac{a_{n+1} - a_{n+2}}{S_{n+1}} + \frac{a_{n+2} - a_{n+3}}{S_{n+2}} + \cdots + \frac{a_{n+p} - a_{n+p+1}}{S_{n+p}}$$
$$\leqslant \frac{a_{n+1} - a_{n+2}}{S_{n+1}} + \frac{a_{n+2} - a_{n+3}}{S_{n+1}} + \cdots + \frac{a_{n+p} - a_{n+p-1}}{S_{n+1}}$$
$$= \frac{|a_{n+1} - a_{n+p+1}|}{S_{n+1}} \leqslant \frac{2M}{S_{n+1}} \to 0 \ (\text{由 } S_{n+1} \to +\infty),$$

由柯西收敛准则，级数 $\sum\limits_{n=1}^{\infty} \dfrac{a_n - a_{n+1}}{S_n}$收敛.

(2) 考察
$$|u_{n+1} + \cdots + u_{n+p}| = \frac{a_{n+1}}{S_{n+1}} + \cdots + \frac{a_{n+p}}{S_{n+p}} \geqslant \frac{a_{n+1} + \cdots + a_{n+p}}{S_{n+p}}$$
$$= \frac{S_{n+p} - S_n}{S_{n+p}} = 1 - \frac{S_n}{S_{n+p}} \geqslant 1 - \frac{1}{2} = \frac{1}{2} \ \left(\text{如果}\frac{S_n}{S_{n+p}} \leqslant \frac{1}{2}\right).$$

对任意给定 n，由于 $S_{n+p} \to 0$ ($p\to\infty$)，故 $\lim\limits_{p\to\infty} \dfrac{S_n}{S_{n+p}} = 0 < \dfrac{1}{2}$，由数列极限的保号性，存在充分大正整数 p，使得$\dfrac{S_n}{S_{n+p}} < \dfrac{1}{2}$.

于是，$\exists\varepsilon_0=\frac{1}{2}$，$\forall N>0$，$\exists n=[N]+1>N$，$\exists p\geqslant 1$，使得 $|u_{n+1}+\cdots+u_{n+p}|\geqslant\varepsilon_0$，故 $\sum\limits_{n=1}^{\infty}\frac{a_n}{S_n}$发散（这里 $[N]$ 表示 N 的整数部分）.

（3）由（2），$\sum\limits_{n=1}^{\infty}\frac{a_n}{S_n}$发散，又它是正项级数，故 $\sum\limits_{n=1}^{\infty}\frac{a_n}{S_n}=+\infty$. 又

$$\int_{a_1}^{+\infty}\frac{\mathrm{d}x}{x}=\lim_{A\to+\infty}\int_{a_1}^{A}\frac{\mathrm{d}x}{x}=\lim_{A\to+\infty}(\ln A-\ln a_1)=+\infty.$$

故（3）成立.

例 10 （天津大学，2004 年）若正项级数 $\sum\limits_{n=1}^{\infty}u_n$ 收敛，证明 $\sum\limits_{n=1}^{\infty}u_n^2$ 也收敛，但反之不然，试举例说明.

[解题要点] （1）利用数项级数收敛的必要性；（2）利用正项级数的比较判别法.

解：因为正项级数 $\sum\limits_{n=1}^{\infty}u_n$ 收敛，所以 $\lim\limits_{n\to\infty}u_n=0$，进而对 $\forall\varepsilon>0$，存在正整数 N，当 $n>N$时，有 $|u_n|=u_n<\varepsilon$，令 $\varepsilon=\frac{1}{2}$，则 $n>N$ 时，有 $0<u_n^2<u_n$，又因 $\sum\limits_{n=N+1}^{\infty}u_n$ 收敛，所以 $\sum\limits_{n=N+1}^{\infty}u_n^2$ 收敛，进而 $\sum\limits_{n=1}^{\infty}u_n^2$ 收敛.

令 $u_n=\frac{1}{n}$，虽然 $\sum\limits_{n=1}^{\infty}\frac{1}{n^2}$收敛，但 $\sum\limits_{n=1}^{\infty}\frac{1}{n}$发散.

例 11 （复旦大学，2000 年）说明级数 $\sum\limits_{n=1}^{\infty}\frac{1}{(\ln n)^2}$的敛散性.

[解题要点] （1）利用 $\lim\limits_{n\to\infty}\frac{n}{(\ln n)^2}=+\infty$ 的定义；（2）利用正项级数的比较判别法.

解：因为

$$\lim_{n\to\infty}\frac{n}{(\ln n)^2}=\lim_{x\to+\infty}\frac{x}{(\ln x)^2}=\lim_{x\to+\infty}\frac{1}{2\cdot\frac{1}{x}\cdot\ln x}=\lim_{x\to+\infty}\frac{x}{2\ln x}=\lim_{x\to+\infty}\frac{1}{2\cdot\frac{1}{x}}=+\infty,$$

所以，$\forall M>0$，存在正整数 N，当 $n>N$ 时，有 $\left|\frac{n}{(\ln n)^2}\right|=\frac{n}{(\ln n)^2}>M$，令 $M=1$，则 $\frac{1}{(\ln n)^2}>\frac{1}{n}$. 又因 $\sum\limits_{n=1}^{\infty}\frac{1}{n}$发散，所以 $\sum\limits_{n=1}^{\infty}\frac{1}{(\ln n)^2}$发散.

例 12 （复旦大学，2002 年）说明级数 $\sum\limits_{n=1}^{\infty}\left(\frac{1}{\sqrt{n^2+1}}+\cdots+\frac{1}{\sqrt{n^2+n}}\right)$的敛散性.

[解题要点] 利用正项级数的比较判别法.

解：因为$\frac{1}{\sqrt{n^2+1}}+\cdots+\frac{1}{\sqrt{n^2+n}}>\frac{n}{\sqrt{n^2+n}}$，而 $\lim\limits_{n\to\infty}\frac{n}{\sqrt{n^2+n}}=1$，所以 $\lim\limits_{n\to\infty}\left(\frac{1}{\sqrt{n^2+1}}+\cdots+\right.$

$\left.\frac{1}{\sqrt{n^2+n}}\right)\geqslant 1$，故级数 $\sum\limits_{n=1}^{\infty}\left(\frac{1}{\sqrt{n^2+1}}+\cdots+\frac{1}{\sqrt{n^2+n}}\right)$发散.

例 13　（山东科技大学，2005 年）设恒正数列$\{x_n\}$是严格单调递增有界的，证明级数 $\sum\limits_{n=1}^{\infty}\left(\frac{1}{x_n}-\frac{1}{x_{n+1}}\right)$收敛.

［解题要点］　（1）利用单调有界定理；（2）利用数项级数的收敛的定义.

证：因为数列$\{x_n\}$是严格单调递增有界，所以数列$\{x_n\}$的极限存在，即 $\lim\limits_{n\to\infty}x_n=a$. 又因为 $\lim\limits_{n\to\infty}S_n=\lim\limits_{n\to\infty}\sum\limits_{k=1}^{n}\left(\frac{1}{x_k}-\frac{1}{x_{k+1}}\right)=\lim\limits_{n\to\infty}\left(\frac{1}{x_1}-\frac{1}{x_{n+1}}\right)=\frac{1}{x_1}-\frac{1}{a}$，所以级数 $\sum\limits_{n=1}^{\infty}\left(\frac{1}{x_n}-\frac{1}{x_{n+1}}\right)$收敛.

例 14　（重庆大学，2003 年）是非判断题. 若 $u_n>0$，$n=1$，2，…，且对 $\forall n$，有 $\frac{u_{n+1}}{u_n}<1$，则 $\sum u_n$ 收敛.

［解题要点］　利用调和级数 $\sum\frac{1}{n}$发散.

解：错. 对 $u_n=\frac{1}{n}$，显然 $u_n>0$，$n=1$，2，…，且对 $\forall n$，有$\frac{u_{n+1}}{u_n}=\frac{n}{n+1}<1$，但$\sum\frac{1}{n}$发散.

例 15　（华南师范大学，2005 年）讨论级数

$$1-\frac{1}{2^{\frac{1}{3}}}+\frac{1}{3^{\frac{1}{2}}}-\frac{1}{4^{\frac{1}{3}}}+\frac{1}{5^{\frac{1}{2}}}-\frac{1}{6^{\frac{1}{3}}}+\cdots+\frac{1}{(2n-1)^{\frac{1}{2}}}-\frac{1}{(2n)^{\frac{1}{3}}}+\cdots$$

的敛散性.

［解题要点］　利用正项级数的比较判别法.

解：级数 $1-\frac{1}{2^{\frac{1}{3}}}+\frac{1}{3^{\frac{1}{2}}}-\frac{1}{4^{\frac{1}{3}}}+\frac{1}{5^{\frac{1}{2}}}-\frac{1}{6^{\frac{1}{3}}}+\cdots+\frac{1}{(2n-1)^{\frac{1}{2}}}-\frac{1}{(2n)^{\frac{1}{3}}}+\cdots$可写成 $\sum\limits_{n=1}^{\infty}\left[\frac{1}{(2n-1)^{\frac{1}{2}}}-\frac{1}{(2n)^{\frac{1}{3}}}\right]$. 显然，$n$ 充分大时 $\frac{1}{(2n-1)^{\frac{1}{2}}}-\frac{1}{(2n)^{\frac{1}{3}}}<0$，所以 $\sum\limits_{n=1}^{\infty}\left[\frac{1}{(2n-1)^{\frac{1}{2}}}-\frac{1}{(2n)^{\frac{1}{3}}}\right]$改变有限项后可视为负项级数. 因为

$$\lim_{n\to\infty}\frac{\frac{1}{(2n-1)^{\frac{1}{2}}}-\frac{1}{(2n)^{\frac{1}{3}}}}{\frac{1}{(2n)^{\frac{1}{3}}}}=\lim_{n\to\infty}\left[\frac{(4n^2)^{\frac{1}{6}}}{(8n^3-12n^2+6n-1)^{\frac{1}{6}}}-\frac{(2n)^{\frac{1}{3}}}{(2n)^{\frac{1}{3}}}\right]=-1,$$

或

$$\lim_{n\to\infty}\left|\frac{\frac{1}{(2n-1)^{\frac{1}{2}}}-\frac{1}{(2n)^{\frac{1}{3}}}}{\frac{1}{(2n)^{\frac{1}{3}}}}\right|=\lim_{n\to\infty}\left|\frac{\frac{(2n)^{\frac{1}{3}}}{(2n-1)^{\frac{1}{2}}}-1}{1}\right|=\lim_{t\to0}\left|\frac{\left(\frac{2}{t}\right)^{\frac{1}{3}}}{\left(\frac{2}{t}-1\right)^{\frac{1}{2}}}-1\right|=\lim_{t\to0}\left|\frac{2^{\frac{1}{3}}\cdot\frac{t^{\frac{1}{2}}}{t^{\frac{1}{3}}}}{(2-t)^{\frac{1}{2}}}-1\right|$$

$$=\lim_{t\to 0}\left|\frac{2^{\frac{1}{3}}\cdot t^{\frac{1}{6}}}{(2-t)^{\frac{1}{2}}}-1\right|=|-1|=1,$$

又因为 $\sum_{n=1}^{\infty}\frac{1}{(2n)^{\frac{1}{3}}}$ 发散，所以级数 $\sum\left|\frac{1}{(2n-1)^{\frac{1}{2}}}-\frac{1}{(2n)^{\frac{1}{3}}}\right|$ 发散，从而级数

$$1-\frac{1}{2^{\frac{1}{3}}}+\frac{1}{3^{\frac{1}{2}}}-\frac{1}{4^{\frac{1}{3}}}+\frac{1}{5^{\frac{1}{2}}}-\frac{1}{6^{\frac{1}{3}}}+\cdots+\frac{1}{(2n-1)^{\frac{1}{2}}}-\frac{1}{(2n)^{\frac{1}{3}}}+\cdots$$

发散.

注 4：当 n 无限大时 $(2n-1)^{\frac{1}{2}}>(2n)^{\frac{1}{3}}$，即 $\frac{1}{(2n-1)^{\frac{1}{2}}}<\frac{1}{(2n)^{\frac{1}{3}}}$.

注 5：对 $\sum a_n=\frac{1}{1^p}-\frac{1}{2^q}+\frac{1}{3^p}-\frac{1}{4^q}+\cdots+\frac{1}{(2n-1)^p}-\frac{1}{(2n)^q}+\cdots$，

（1）$p>1$，$q<1$ 绝对收敛；

（2）$0<p=q<1$ 条件收敛；

（3）$0<p<1$，$q>1$ 或 $0<q<1$，$p>1$ 发散；

（4）$0<q<p<1$ 或 $0<p<q<1$ 发散.

例 16 （西南师范大学，2005 年）设 $\sum a_n$ 为正项级数，证明：

（1）若存在正数 α 及正整数 N，当 $n\geqslant N$ 时，有 $\frac{\ln(1/a_n)}{\ln n}\geqslant 1+\alpha$，则 $\sum a_n$ 收敛；

（2）若存在正整数 N，当 $n\geqslant N$ 时，有 $\frac{\ln(1/a_n)}{\ln n}\leqslant 1$，则 $\sum a_n$ 发散.

[解题要点] 利用正项级数的比较判别法.

证：（1）当 $n\geqslant N$ 时，由 $\frac{\ln(1/a_n)}{\ln n}\geqslant 1+\alpha$，有 $0<a_n\leqslant\frac{1}{n^{1+\alpha}}$. 因为 $\sum_{n=1}^{\infty}\frac{1}{n^{1+\alpha}}$ 收敛，所以 $\sum a_n$ 收敛.

（2）当 $n\geqslant N$ 时，由 $\frac{\ln(1/a_n)}{\ln n}\leqslant 1$，有 $a_n\geqslant\frac{1}{n}$. 因为 $\sum_{n=1}^{\infty}\frac{1}{n}$ 发散，所以 $\sum a_n$ 发散.

例 17 （上海理工大学，2005 年）设级数 $\sum_{n=1}^{\infty}u_n$ 绝对收敛，证明：级数 $\sum_{n=1}^{\infty}u_n^3$ 收敛.

[解题要点] （1）利用数项级数收敛的必要性；（2）利用正项级数的比较判别法.

证：因为级数 $\sum_{n=1}^{\infty}u_n$ 绝对收敛，所以 $\lim_{n\to\infty}u_n=0$，从而存在 $N>0$，使得当 $n>N$ 时，有 $|u_n|<1$，则有 $|u_n^3|=u_n^2|u_n|\leqslant|u_n|$，故由比较判别法知级数 $\sum_{n=1}^{\infty}u_n^3$ 收敛.

例 18 （南京理工大学，2004 年）α 取何值时，级数 $\sum_{n=1}^{\infty}\left(\frac{1}{n}-\sin\frac{1}{n}\right)^{\alpha}$ 收敛?

[解题要点] 利用正项级数的比较判别法.

解：由于

$$\lim_{n\to\infty}\frac{\left(\frac{1}{n}-\sin\frac{1}{n}\right)^{\alpha}}{\left(\frac{1}{n}\right)^{3\alpha}}=\lim_{n\to\infty}\left(\frac{\frac{1}{n}-\sin\frac{1}{n}}{\frac{1}{n^{3}}}\right)^{\alpha}=\lim_{x\to0^{+}}\left(\frac{x-\sin x}{x^{3}}\right)^{\alpha}$$

$$=\lim_{x\to0^{+}}\left(\frac{1-\cos x}{3x^{2}}\right)^{\alpha}=\lim_{x\to0^{+}}\left(\frac{\sin x}{6x}\right)^{\alpha}=\frac{1}{6^{\alpha}},$$

因为 $\sum_{n=1}^{\infty}\frac{1}{n^{p}}$ 当且仅当 $p>1$ 时收敛，于是当且仅当 $3\alpha>1$ 时，即 $\alpha>\frac{1}{3}$ 时，级数 $\sum_{n=1}^{\infty}\left(\frac{1}{n}-\sin\frac{1}{n}\right)^{\alpha}$ 收敛.

例 19 （中山大学，2007 年）判断 $\sum_{n=1}^{\infty}(-1)^{n}\frac{(\ln n)^{2}}{(\ln 3)^{n}}$ 的敛散性.

[解题要点] （1）利用数项级数 $\sum_{n=1}^{\infty}\frac{1}{n^{2}}$ 收敛；（2）利用正项级数的比较判别法.

解：设 $u_n=(-1)^{n}\frac{(\ln n)^{2}}{(\ln 3)^{n}}$，由于

$$\lim_{n\to\infty}\left|\frac{u_n}{1/n^{2}}\right|=\lim_{n\to\infty}\frac{n^{2}(\ln n)^{2}}{(\ln 3)^{n}}=\lim_{n\to\infty}\frac{(n\ln n)^{2}}{(\ln 3)^{n}}=\lim_{x\to+\infty}\frac{(x\ln x)^{2}}{(\ln 3)^{x}}=\lim_{x\to+\infty}\frac{2x\ln x\cdot(\ln x+1)}{(\ln 3)^{x}\ln\ln 3}$$

$$=\lim_{x\to+\infty}\frac{2x\ln^{2}x+2x\ln x}{(\ln 3)^{x}\ln\ln 3}=\lim_{x\to+\infty}\frac{2\ln^{2}x+4\ln x+2\ln x+2}{(\ln 3)^{x}(\ln\ln 3)^{2}}$$

$$=\lim_{x\to+\infty}\frac{\frac{4}{x}\ln x+\frac{6}{x}}{(\ln 3)^{x}(\ln\ln 3)^{3}}=0\text{（注意}\lim_{x\to+\infty}\frac{\ln x}{x}=0\text{）},$$

又 $\sum_{n=1}^{\infty}\frac{1}{n^{2}}$ 收敛，故 $\sum_{n=1}^{\infty}(-1)^{n}\frac{(\ln n)^{2}}{(\ln 3)^{n}}$ 绝对收敛.

例 20 （中国地质大学，2006 年）判断级数 $\sum_{n=1}^{\infty}(-1)^{n}\frac{\ln n}{n}$ 的收敛性.

[解题要点] （1）利用莱布尼茨判别法；（2）利用正项级数的比较判别法.

解：因为 $\left(\frac{\ln x}{x}\right)'=\frac{1-\ln x}{x^{2}}=\begin{cases}\frac{1-\ln x}{x^{2}}<0, & x>\mathrm{e}\\ \frac{1-\ln x}{x^{2}}>0, & x<\mathrm{e}\end{cases}$，所以当 $n>3$ 时，$\frac{\ln n}{n}$ 单调递减，且 $\lim_{n\to\infty}\frac{\ln n}{n}=0$，由莱布尼茨判别法可得 $\sum_{n=1}^{\infty}(-1)^{n}\frac{\ln n}{n}$ 收敛，但是 $\left|(-1)^{n}\frac{\ln n}{n}\right|\geqslant\frac{1}{n}$，而 $\sum_{n=1}^{\infty}\frac{1}{n}$ 发散，所以 $\sum_{n=1}^{\infty}(-1)^{n}\frac{\ln n}{n}$ 条件收敛.

例 21 判别级数 $\sum_{n=1}^{\infty}(-1)^{n}\frac{x^{n}}{n}$ $(x>0)$ 的敛散性.

[解题要点] （1）利用莱布尼茨判别法；（2）利用正项级数的比较判别法.

解：当 $0<x\leqslant1$ 时，由莱布尼茨判别法 $\Rightarrow\sum_{n=1}^{\infty}(-1)^{n}\frac{x^{n}}{n}$ $(x>0)$ 收敛；

当 $x>1$ 时，通项不趋于0，$\sum_{n=1}^{\infty}(-1)^n\frac{x^n}{n}$ $(x>0)$ 发散.

例22 设$\{a_n\}$单调减少收敛于0，证明级数 $\sum a_n\sin nx$ 和 $\sum a_n\cos nx$ 对$\forall x\in(0,2\pi)$收敛.

[解题要点] 利用狄氏判别法.

证：由于

$$2\sin\frac{x}{2}\left(\frac{1}{2}+\sum_{k=1}^{n}\cos kx\right)=\sin\frac{x}{2}+\left(\sin\frac{3}{2}x-\sin\frac{x}{2}\right)+\cdots$$
$$+\left[\sin\left(n+\frac{1}{2}\right)x-\sin\left(n-\frac{1}{2}\right)x\right]=\sin\left(n+\frac{1}{2}\right)x,$$

当$x\in(0,2\pi)$时，$\sin\frac{x}{2}\neq0\Rightarrow\frac{1}{2}+\sum_{k=1}^{n}\cos kx=\dfrac{\sin\left(n+\frac{1}{2}\right)x}{2\sin\frac{x}{2}}$，故

$$\left|\sum_{k=1}^{n}\cos kx\right|=\left|\frac{\sin\left(n+\frac{1}{2}\right)x}{2\sin\frac{x}{2}}-\frac{1}{2}\right|\leqslant\left|\frac{1}{2\sin\frac{x}{2}}\right|+\frac{1}{2},$$

即当$x\in(0,2\pi)$时，级数 $\sum\cos kx$ 的部分和有界. 由狄氏判别法，级数 $\sum a_n\cos nx$ 收敛. 同理，级数 $\sum a_n\sin nx$ 收敛.

例23 验证函数$f(x)=\sum_{n=0}^{\infty}\frac{2^nx^n}{n!}$满足微分方程 $y''-y'-2y=0$，$x\in\mathbf{R}$. 并验证此幂级数的收敛域为$(-\infty,+\infty)$.

[解题要点] (1) 利用幂级数逐项积分性质；(2) 利用幂级数收敛半径计算公式.

解：因为$f'(x)=\sum_{n=1}^{\infty}\frac{2^nx^{n-1}}{(n-1)!}=\sum_{n=0}^{\infty}\frac{2^{n+1}x^n}{n!}=2\sum_{n=0}^{\infty}\frac{2^nx^n}{n!}=2f(x)$，所以$f''(x)=2f'(x)=4f(x)$，于是将$y=f(x)$代入 $y''-y'-2y$ 得 $y''-y'-2y=0$. 由于 $\lim\limits_{n\to\infty}\sqrt[n]{\frac{2^n}{n!}}=\lim\limits_{n\to\infty}\frac{2}{\sqrt[n]{n!}}=0$，故收敛半径为$+\infty$，即$f(x)=\sum_{n=0}^{\infty}\frac{2^nx^n}{n!}$的收敛域为$(-\infty,+\infty)$.

例24 将函数$\frac{1}{(1-x)^2}$，$\frac{2!}{(1-x)^3}$，$\ln\frac{1}{1-x}$展成幂级数，并求收敛域.

[解题要点] 利用幂级数间接展开技巧.

解：由于$\frac{1}{1-x}=1+x+x^2+\cdots+x^n+\cdots$，$x\in(-1,1)$，逐项求导，得

$$\frac{1}{(1-x)^2}=1+2x+3x^2+\cdots+nx^{n-1}+\cdots,\quad x\in(-1,1),$$

继续逐项求导，得

$$\frac{2!}{(1-x)^3}=2+3\cdot 2x+\cdots+n(n-1)x^{n-2}+\cdots,\ x\in(-1,1).$$

对于$\frac{1}{1-t}=1+t+t^2+\cdots+t^n+\cdots=\sum_{n=0}^{\infty}t^n$，$t\in(-1,1)$，从0到$x$逐项求积，得

$$\ln\frac{1}{1-x}=\int_0^x\frac{1}{1-t}\mathrm{d}t=\int_0^x\sum_{n=0}^{\infty}t^n\mathrm{d}t=\sum_{n=0}^{\infty}\int_0^x t^n\mathrm{d}t$$

$$=\sum_{n=0}^{\infty}\frac{x^{n+1}}{n+1}=x+\frac{x^2}{2}+\cdots+\frac{x^{n+1}}{n+1}+\cdots,\ x\in(-1,1),$$

这里注意$\int_0^x\frac{1}{1-t}\mathrm{d}t=-\int_0^x\frac{1}{1-t}\mathrm{d}(1-t)=\ln(1-t)\Big|_x^0=\ln\frac{1}{1-x}$.

例 25　若$|a_n|\leqslant n$，$n=1,2,\cdots$，证明：$\sum_{n=1}^{\infty}a_nx^n$ 的收敛半径$R\geqslant 1$.

[解题要点]　利用幂级数收敛半径计算公式.

解：由于$|a_n|\leqslant n$，则$\lim\limits_{n\to\infty}\sqrt[n]{|a_n|}\leqslant\lim\limits_{n\to\infty}\sqrt[n]{n}=1$，所以收敛半径$R\geqslant 1$.

例 26　（北京师范大学，2003 年）求幂级数$\sum_{n=1}^{\infty}\frac{\ln(n+1)}{n^{\alpha+\frac{1}{n}}}x^n$ $(\alpha>0)$的收敛域.

[解题要点]　(1) 利用幂级数收敛半径计算公式；(2) 利用幂级数收敛域的定义.

解：由于$\lim\limits_{n\to\infty}\sqrt[n]{\frac{\ln(n+1)}{n^{\alpha+\frac{1}{n}}}}=\lim\limits_{n\to\infty}\frac{\sqrt[n]{\ln(n+1)}}{\sqrt[n]{n^{\alpha+\frac{1}{n}}}}=1$，所以收敛半径$R=1$. 研究$x=1$级数$\sum_{n=1}^{\infty}\frac{\ln(n+1)}{n^{\alpha+\frac{1}{n}}}$的敛散性. 当$\alpha>1$时，由于$\lim\limits_{n\to\infty}\left[n^{\frac{1+\alpha}{2}}\cdot\frac{\ln(n+1)}{n^{\alpha+\frac{1}{n}}}\right]=\lim\limits_{n\to\infty}\frac{\ln(n+1)}{n^{\frac{\alpha-1}{2}+\frac{1}{n}}}=0$，且$\sum_{n=1}^{\infty}\frac{1}{n^{\frac{1+\alpha}{2}}}$收敛，所以$\sum_{n=1}^{\infty}\frac{\ln(n+1)}{n^{\alpha+\frac{1}{n}}}$收敛. 而$\sum_{n=1}^{\infty}(-1)^n\frac{\ln(n+1)}{n^{\alpha+\frac{1}{n}}}$收敛，故收敛域为$[-1,1]$. 当$\alpha\leqslant 1$时，$\lim\limits_{n\to\infty}\left[n^{\frac{1+\alpha}{2}}\cdot\frac{\ln(n+1)}{n^{\alpha+\frac{1}{n}}}\right]=\lim\limits_{n\to\infty}\frac{\ln(n+1)}{n^{\frac{\alpha-1}{2}+\frac{1}{n}}}=+\infty$，所以$\sum_{n=1}^{\infty}\frac{\ln(n+1)}{n^{\alpha+\frac{1}{n}}}$发散，由于当$n$充分大时，$\left\{\frac{\ln(n+1)}{n^{\alpha+\frac{1}{n}}}\right\}$单调递减趋向于0，所以$\sum_{n=1}^{\infty}(-1)^n\frac{\ln(n+1)}{n^{\alpha+\frac{1}{n}}}$收敛，故收敛域为$[-1,1)$，综上所述，当$\alpha>1$时，收敛域为$[-1,1]$，当$\alpha\leqslant 1$时，收敛域为$[-1,1)$.

例 27　（大连理工大学，2006 年）求$\sum_{n=1}^{\infty}(\sqrt{n-1}-\sqrt{n})x^n$ 的收敛域.

[解题要点]　(1) 利用幂级数收敛半径计算公式；(2) 利用幂级数收敛域的定义.

解：由于

$$\lim_{n\to\infty}\left|\frac{a_{n+1}}{a_n}\right|=\lim_{n\to\infty}\frac{\sqrt{n}-\sqrt{n+1}}{\sqrt{n-1}-\sqrt{n}}=\lim_{n\to\infty}\frac{(\sqrt{n}-\sqrt{n+1})(\sqrt{n}+\sqrt{n+1})(\sqrt{n-1}+\sqrt{n})}{(\sqrt{n}+\sqrt{n+1})(\sqrt{n-1}-\sqrt{n})(\sqrt{n-1}+\sqrt{n})}$$

$$=\lim_{n\to\infty}\frac{-(\sqrt{n-1}+\sqrt{n})}{-(\sqrt{n}+\sqrt{n+1})}=\lim_{n\to\infty}\frac{\sqrt{n-1}+\sqrt{n}}{\sqrt{n}+\sqrt{n+1}}=\lim_{n\to\infty}\frac{\sqrt{1-1/n}+1}{1+\sqrt{1+1/n}}=1,$$

故收敛半径为 1，收敛区间为 $(-1, 1)$.

当 $x=1$ 时，部分和 $\sum\limits_{k=1}^{n}(\sqrt{k-1}-\sqrt{k})=-\sqrt{n}$ 不趋于有限数（$n\to\infty$），所以当 $x=1$ 时该级数发散.

当 $x=-1$ 时，$\sum\limits_{n=1}^{\infty}(\sqrt{n-1}-\sqrt{n})(-1)^n=\sum\limits_{n=1}^{\infty}\dfrac{1}{\sqrt{n-1}+\sqrt{n}}(-1)^{n+1}$ 为莱布尼茨级数，所以收敛. 故 $\sum\limits_{n=1}^{\infty}(\sqrt{n-1}-\sqrt{n})x^n$ 的收敛域为 $[-1, 1)$.

例 28 （上海理工大学，2003 年）求级数 $\sum\limits_{n=1}^{\infty}\dfrac{(-1)^n}{n\sqrt[n]{n}}\left(\dfrac{x}{2x+1}\right)^n$ 的收敛域.

[解题要点] （1）利用幂级数收敛半径计算公式；（2）利用幂级数收敛域的定义.

解：令 $t=\dfrac{x}{2x+1}$，对新级数 $\sum\limits_{n=1}^{\infty}\dfrac{(-1)^n}{n\sqrt[n]{n}}t^n$ 计算收敛半径 r.

$$\frac{1}{r}=\lim_{n\to\infty}\sqrt[n]{|a_n|}=\lim_{n\to\infty}\sqrt[n]{\frac{1}{n\sqrt[n]{n}}}=\lim_{n\to\infty}\frac{1}{\sqrt[n]{n\sqrt[n]{n}}}=1,$$

故 $r=1$. 当 $t=1$ 时，级数为 $\sum\limits_{n=1}^{\infty}\dfrac{(-1)^n}{n\sqrt[n]{n}}$，由阿贝尔判别法可判定其收敛；当 $t=-1$ 时，级数为 $\sum\limits_{n=1}^{\infty}\dfrac{1}{n\sqrt[n]{n}}$，由 p－级数判别法，发散，故新幂级数的收敛域为 $(-1, 1]$，原广义幂级数收敛点满足 $-1<\dfrac{x}{2x+1}\leqslant 1$，即原级数收敛域 $\left\{x \mid x>-\dfrac{1}{3}\text{或}x\leqslant -1\right\}$.

例 29 展开函数 $f(x)=\dfrac{1}{3x^2-4x+1}$.

[解题要点] 利用幂级数间接展开技巧.

解：$f(x)=\dfrac{1}{2}\left(\dfrac{3}{1-3x}-\dfrac{1}{1-x}\right)=\dfrac{1}{2}\left(\sum\limits_{n=0}^{\infty}3^{n+1}x^n-\sum\limits_{n=0}^{\infty}x^n\right)=\dfrac{1}{2}\sum\limits_{n=0}^{\infty}(3^{n+1}-1)x^n$，$|x|<\dfrac{1}{3}$.

例 30 展开函数 $f(x)=(1+x)e^x$.

[解题要点] 利用幂级数间接展开技巧.

解：
$$\begin{aligned}f(x)&=e^x+xe^x=\sum_{n=0}^{\infty}\frac{x^n}{n!}+\sum_{n=0}^{\infty}\frac{x^{n+1}}{n!}=\sum_{n=0}^{\infty}\frac{x^n}{n!}+\sum_{n=1}^{\infty}\frac{x^n}{(n-1)!}\\&=1+\sum_{n=1}^{\infty}\frac{x^n}{n!}+\sum_{n=1}^{\infty}\frac{x^n}{(n-1)!}=1+\sum_{n=1}^{\infty}\left(\frac{1}{n!}+\frac{1}{(n-1)!}\right)x^n\\&=1+\sum_{n=1}^{\infty}\frac{1+n}{n!}x^n=\sum_{n=0}^{\infty}\frac{1+n}{n!}x^n,\quad |x|<+\infty.\end{aligned}$$

例 31 （北京交通大学，2004 年）将函数 $f(x)=\int_0^x\dfrac{\sin t}{t}dt$ 在 $x=0$ 处展开成幂级数.

[解题要点] （1）利用幂级数间接展开技巧；（2）利用幂级数逐项积分性质.

解：由于 $\sin t=\sum\limits_{n=1}^{\infty}(-1)^{n+1}\dfrac{t^{2n-1}}{(2n-1)!}$，从而 $\dfrac{\sin t}{t}=\sum\limits_{n=1}^{\infty}(-1)^{n+1}\dfrac{t^{2n-2}}{(2n-1)!}$，于是

$$f(x)=\int_0^x \frac{\sin t}{t}\mathrm{d}t=\int_0^x \sum_{n=1}^{\infty}(-1)^{n+1}\frac{t^{2n-2}}{(2n-1)!}\mathrm{d}t=\sum_{n=1}^{\infty}\int_0^x(-1)^{n+1}\frac{t^{2n-2}}{(2n-1)!}\mathrm{d}t=$$

$$\sum_{n=1}^{\infty}(-1)^{n+1}\frac{x^{2n-1}}{(2n-1)!\ (2n-1)}.$$

例 32 （中南大学，2004 年）求 $f(x)=\ln(2+x^2)$ 在 $x=0$ 处的幂级数展开式及收敛半径.

[解题要点] （1）利用幂级数间接展开技巧；（2）利用幂级数收敛半径与收敛域的定义.

解：由于 $\ln(1+t)=\sum_{n=1}^{\infty}(-1)^{n-1}\frac{t^n}{n}$，$t\in(-1,1]$，故将 $t=\left(\frac{x}{\sqrt{2}}\right)^2$ 代入，得

$$f(x)=\ln(2+x^2)=\ln\left\{2\left[1+\left(\frac{x}{\sqrt{2}}\right)^2\right]\right\}=\ln 2+\ln\left[1+\left(\frac{x}{\sqrt{2}}\right)^2\right]$$

$$=\ln 2+\sum_{n=1}^{\infty}(-1)^{n-1}\frac{\left(\left(\frac{x}{\sqrt{2}}\right)^2\right)^n}{n}=\ln 2+\sum_{n=1}^{\infty}(-1)^{n-1}\frac{x^{2n}}{2^n n}.$$

由 $\left(\frac{x}{\sqrt{2}}\right)^2\in(-1,1]$ 得 $x\in[-\sqrt{2},\sqrt{2}]$，故收敛半径为 $\sqrt{2}$.

例 33 （浙江大学，2005 年）(1) 将 $\arctan x$ 展开成幂级数；

(2) 利用 (1) 证明：$\pi=4-\frac{4}{3}+\frac{4}{5}-\cdots+(-1)^n\frac{4}{2n+1}+\cdots$.

[解题要点] 利用幂级数逐项求导与逐项求积性质；（2）利用幂级数间接展开技巧.

解：(1) 因为 $(\arctan x)'=\frac{1}{1+x^2}=\sum_{n=0}^{\infty}(-1)^n x^{2n}$，$\frac{x}{\sqrt{2}}\in(-1,1]$. 所以

$$\arctan x=\int_0^x\sum_{n=0}^{\infty}(-1)^n t^{2n}\mathrm{d}t=\sum_{n=0}^{\infty}\int_0^x(-1)^n t^{2n}\mathrm{d}t=\sum_{n=0}^{\infty}\frac{(-1)^n}{2n+1}x^{2n+1},\ x\in[-1,1].$$

收敛半径 $R=1$.

(2) 在上式中令 $x=1$，则 $\frac{\pi}{4}=\arctan 1=\sum_{n=0}^{\infty}\frac{(-1)^n}{2n+1}$，即 $\pi=\arctan 1=4\cdot\sum_{n=0}^{\infty}\frac{(-1)^n}{2n+1}$.

例 34 设 $f(x)=x$，$x\in[-\pi,\pi]$. 求函数 $f(x)$ 的傅里叶级数.

[解题要点] 利用傅里叶级数展开式.

解：由于 $f(x)$ 是 $[-\pi,\pi]$ 上的奇函数 $\Rightarrow a_n=0$；

$$b_n=\frac{1}{\pi}\int_{-\pi}^{\pi}x\sin nx\mathrm{d}x=\frac{2}{\pi}\int_0^{\pi}x\sin nx\mathrm{d}x$$

$$=\frac{2}{\pi}\left[-\frac{x\cos nx}{n}\Big|_0^{\pi}+\frac{1}{n}\int_0^{\pi}\cos nx\mathrm{d}x\right]=\frac{(-1)^{n-1}2}{n}.$$

因此，$f(x)\sim 2\sum_{n=1}^{\infty}(-1)^{n-1}\frac{\sin nx}{n}$.

例 35 展开函数 $f(x)=|x|$，$x\in[-\pi,\pi]$ 成傅里叶级数，并求 $\sum_{k=1}^{\infty}\frac{1}{(2k-1)^2}$ 的和.

[**解题要点**] 利用傅里叶级数展开式和收敛定理.

解：由于 $b_n=0$；$a_0=\frac{2}{\pi}\int_0^{\pi}x\mathrm{d}x=\pi$.

$$a_n=\frac{2}{\pi}\int_0^{\pi}x\cos nx\mathrm{d}x=\frac{2}{n\pi}x\sin nx\Big|_0^{\pi}-\frac{2}{n\pi}\int_0^{\pi}\sin nx\mathrm{d}x$$

$$=\frac{2}{n^2\pi}\cos nx\Big|_0^{\pi}=\frac{2}{n^2\pi}(\cos n\pi-1)=\begin{cases}-\frac{4}{n^2\pi}, & n\text{ 为奇数}\\ 0, & n\text{ 为偶数}.\end{cases}$$

函数 $f(x)$ 在 $[-\pi,\pi]$ 上连续且按段光滑，又 $f(-\pi)=f(\pi)$，因此有

$$|x|=\frac{\pi}{2}-\frac{4}{\pi}\sum_{k=1}^{\infty}\frac{\cos(2k-1)x}{(2k-1)^2},\ x\in[-\pi,\pi].$$

令 $x=\pi$，就有 $\pi=\frac{\pi}{2}+\frac{4}{\pi}\sum_{k=1}^{\infty}\frac{1}{(2k-1)^2}\Rightarrow\sum_{k=1}^{\infty}\frac{1}{(2k-1)^2}=\frac{\pi^2}{8}$.

例 36 （北京交通大学，2003 年）设 $f(x)$ 是以 2π 为周期的函数，在 $[-\pi,\pi)$ 上，$f(x)=x$.

（1）求 $f(x)$ 的傅里叶级数；

（2）证明 $f(x)$ 的傅里叶级数收敛但不一致收敛；

（3）给出 $f(x)$ 的傅里叶级数的和函数.

[**解题要点**] （1）利用傅里叶级数展开式和收敛定理；（2）利用一致收敛与非一致收敛判别法.

解：（1）由于 $a_n=\frac{1}{\pi}\int_{-\pi}^{\pi}x\cos nx\mathrm{d}x=0$，$n=0,1,2,\cdots$，

$$b_n=\frac{1}{\pi}\int_{-\pi}^{\pi}x\cos nx\mathrm{d}x=-\frac{1}{n\pi}\int_{-\pi}^{\pi}x\mathrm{d}\cos nx=-\frac{1}{n\pi}\left(x\cos nx\Big|_{-\pi}^{\pi}-\int_{-\pi}^{\pi}\cos nx\mathrm{d}x\right)$$

$$=-\frac{1}{n^2\pi}\left[(\pi\cos n\pi+\pi\cos n(-\pi))-\frac{1}{n}\sin nx\Big|_{-\pi}^{\pi}\right]=-\frac{2}{n}\cos n\pi=(-1)^{n+1}\frac{2}{n},$$

故 $f(x)$ 的傅里叶级数为 $\sum_{n=1}^{\infty}(-1)^{n+1}\frac{2}{n}\sin nx$.

（2）当 $x=k\pi$，$k\in Z$ 时，则 $\sum_{n=1}^{\infty}(-1)^{n+1}\frac{2}{n}\sin nx=0$，即 $\sum_{n=1}^{\infty}(-1)^{n+1}\frac{2}{n}\sin nx$ 收敛.

当 $x\neq k\pi$，$k\in Z$ 时，因为 $\sum_{n=1}^{\infty}(-1)^{n+1}\sin nx$ 的部分和

$$\sum_{k=1}^{n}(-1)^{k+1}\sin kx=-\sum_{k=1}^{n}\sin k(x+\pi)=-\sum_{k=1}^{n}\frac{\sin k(x+\pi)\sin(-(x+\pi))}{\sin x}$$

$$=\sum_{k=1}^{n}\frac{\cos(k-1)(x+\pi)-\cos(k+1)(x+\pi)}{2\sin x}$$

$$=\frac{1+\cos(x+\pi)+\cos(n-1)(x+\pi)+\cos(n+1)(x+\pi)}{2\sin x},$$

所以

$$\left|\sum_{k=1}^{n}(-1)^{k+1}\sin kx\right|=\left|\frac{1+\cos(x+\pi)+\cos(n-1)(x+\pi)+\cos(n+1)(x+\pi)}{2\sin x}\right|$$
$$\leqslant\frac{4}{2|\sin x|}.$$

即 $\sum_{n=1}^{\infty}(-1)^{n+1}\sin nx$ 的部分和数列有界，又数列 $\left\{\frac{2}{n}\right\}$ 单调递减趋于 0，由狄氏判别法知 $\sum_{n=1}^{\infty}(-1)^{n+1}\frac{2}{n}\sin nx$ 收敛. 由收敛定理得，$\sum_{n=1}^{\infty}(-1)^{n+1}\frac{2}{n}\sin nx=\frac{f(x+0)+f(x-0)}{2}$，故

$$\sum_{n=1}^{\infty}(-1)^{n+1}\frac{2}{n}\sin nx=\begin{cases}x, & x\neq(2k-1)\pi\\0, & x=(2k-1)\pi\end{cases}(k\in Z)$$

由于此和函数不连续，所以傅里叶级数不一致收敛.

(3) 傅里叶级数 $\sum_{n=1}^{\infty}(-1)^{n+1}\frac{2}{n}\sin nx$ 的和函数为 $\begin{cases}x, & x\neq(2k-1)\pi\\0, & x=(2k-1)\pi.\end{cases}$

例 37 （山东科技大学，2004 年）(1) 求函数 $f(x)=x^2$ 在 $-\pi<x<\pi$ 的傅里叶展开式；(2) 计算 $\sum_{n=1}^{\infty}\frac{1}{n^2}$；(3) 证明 $\int_0^1\frac{\ln x}{1-x}dx=-\frac{\pi^2}{6}$.

[解题要点] (1) 利用傅里叶级数展开式和收敛定理；(2) 利用一致收敛与非一致收敛判别法；(3) 利用一致收敛函数项级数逐项积分性质.

解：(1) 由于 $a_0=\frac{1}{\pi}\int_{-\pi}^{\pi}x^2dx=\frac{2}{3}\pi^2$，

$a_n=\frac{1}{\pi}\int_{-\pi}^{\pi}x^2\cos nxdx=\frac{1}{\pi}\left(\frac{x^2}{n}\sin nx+\frac{2x}{n^2}\cos nx-\frac{2}{n^3}\sin nx\right)\Big|_{-\pi}^{\pi}=(-1)^n\frac{4}{n^2}$，

$b_n=\frac{1}{\pi}\int_{-\pi}^{\pi}x^2\sin nxdx=0$，$n=1, 2, \cdots$，所以 $f(x)=x^2$ 在 $-\pi<x<\pi$ 的傅里叶展开式为 $\frac{\pi^2}{3}+\sum_{n=1}^{\infty}(-1)^n\frac{4}{n^2}\cos nx$.

(2) 由收敛定理得 $\frac{\pi^2}{3}+\sum_{n=1}^{\infty}(-1)^n\frac{4}{n^2}\cos nx=\frac{f(x+0)+f(x-0)}{2}$，令 $x=\pi$，则 $\frac{\pi^2}{3}+\sum_{n=1}^{\infty}(-1)^n\frac{4}{n^2}\cos n\pi=\frac{f(\pi+0)+f(\pi-0)}{2}$，即 $\frac{\pi^2}{3}+\sum_{n=1}^{\infty}\frac{4}{n^2}=\pi^2$. 所以 $\sum_{n=1}^{\infty}\frac{1}{n^2}=\frac{\pi^2}{6}$.

(3) 对任意的 a，b，有 $0<a<b<1$，因为级数 $\frac{1}{1-x}=\sum_{n=0}^{\infty}x^n$ 在 $[a, b]$ 上一致收敛，所以

$$\int_0^1\frac{\ln x}{1-x}dx=\int_0^1\sum_{n=0}^{\infty}x^n\ln xdx=\sum_{n=0}^{\infty}\int_0^1x^n\ln xdx,$$

于是 $\int_a^b\frac{\ln x}{1-x}dx=\int_a^b\sum_{n=0}^{\infty}x^n\ln xdx$. 下证 $\int_a^b\sum_{n=0}^{\infty}x^n\ln xdx=\sum_{n=0}^{\infty}\int_a^bx^n\ln xdx$. 由于

$$\left|\int_a^bx^n\ln xdx\right|\leqslant\left|\int_0^1x^n\ln xdx\right|=\frac{1}{(n+1)^2},$$

而 $\sum\limits_{n=0}^{\infty}\frac{1}{(n+1)^2}$收敛，所以 $\sum\limits_{n=0}^{\infty}\int_a^b x^n\ln x\mathrm{d}x$ 在 $[a,\ b]\subset(0,\ 1)$ 一致收敛. 故

$$\int_a^b\frac{\ln x}{1-x}\mathrm{d}x=\int_a^b\sum_{n=0}^{\infty}x^n\ln x\mathrm{d}x=\sum_{n=0}^{\infty}\int_a^b x^n\ln x\mathrm{d}x,$$

于是有

$$\begin{aligned}\int_0^1\frac{\ln x}{1-x}\mathrm{d}x&=\lim_{\substack{a\to0^+\\b\to1^-}}\int_a^b\frac{\ln x}{1-x}\mathrm{d}x=\lim_{\substack{a\to0^+\\b\to1^-}}\sum_{n=0}^{\infty}\int_a^b x^n\ln x\mathrm{d}x\\&=\sum_{n=0}^{\infty}\lim_{\substack{a\to0^+\\b\to1^-}}\int_a^b x^n\ln x\mathrm{d}x=\sum_{n=0}^{\infty}\int_0^1 x^n\ln x\mathrm{d}x=\sum_{n=0}^{\infty}\frac{-1}{(n+1)^2}=-\frac{\pi^2}{6}.\end{aligned}$$

例 38 求 $f(x)=\frac{\pi-x}{2}$ 在 $(0,\ 2\pi)$ 中的余弦级数.

[解题要点] 利用偶式延拓后的傅里叶级数展开式.

解：延拓 $f(x)=\frac{\pi-x}{2}$，$x\in(0,\ 2\pi)$ 为偶函数 $g(x)=\begin{cases}f(x), & x\in[0,\ 2\pi)\\ f(-x), & x\in(-2\pi,\ 0]\end{cases}$，则 $g(x)$ 的周期为 4π. 因为 $g(x)$ 为偶函数，所以 $g(x)$ 的傅里叶级数的系数 $b_n=0$，$n=0,\ 1,\ 2,\ 3,\ \cdots$. 而

$$\begin{aligned}a_n&=\frac{1}{2\pi}\int_{-2\pi}^{2\pi}g(x)\cos\frac{n\pi x}{2\pi}\mathrm{d}x=\frac{2}{2\pi}\int_0^{2\pi}g(x)\cos\frac{nx}{2}\mathrm{d}x\\&=\frac{1}{\pi}\int_0^{2\pi}f(x)\cos\frac{nx}{2}\mathrm{d}x=\frac{1}{\pi}\int_0^{2\pi}\frac{\pi-x}{2}\cos\frac{nx}{2}\mathrm{d}x=\frac{1}{\pi}\int_0^{2\pi}\frac{\pi}{2}\cos\frac{nx}{2}\mathrm{d}x-\frac{1}{\pi}\int_0^{2\pi}\frac{x}{2}\cos\frac{nx}{2}\mathrm{d}x\\&=\frac{1}{n}\int_0^{2\pi}\cos\frac{nx}{2}\mathrm{d}\left(\frac{nx}{2}\right)-\frac{1}{n\pi}\int_0^{2\pi}x\mathrm{d}\left(\sin\frac{nx}{2}\right)=0-\frac{1}{n\pi}x\sin\frac{nx}{2}\Big|_0^{2\pi}+\frac{1}{n\pi}\int_0^{2\pi}\sin\frac{nx}{2}\mathrm{d}x\\&=\frac{2}{n^2\pi}\int_0^{2\pi}\sin\frac{nx}{2}\mathrm{d}\left(\frac{nx}{2}\right)=\frac{2}{n^2\pi}[(-1)^{n+1}+1],\end{aligned}$$

其中，$n=1,\ 2,\ \cdots$. 所以 $f(x)=\sum\limits_{n=1}^{\infty}\frac{2}{n^2\pi}[(-1)^{n+1}+1]\cos\frac{n\pi x}{2\pi}$，即

$$f(x)=\sum_{n=1}^{\infty}\frac{2}{n^2\pi}[(-1)^{n+1}+1]\cos\frac{nx}{2},\ x\in(0,\ 2\pi),\ n=1,\ 2,\ \cdots.$$

例 39 求 $f(x)=x$ 在 $(0,\ 2)$ 中的正弦级数.

[解题要点] 利用奇式延拓后的傅里叶级数展开式.

解：延拓 $f(x)=x$，$x\in(0,\ 2)$ 为奇函数 $g(x)=f(x)$，$x\in(-2,\ 2)$，则 $g(x)$ 的周期为4. 因为 $g(x)$ 为奇函数，所以 $g(x)$ 的傅里叶级数的系数 $a_n=0$，$n=0,\ 1,\ 2,\ 3,\ \cdots$. 而

$$b_n=\frac{2}{2}\int_0^2\sin\frac{n\pi x}{2}\mathrm{d}x=-\frac{4}{n\pi}\cos n\pi=\frac{4}{n\pi}(-1)^{n+1},\ n=1,\ 2,\ \cdots.$$

所以当 $x\in(0,\ 2)$ 时，由收敛定理有

$$f(x)=x=\sum_{n=1}^{\infty}\frac{4}{n\pi}(-1)^{n+1}\sin\frac{n\pi x}{2}=\frac{4}{\pi}\left(\sin\frac{\pi x}{2}-\frac{1}{2}\sin\frac{2\pi x}{2}+\frac{1}{3}\sin\frac{3\pi x}{2}-\cdots\right).$$

当 $x=0,\ 2$ 时，上式右边级数收敛于0.

第六章　一致收敛

一、基本概念与基本结论

以下处处设 $D\subset\mathbf{R}$.

（一）函数列的一致收敛

1. 函数列收敛性

（1）函数列收敛的定义.

定义 1　（函数列 $\{f_n(x)\}$ 在 D 上收敛于 $f(x)$ 的 $\varepsilon-N$ 定义）对每一个固定的 $x\in D$，对 $\forall\varepsilon>0$，存在正整数 N，当 $n>N$ 时，有 $|f_n(x)-f(x)|<\varepsilon$，我们称函数列 $\{f_n(x)\}$ 在 D 上收敛于 $f(x)$，记作 $\lim\limits_{n\to\infty}f_n(x)=f(x)$，$x\in D$.

（2）函数列收敛的判定方法

定理 1　（函数列 $\{f_n(x)\}$ 在 D 上收敛的柯西准则）函数列 $\{f_n(x)\}$ 在 D 上收敛的充要条件是：$\forall x\in D$，$\forall\varepsilon>0$，存在正整数 N，当 n，$m>N$ 时，有 $|f_n(x)-f_m(x)|<\varepsilon$.

2. 函数列的一致收敛性

（1）函数列一致收敛性的定义.

定义 2　（函数列 $\{f_n(x)\}$ 在 D 上一致收敛于 $f(x)$ 的 $\varepsilon-N$ 定义）$\forall\varepsilon>0$，$\exists$ 正整数 N，当 $n>N$ 时，$\forall x\in D$，有 $|f_n(x)-f(x)|<\varepsilon$，我们称函数列 $\{f_n\}$ 在 D 上一致收敛于 $f(x)$，记作 $f_n(x)\rightrightarrows f(x)\ (n\to\infty)$，$x\in D$. 简记为 $f_n(x)\rightrightarrows f(x)$ 于 D.

（2）函数列一致收敛性的判别法

定理 2　（函数列 $\{f_n(x)\}$ 在 D 上一致收敛的柯西准则）函数列 $\{f_n(x)\}$ 在 D 上一致收敛的充要条件是：$\forall\varepsilon>0$，存在正整数 N，当 n，$m>N$ 时，$\forall x\in D$，有 $|f_n(x)-f_m(x)|<\varepsilon$.

定理 3　函数列 $\{f_n(x)\}$ 在 D 上一致收敛的充要条件是：

$$\lim_{n\to\infty}\sup_{x\in D}|f_n(x)-f(x)|=0.$$

推论 1　设在数集 D 上 $f_n(x)\to f(x)\ (n\to\infty)$. 若存在数列 $\{x_n\}\subset D$，使 $|f_n(x_n)-f(x_n)|\not\to 0\ (n\to\infty)$，则函数列 $\{f_n(x)\}$ 在数集 D 上非一致收敛.

3. 一致收敛函数列极限函数的解析性质

定理4 （连续性）设在 D 上 $f_n(x) \rightrightarrows f(x)$，且对 $\forall n$，函数 $f_n(x)$ 在 D 上连续 $\Rightarrow f(x)$ 在 D 上连续.

推论2 设在 D 上 $f_n(x) \to f(x)$. 若 $\forall n$，函数 $f_n(x)$ 在 D 上连续且 $f(x)$ 在 D 上间断，则函数列 $\{f_n(x)\}$ 在 D 上非一致收敛.

注1：定理1表明：对于各项都连续且一致收敛的函数列 $\{f_n(x)\}$，有 $\lim\limits_{x\to x_0}\lim\limits_{n\to\infty} f_n(x) = \lim\limits_{n\to\infty}\lim\limits_{x\to x_0} f_n(x)$，即极限次序可换.

定理5 （可积性）若在区间 $[a, b]$ 上函数列 $\{f_n(x)\}$ 一致收敛，且每个 $f_n(x)$ 在 $[a, b]$ 上连续. 则有 $\int_a^b (\lim\limits_{n\to\infty} f_n(x))\,\mathrm{d}x = \lim\limits_{n\to\infty}\int_a^b f_n(x)\,\mathrm{d}x$.

定理6 （可微性）设函数列 $\{f_n(x)\}$ 定义在区间 $[a, b]$ 上，在某个点 $x_0 \in [a, b]$ 收敛. 对 $\forall n, f_n(x)$ 在 $[a, b]$ 上连续可导，且由导函数构成的函数列 $\{f'_n(x)\}$ 在 $[a, b]$ 上一致收敛，则函数列 $\{f_n(x)\}$ 在区间 $[a, b]$ 上一致收敛，且有 $\frac{d}{\mathrm{d}x}(\lim\limits_{n\to\infty} f_n(x)) = \lim\limits_{n\to\infty}\frac{d}{\mathrm{d}x} f_n(x)$. 亦即求导运算与极限运算次序可换.

4. 关于函数列收敛与一致收敛的基本知识概要

（1）函数列收敛与一致收敛.

①$f_n(x) \to f(x)$ 于 D（$\subset \mathbf{R}$）$\Leftrightarrow \forall x \in D$, $\lim\limits_{n\to\infty} f_n(x) = f(x)$

$\Leftrightarrow \forall x \in D$, $\forall \varepsilon > 0$, $\exists N = N(x, \varepsilon) > 0$, $\forall n > N$, 有 $|f_n(x) - f(x)| < \varepsilon$

②$f_n(x) \rightrightarrows f(x)$ 于 $D \xLeftrightarrow{\varepsilon - N} \forall \varepsilon > 0, \exists N = N(\varepsilon) > 0, \forall n > N, \forall x \in D$, 有 $|f_n(x) - f(x)| < \varepsilon$

$\xLeftrightarrow{\text{柯西准则}} \forall \varepsilon > 0, \exists N = N(\varepsilon) > 0, \forall n > N, \forall p \geqslant 1$, 有 $|f_{n+p}(x) - f_n(x)| < \varepsilon$

$\xLeftrightarrow{\text{柯西准则}} \forall \varepsilon > 0, \exists N = N(\varepsilon) > 0, \forall m > n > N$, 有 $|f_m(x) - f_n(x)| < \varepsilon$

$\Leftrightarrow \lim\limits_{n\to\infty}\sup\limits_{x\in D}|f_n(x) - f(x)| = 0$

$\xLeftrightarrow{\text{归结原则}} \forall \varepsilon > 0, \exists N = N(\varepsilon) > 0, \forall n > N, \forall \{x_n\} \subset D$, 有 $|f_n(x_n) - f(x_n)| < \varepsilon$

③函数列一致收敛的归结原则（数列判别法）

$$f_n(x) \rightrightarrows f(x) \text{ 于 } D \xLeftrightarrow{\text{归结原则}} \forall \{x_n\} \subset D \text{ 有 } \lim_{n\to\infty}|f(x_n) - f_n(x_n)| = 0$$

④$|f_n(x) - f(x)| \leqslant a_n \to 0 \Rightarrow f_n(x) \rightrightarrows f(x)$ 于 D.

（2）函数列非一致收敛.

①$\{f_n(x)\}$ 在 D 上非一致收敛于 $f(x)$

$\Leftrightarrow \exists \varepsilon_0 > 0$, $\forall N > 0$, $\exists n > N$, $\exists x_N \in D$, 使得 $|f_n(x_N) - f(x_N)| \geqslant \varepsilon_0$.

②$\{f_n(x)\}$ 在 D 上非一致收敛于 $f(x) \Leftrightarrow \exists \{x_n\} \subset D$ 有 $\lim\limits_{n\to\infty}|f(x_n) - f_n(x_n)| \neq 0$.

（二）函数项级数一致收敛性

以下处处设 $D\subset\mathbf{R}$.

1. 函数项级数及其和函数

定义 3 （函数项级数 $\sum_{n=1}^{\infty}u_n(x)$ 在 D 上收敛于 $S(x)$ 的定义）令 $S_n(x)=\sum_{k=1}^{n}u_k(x)$，若部分和函数列 $\{S_n(x)\}$ 在 D 上收敛于函数 $S(x)$，则称函数项级数 $\sum_{n=1}^{\infty}u_n(x)$ 在 D 上收敛于 $S(x)$，记作 $\sum_{n=1}^{\infty}u_n(x)=S(x)$，$x\in D$.

2. 函数项级数 $\sum_{n=1}^{\infty}u_n(x)$ 的一致收敛性

定义 4 （函数项级数 $\sum_{n=1}^{\infty}u_n(x)$ 在 D 上一致收敛于 $S(x)$ 的定义）令 $S_n(x)=\sum_{k=1}^{n}u_k(x)$，若部分和函数列 $\{S_n(x)\}$ 在 D 上一致收敛于函数 $S(x)$，则称函数项级数 $\sum_{n=1}^{\infty}u_n(x)$ 在 D 上一致收敛于 $S(x)$，记作 $\sum_{k=1}^{n}u_k(x)\rightrightarrows S(x)\ (n\to\infty)$，$x\in D$.

3. 一致收敛函数项级数的和函数的解析性质

定理 7 （连续性）设 $\sum u_n(x)$ 在区间 D 上一致收敛于 $S(x)$，且每个 $u_n(x)$ 在 D 上连续，则和函数 $S(x)$ 在 D 上连续.

定理 8 （逐项求积）设 $\sum u_n(x)$ 在区间 $[a,b]$ 上一致收敛于 $S(x)$，且每个 $u_n(x)$ 在 $[a,b]$ 上连续，则有 $\sum\int_a^b u_n(x)\mathrm{d}x=\int_a^b\sum u_n(x)\mathrm{d}x$.

定理 9 （逐项求导）设 $\sum u_n(x)$ 在区间 $[a,b]$ 上某个点 $x_0\in[a,b]$ 收敛，每个 $u_n(x)$ 在 $[a,b]$ 上有连续导数，且由导函数构成的函数项级数 $\sum u'_n(x)$ 在 $[a,b]$ 上一致收敛，则函数项级数 $\sum_{n=1}^{\infty}u_n(x)$ 在区间 $[a,b]$ 上一致收敛，且有 $\frac{\mathrm{d}}{\mathrm{d}x}\left(\sum u_n(x)\right)=\sum\left(\frac{\mathrm{d}}{\mathrm{d}x}u_n(x)\right)$.

4. 函数项级数 $\sum_{n=1}^{\infty}u_n(x)$ 的收敛与一致收敛基本知识概要

（1）函数项级数收敛与一致收敛.

①$\sum u_n(x)$ 收敛于 $S(x)$ 于 $D\Leftrightarrow S_n(x)\to S(x)$ 于 D（定义）

②$\sum u_n(x)$ 一致收敛于 $S(x)$ 于 $D\Leftrightarrow S_n(x)\rightrightarrows S(x)$ 于 D（定义）

$\xLeftrightarrow{\text{柯西准则}}$ $\forall\varepsilon>0$，$\exists N>0$，$\forall n>N$，$\forall p\geqslant1$，$\forall x\in D$，有 $|u_{n+1}(x)+u_{n+2}(x)+\cdots+u_{n+p}(x)|<\varepsilon$

$$\Leftrightarrow \lim_{n\to\infty}\sup_{x\in D}|S_n(x)-S(x)|=0 \Leftrightarrow R_n(x)=S(x)-S_n(x)\rightrightarrows 0$$

$$\xLeftrightarrow{\text{归结原则}} \forall\{x_n\}\subset D,\lim_{n\to\infty}|S_n(x_n)-S(x_n)|=0 \Leftrightarrow \forall\{x_n\}\subset D,\mathbf{R}_n(x_n)=S(x_n)-S_n(x_n)\to 0(n\to\infty)$$

其中 $R_n(x)=S(x)-S_n(x)$ 称为 $\sum u_n(x)$ 的余项或余和.

③一致收敛的必要性.

$\sum u_n(x)$ 在 D 上一致收敛 $\Rightarrow u_n(x)\rightrightarrows 0$ 于 $D \Rightarrow \forall\{x_n\}\subset D$，$\lim\limits_{n\to\infty} u_n(x_n)=0$.

$\sum u_n(x)$ 在 D 一致收敛于 $S(x)$，且每个 $u_n(x)$ 在 D 上连续 $\Rightarrow$ 和函数 $S(x)$ 在 D 上连续.

（2）函数项级数非一致收敛.

① $\sum u_n(x)$ 非一致收敛于 $S(x)$ 于 $D \Leftrightarrow \exists\{x_n\}\subset D$，$\lim\limits_{n\to\infty}|S_n(x_n)-S(x_n)|\neq 0$

②若 $\{u_n(x)\}$ 非一致收敛于 0，则 $\sum u_n(x)$ 非一致收敛.

5. 函数项级数 $\sum\limits_{n=1}^{\infty} u_n(x)$ 一致收敛判别法

（1）M 判别法（优级数判别法）.

$$\left.\begin{array}{l}|u_n(x)|\leqslant M_n \text{ 于 } D\\ \sum M_n \text{ 收敛}\end{array}\right\}\Rightarrow \sum u_n(x) \text{ 于 } D \text{ 一致收敛}$$

（2）一致收敛 Cauchy 判别法，即一致收敛的 Cauchy 准则.

$\sum u_n$ 于 D 上一致收敛 $\Leftrightarrow \forall\varepsilon>0$，$\exists N=N(\varepsilon)>0$，$\forall x\in D$，$\forall p\geqslant 1$ 有

$$|u_{n+1}(x)+u_{n+2}(x)+\cdots+u_{n+p}(x)|<\varepsilon$$

（3）一致收敛 sup 判别法.

$\sum u_n(x)$ 于 D 一致收敛于 $S(x) \Leftrightarrow S_n(x)\rightrightarrows S(x)$ 于 D

$$\Leftrightarrow R_n(x)=S(x)-S_n(x)\rightrightarrows 0 \text{ 于 } D$$

$$\Leftrightarrow \lim_{n\to\infty}\sup_{x\in D}|S(x)-S_n(x)|=0$$

$$\Leftrightarrow \sup_{x\in D}|R_n(x)|\to 0\ (n\to\infty)$$

（4）狄利克雷判别法（狄氏判别法）.

$$\left.\begin{cases}u_n(x) \text{ 单调} \rightrightarrows 0\\ \sum v_n(x) \text{ 部分和一致有界}\end{cases}\right\}\xRightarrow{\text{狄氏判别法}} \sum u_n(x)v_n(x) \text{ 一致收敛}$$

（5）阿贝尔判别法

$$\left.\begin{cases}u_n(x) \text{ 单调（关于 } n\text{）一致有界}\\ \sum v_n(x) \text{ 一致收敛}\end{cases}\right\}\xRightarrow{\text{阿贝尔判别法}} \sum u_n(x)v_n(x) \text{ 一致收敛}$$

6. 函数项级数 $\sum\limits_{n=1}^{\infty} u_n(x)$ 非一致收敛判别法

（1）归结法（余项判别法）：若

$$\exists \{x_n\} \subset D，使 |R_n(x_n)| = |S(x_n) - S_n(x_n)| \not\to 0 \ (n\to\infty),$$

则 $\sum_{n=1}^{\infty} u_n(x)$ 在 D 上非一致收敛于 $S(x)$.

（2）通项法：若 $\exists \{x_n\} \subset D$，使得 $\lim_{n\to\infty} u_n(x_n) \neq 0$，则 $\sum_{n=1}^{\infty} u_n(x)$ 在 D 上非一致收敛于 $S(x)$.

（3）和函数判别法：若每个 $u_n(x)$ 在 D 上连续，但和函数 $S(x)$ 在 D 上不连续，则 $\sum_{n=1}^{\infty} u_n(x)$ 在 D 上非一致收敛于 $S(x)$.

（三）含参量非正常积分的一致收敛

1. 含参量反常积分

（1）含参量无穷积分.

含参量无穷积分：函数 $f(x, y)$ 定义在 $[a, b] \times [c, +\infty)$ 上（$[a, b]$ 可以是无穷区间 $(-\infty, b]$，$[a, +\infty)$ 或 $(-\infty, +\infty)$）. 下面记 $I(x) = \int_c^{+\infty} f(x, y)\,dy$，即 $\forall x \in [a, b]$，反常积分 $\int_c^{+\infty} f(x, y)\,dy$ 收敛于 $I(x)$，于是，由柯西准则可知，$\forall x \in [a, b]$，$\forall \varepsilon > 0$，$\exists M > c$，使得 $\left|\int_M^{+\infty} f(x, y)\,dy\right| < \varepsilon$.

（2）含参量无穷积分的一致收敛性.

定义 5 （一致收敛性）设函数 $f(x, y)$ 在 $[a, b] \times [c, +\infty)$ 上有定义. 若对 $\forall \varepsilon > 0$，$\exists N > c$，使得当 $M > N$，$\forall x \in [a, b]$ 都有 $\left|\int_c^M f(x, y)\,dy - I(x)\right| < \varepsilon$ 即 $\left|\int_M^{+\infty} f(x, y)\,dy\right| < \varepsilon$ 成立，则称含参无穷积分 $\int_c^{+\infty} f(x, y)\,dy$ 在 $[a, b]$ 上（关于 x）一致收敛.

定理 10 （一致收敛的柯西准则）积分 $I(x) = \int_c^{+\infty} f(x, y)\,dy$ 在 $[a, b]$ 上一致收敛 $\Leftrightarrow \forall \varepsilon > 0$，$\exists M > 0$，$\forall A_1, A_2 > M$，$\forall x \in [a, b] \Rightarrow \left|\int_{A_1}^{A_2} f(x, y)\,dy\right| < \varepsilon$.

（3）含参量无穷积分与函数项级数的关系.

定理 11 积分 $I(x) = \int_c^{+\infty} f(x, y)\,dy$ 在 $[a, b]$ 上一致收敛 $\Leftrightarrow$ 对任一数列 $\{A_n\}$（$A_1 = c$），A_n 递增且趋于 $+\infty$，函数项级数 $\sum_{n=1}^{\infty} \int_{A_n}^{A_{n+1}} f(x, y)\,dy = \sum_{n=1}^{\infty} u_n(x)$ 在 $[a, b]$ 上一致收敛.

（4）含参量无穷积分一致收敛判别法.

定理 12 （M 判别法）设有函数 $g(y)$，使得在 $[a, b] \times [c, +\infty)$ 上有 $|f(x, y)| \leqslant g(y)$. 若积分 $\int_c^{+\infty} g(y)\,dy < +\infty$，则积分 $\int_c^{+\infty} f(x, y)\,dy$ 在 $[a, b]$ 一致收敛.

定理 13 （狄氏判别法）设 (1)对一切实数 $N>c$，含参量积分 $\int_c^N f(x,y)\,dy$ 对参量 x 在 $[a,b]$ 上一致有界; (2)对每个 $x\in[a,b]$，函数 $g(x,y)$ 关于 y 是单调递减且当 $y\to+\infty$ 时，对参量 x，$g(x,y)$ 在 $[a,b]$ 上一致收敛于 0，则含参量反常积分 $\int_c^{+\infty} f(x,y)g(x,y)\,dy$ 在 $[a,b]$ 上一致收敛.

定理 14 （阿贝尔判别法）设 ①含参量积分 $\int_c^{+\infty} f(x,y)\,dy$ 在 $[a,b]$ 上一致收敛；②对每个 $x\in[a,b]$，函数 $g(x,y)$ 为 y 的单调函数且对参量 x，$g(x,y)$ 在 $[a,b]$ 上一致有界，则含参量反常积分 $\int_c^{+\infty} f(x,y)g(x,y)\,dy$ 在 $[a,b]$ 上一致收敛.

（5）含参量无穷积分的解析性质.

①连续性.

定理 15 设函数 $f(x,y)$ 在 $[a,b]\times[c,+\infty)$ 上连续. 若积分 $I(x)=\int_c^{+\infty} f(x,y)\,dy$ 在 $[a,b]$ 上一致收敛，则函数 $I(x)$ 在 $[a,b]$ 上连续.

推论： 在定理 6 的条件下，对 $\forall x_0\in[a,b]$，有

$$\lim_{x\to x_0}\int_c^{+\infty} f(x,y)\,dy=\int_c^{+\infty} f(x_0,y)\,dy=\int_c^{+\infty}(\lim_{x\to x_0} f(x,y))\,dy.$$

②可微性.

定理 16 设函数 f 和 f_x 在 $[a,b]\times[c,+\infty)$ 上连续. 若积分 $I(x)=\int_c^{+\infty} f(x,y)\,dy$ 在 $[a,b]$ 上收敛，积分 $\int_c^{+\infty} f_x(x,y)\,dy$ 在 $[a,b]$ 一致收敛，则函数 $I(x)$ 在 $[a,b]$ 上可微，且 $I'(x)=\int_c^{+\infty} f_x(x,y)\,dy$.

注 1： 在定理 7 的条件下，必有 $I(x)=\int_c^{+\infty} f(x,y)\,dy$ 在 $[a,b]$ 上一致收敛.

③可积性.

定理 17 设函数 $f(x,y)$ 在 $[a,b]\times[c,+\infty)$ 上连续，若积分 $I(x)=\int_c^{+\infty} f(x,y)\,dy$ 在 $[a,b]$ 上一致收敛，则函数 $I(x)$ 在 $[a,b]$ 上可积，且有

$$\int_a^b dx\int_c^{+\infty} f(x,y)\,dy=\int_c^{+\infty} dy\int_a^b f(x,y)\,dx.$$

定理 18 设函数 $f(x,y)$ 在 $[a,+\infty)\times[c,+\infty)$ 上连续. 若① $\int_a^{+\infty} f(x,y)\,dx$ 关于 y 在任何区间 $[c,+\infty)$ 内闭一致收敛，$\int_c^{+\infty} f(x,y)\,dy$ 关于 x 在区间 $[a,+\infty)$ 内闭一致收敛；②积分 $\int_a^{+\infty} dx\int_c^{+\infty} |f(x,y)|\,dy$ 与 $\int_c^{+\infty} dy\int_a^{+\infty} |f(x,y)|\,dx$ 中有一个收敛，则

$$\int_a^{+\infty} dx\int_c^{+\infty} f(x,y)\,dy=\int_c^{+\infty} dy\int_a^{+\infty} f(x,y)\,dx.$$

（二）欧拉积分

$\Gamma(s)$ 和 $B(p, q)$ 统称为欧拉积分，它们在积分计算等方面很有用.

1. Gamma 函数 $\Gamma(s)$ ——欧拉第二型积分

（1）Gamma 函数（也称 Γ-函数）.

考虑无穷限含参量积分 $\int_0^{+\infty} x^{s-1}e^{-x}dx\ (s>0)$.

称该积分为欧拉第二型积分. 欧拉第二型积分定义了 $s\in(0, +\infty)$ 内的一个函数，称该函数为 Gamma 函数，记为 $\Gamma(s)$，即 $\Gamma(s)=\int_0^{+\infty} x^{s-1}e^{-x}dx\ (s>0)$.

（2）Γ-函数的连续性和可导性.

$\Gamma(s)$ 在区间 $(0, +\infty)$ 内非一致收敛，但在区间 $(0, +\infty)$ 内闭一致收敛.

$\Gamma(s)$ 的连续性：$\Gamma(s)$ 在区间 $(0, +\infty)$ 内连续.

$\Gamma(s)$ 的可导性：$\Gamma(s)$ 在区间 $(0, +\infty)$ 内可导，且

$$\Gamma'(s)=\int_0^{+\infty}\frac{\partial}{\partial s}(x^{s-1}e^{-x})dx=\int_0^{+\infty}x^{s-1}e^{-x}\ln x\,dx.$$

同理可得：$\Gamma(s)$ 在区间 $(0, +\infty)$ 内任意阶可导，且

$$\Gamma^{(n)}(s)=\int_0^{+\infty}x^{s-1}e^{-x}(\ln x)^n dx.$$

（3）$\Gamma(s)$ 的递推公式.

$\Gamma(s)$ 的递推公式：$\Gamma(s+1)=s\Gamma(s)\ (s>0)$.

一般有 $\Gamma(n+1)=n\Gamma(n)=n(n-1)\Gamma(n-1)=\cdots=n!$.

注意到结果 $\int_0^{+\infty}e^{-x^2}dx=\frac{\sqrt{\pi}}{2}$，得 $\Gamma(s)$ 的一个特殊值

$$\Gamma\left(\frac{1}{2}\right)=2\int_0^{+\infty}e^{-t^2}dt=2\cdot\frac{\sqrt{\pi}}{2}=\sqrt{\pi}\approx 1.772454.$$

2. Beta 函数 $B(p, q)$ ——欧拉第一型积分

（1）Beta 函数（也称 B-函数）及其连续性.

称（含有两个参数的）含参量积分 $\int_0^1 x^{p-1}(1-x)^{q-1}dx\ (p>0, q>0)$ 为欧拉第一型积分. 当 p 和 q 中至少有一个小于 1 时，该积分为瑕积分.

$$B(p,q)=\int_0^1 x^{p-1}(1-x)^{q-1}dx\ (p>0, q>0).$$

不难验证，B-函数在 D 内闭一致收敛. 又被积函数在 D 内连续，因此，B-函数是 D 内的二元连续函数，其中 $D=\{(p, q)\mid p>0, q>0\}$.

（2）B-函数的对称性：$B(p, q)=B(q, p)$.

（3）递推公式：$B(p+1, q+1)=\frac{q}{p+q+1}B(p+1, q)$.

由对称性，又有 $B(p+1, q+1)=\frac{p}{p+q+1}B(p, q+1)$.

3. Γ－函数和 B－函数的关系

Γ－函数和 B－函数之间有关系式 $B(p,q)=\dfrac{\Gamma(p)\Gamma(q)}{\Gamma(p+q)}$ $(p>0,\ q>0)$.

特别地，$p>0$，$q>0$ 且 $p+q=1$ 或 $p+q=2$ 时，由于 $\Gamma(1)=\Gamma(2)=1$，就有 $B(p,q)=\Gamma(p)\Gamma(q)$.

二、例题选讲

例 1 设 $f_n(x)=x^n$，证明 $\{x^n\}$ 在 $(0,1)$ 内非一致收敛，但在 $(0,\delta)$ 上一致收敛 $(0<\delta<1)$.

[解题要点] 利用函数列一致收敛与非一致收敛的判别法.

证：先证 $\{x^n\}$ 在 $(0,1)$ 内非一致收敛.

方法 1：由于 $\lim\limits_{n\to\infty}f_n(x)=\lim\limits_{n\to\infty}x^n=0=f(x)$，又

$$\sup_{x\in(0,1)}|f_n(x)-f(x)|=\sup_{x\in(0,1)}x^n=1\neq 0.$$

故非一致收敛.

方法 2：设 $f_n(x)=x^n$，则 $f_n(x)\to f(x)=0$ $(n\to\infty)$. 取 $x_n=\left(1-\dfrac{1}{n}\right)^{\frac{1}{n}}\in(0,1)$. 则

$$|f_n(x_n)-f(x_n)|=\left[\left(1-\frac{1}{n}\right)^{\frac{1}{n}}\right]^n=1-\frac{1}{n}\to 1\neq 0,$$

故非一致收敛.

方法 3：设 $f_n(x)=x^n$，则 $f_n(x)\to f(x)=0$ $(n\to\infty)$. 取 $x_n=1-\dfrac{1}{n}\in(0,1)$，则

$$|f_n(x)-f_n(x_n)|=x_n{}^n=\left(1-\frac{1}{n}\right)^n=\left[\left(1+\frac{1}{-n}\right)^{-n}\right]^{-1}\to e^{-1}\neq 0,$$

故非一致收敛.

再证在 $(0,\delta)$ 上一致收敛 $(0<\delta<1)$. 显然 $f_n(x)\to 0$ $(\forall x\in(0,\delta))$. 由于

$$\sup_{x\in(0,\delta)}|f_n(x)-0|=\sup_{x\in(0,\delta)}x^n=\delta^n\to 0\ (n\to\infty),$$

故 $\{x^n\}$ 在 $(0,\delta)$ 上一致收敛 $(0<\delta<1)$. 于是，$\{x^n\}$ 在 $(0,1)$ 上非一致收敛，但在 $(0,1)$ 上内闭一致收敛.

例 2 设 $f_n(x)=\dfrac{nx}{n^2+(n+1)x}$，问 $f_n(x)$ 在 $D=(0,+\infty)$ 上是否一致收敛?

[解题要点] 利用函数列非一致收敛的判别法.

解：由于 $f_n(x)\to f(x)=0$ $(n\to\infty)$，取 $x_n=n\in(0,+\infty)$. 则

$$|f_n(x_n)-f(x_n)|=\frac{n^2}{n^2+n(n+1)}\to\frac{1}{1+1}=\frac{1}{2}>0,$$

故非一致收敛.

例 3　验证$f_n(x)=nxe^{-nx^2}$在$D=(0,+\infty)$上非一致收敛.

[解题要点]　利用函数列非一致收敛的判别法.

证：方法 1（sup 方法）：由于$f(x)=\lim\limits_{n\to\infty}f_n(x)=\lim\limits_{n\to\infty}\frac{nx}{e^{nx^2}}=\lim\limits_{t\to+\infty}\frac{tx}{e^{tx^2}}=\lim\limits_{t\to+\infty}\frac{x}{x^2e^{tx^2}}=0$，又

$$\sup_{x\in(0,+\infty)}|f_n(x)-f(x)|=\sup_{x\in(0,+\infty)}f_n(x)=f_n\left(\frac{1}{\sqrt{2n}}\right)=n\cdot\frac{1}{\sqrt{2n}}e^{-n\frac{1}{2n}}=\sqrt{\frac{n}{2}}e^{-\frac{1}{2}},$$

则$\lim\limits_{n\to\infty}\sqrt{\frac{n}{2}}e^{-\frac{1}{2}}\neq0$，故由此可得$f_n(x)=nxe^{-nx^2}$在$D=(0,+\infty)$非一致收敛.

（注意：$f_n(x)$定义在$(0,+\infty)$上，令$f'_n(x)=ne^{-nx^2}-2n^2x^2e^{-nx^2}=0$，则$x=\frac{1}{\sqrt{2n}}$）

方法 2（归结法）：由于$f_n(x)\to f(x)=0$，取$x_n=\frac{1}{\sqrt{2n}}\in(-\infty,+\infty)$，则

$$|f_n(x)-f(x)|=f_n\left(\frac{1}{\sqrt{2n}}\right)\to+\infty(\neq0),$$

故由此可得$f_n(x)=nxe^{-nx^2}$在$D=(0,+\infty)$非一致收敛.

方法 3（归结法）：由于$f_n(x)\to f(x)=0$，取$x_n=\frac{1}{\sqrt{n}}\in(-\infty,+\infty)$，则

$$|f_n(x_n)-f(x_n)|=f_n\left(\frac{1}{\sqrt{n}}\right)=n\cdot\frac{1}{\sqrt{n}}e^{-n\cdot\frac{1}{n}}=\sqrt{n}e^{-1}\to+\infty(\neq0),$$

故由此可得$f_n(x)=nxe^{-nx^2}$在$D=(0,+\infty)$非一致收敛.

例 4　证明$f_n(x)=nxe^{-nx^2}$在$D=(0,+\infty)$上内闭一致收敛.

[解题要点]　利用函数列内闭一致收敛的判别法.

证：$\forall I=[a,b]\subset(0,+\infty)$，由于

$$\sup_{x\in[a,b]}|f_n(x)-f(x)|=\sup_{x\in[a,b]}nxe^{-nx^2}\leqslant nbe^{-na^2}\to0,$$

于是该函数列在D上内闭一致收敛. 这里注意$\lim\limits_{n\to\infty}nbe^{-na^2}=\lim\limits_{t\to+\infty}\frac{bt}{e^{ta^2}}\overset{(\frac{\infty}{\infty})}{=}0$，以及

$$\left.\begin{array}{l}0<a\leqslant x\leqslant b\Rightarrow na\leqslant nx\leqslant nb\\ a^2\leqslant x^2\leqslant b^2\Rightarrow-nb^2\leqslant-nx^2\leqslant-na^2\\ a^2\leqslant x^2\leqslant b^2\Rightarrow e^{-nb^2}\leqslant e^{-nx^2}\leqslant e^{-na^2}\end{array}\right\}\Rightarrow nxe^{-nx^2}\leqslant nbe^{-na^2}.$$

例 5　证明在$(-\infty,+\infty)$上$f_n(x)=\frac{\sin nx}{n^\alpha}\rightrightarrows0\ (\alpha>0)$.

[解题要点]　函数列一致收敛的判别法.

证：由于$\left|\frac{\sin nx}{n^\alpha}-0\right|\leqslant\frac{1}{n^\alpha}\to0\ (n\to\infty)$，故$f_n(x)\rightrightarrows0(\alpha>0)$.

例 6　验证$\sum\limits_{n=0}^{\infty}x^n$在$(-1,1)$上不一致收敛，但内闭一致收敛.

[解题要点]　(1) 几何级数$\sum\limits_{n=0}^{\infty}x^n=1+x+x^2+\cdots\ (x\in(-\infty,+\infty))$部分和

$S_n(x)=\frac{1-x^n}{1-x}$，$(x\neq 1)$. 当 $|x|<1$ 时该级数收敛，其和 $S(x)=\lim\limits_{n\to\infty}S_n(x)=\frac{1}{1-x}$. 故 $\sum\limits_{n=0}^{\infty}x^n\begin{cases}\text{收敛}, & |x|<1\\ \text{发散}, & |x|\geqslant 1\end{cases}$.

(2) $\sum S_n(x)$不一致收敛⇔余项 $R_n(x)=S(x)-S_n(x)$不一致收敛于0.

方法1：由于 $S_n(x)=1+x+x^2+\cdots+x^{n-1}=\frac{1-x^n}{1-x}\to\frac{1}{1-x}=S(x)$（当 $|x|<1$），

$$\sup_{x\in(-1,1)}|S(x)-S_n(x)|=\sup_{x\in(-1,1)}\left|\frac{x^n}{1-x}\right|\geqslant\left|\frac{\left(\frac{n}{n+1}\right)^n}{1-\frac{n}{n+1}}\right|=(1+n)\left(\frac{n}{n+1}\right)^n,$$

因此 $\sup\limits_{x\in(-1,1)}|S(x)-S_n(x)|\to+\infty\ (\neq 0)\ (n\to\infty)$，即 $\sum\limits_{n=0}^{\infty}x^n$ 在 $(-1,1)$ 上不一致收敛.

方法2：对于余项 $R_n(x)=\frac{x^n}{1-x}$，$\exists x_n=\frac{n}{n+1}\in(-1,1)$，使得

$$|R_n(x_n)|=\left|\frac{\left(\frac{n}{n+1}\right)^n}{1-\frac{n}{n+1}}\right|=(1+n)\left(\frac{n}{n+1}\right)^n\to+\infty\ (n\to\infty).$$

故 $\sum\limits_{n=0}^{\infty}x^n$ 在 $(-1,1)$ 上不一致收敛.

例7 讨论下列函数列在给定的区间上是否一致收敛或内闭一致收敛.

(1) $f_n(x)=\sqrt{x^2+\frac{1}{n}}$，$D=(-1,1)$；

(2) $f_n(x)=\frac{x}{1+n^2x^2}$，$D=(-\infty,+\infty)$；

(3) $f_n(x)=\begin{cases}-(n+1)x+1, & 0\leqslant x\leqslant\frac{1}{n+1}\\ 0, & \frac{1}{n+1}<x<1\end{cases}$，$D=[0,1)$；

(4) $f_n(x)=\frac{x}{n}$，$D=[0+\infty)$；

(5) $f_n(x)=\sin\frac{x}{n}$，$D=(-\infty,+\infty)$.

[解题要点] 利用函数列一致收敛与非一致收敛的判别法.

解：(1) 由于

$$\lim_{n\to\infty}f_n(x)=\lim_{n\to\infty}\sqrt{x^2+\frac{1}{n}}=\sqrt{\lim_{n\to\infty}\left(x^2+\frac{1}{n}\right)}=\sqrt{x^2+0}=|x|=f(x),$$

$$\sup_{x\in D}|f_n(x)-f(x)|=\sup_{x\in D}\left|\sqrt{x^2+\frac{1}{n}}-|x|\right|$$

$$=\sup_{x\in D}\frac{\frac{1}{n}}{\sqrt{x^2+\frac{1}{n}}+|x|}\leqslant\frac{\frac{1}{n}}{\sqrt{\frac{1}{n}}}=\sqrt{\frac{1}{n}}\to 0(n\to\infty),$$

故在 $D=(-1,1)$上一致收敛.

（2）由于$\lim\limits_{n\to\infty}f_n(x)=\lim\limits_{n\to\infty}\frac{\frac{1}{n^2}\cdot x}{\frac{1}{n^2}+x^2}=\frac{0}{0+x^2}=0\ (x\neq 0)$　（当 $x=0$ 时，$f_n(x)=0$），

故$\lim\limits_{n\to\infty}f_n(x)=f(x)=0$. 又

$$|f_n(x)-f(x)|=\frac{|x|}{1+n^2x^2}\leqslant\frac{|x|}{2n|x|}\to 0,$$

故在 $D=(-\infty,+\infty)$ 上一致收敛.

（3）$\forall x\in[0,1)$，$\exists N\geqslant 1\Rightarrow\frac{1}{N+1}<x<1$.

当 $n>N$ 时，$\frac{1}{n+1}<\frac{1}{N+1}<x<1\Rightarrow f_n(x)=0$，故 $\lim\limits_{n\to\infty}f_n(x)=0=f(x)$. 从而有

$$f_n(x)\to f(x)=\begin{cases}1, & x=0\\ 0, & x\in(0,1)\end{cases}\quad(n\to\infty).$$

令 $x_n=\frac{1}{2n+1}\in[0,1)$，则$0\leqslant x_n\leqslant\frac{1}{n+1}$. 于是，

$$\lim_{n\to\infty}|f_n(x_n)-f(x_n)|=\lim_{n\to\infty}\left|-(n+1)\cdot\frac{1}{2n+1}+1\right|=\frac{1}{2}\neq 0,$$

故非一致收敛.

下证内闭一致收敛. 设$0<\delta<1$，$\forall x\in[\delta,1)$，$\exists N=N(\delta)\geqslant 1$，使

$$\frac{1}{N+1}<\delta<x<1\Rightarrow \text{当 } n>N \text{ 时，}\frac{1}{n+1}<\frac{1}{N+1}<\delta<x<1\Rightarrow f_n(x)=0.$$

（这里 $N>\frac{1}{\delta}-1$ 与 x 无关，当 $n>N$ 时，$|f_n(x)-f(x)|=0-0=0<\varepsilon$）故在 $(0,1)$ 上内闭一致收敛.

（4）$\forall x\in[0,+\infty)$，$\lim\limits_{n\to\infty}f_n(x)=\lim\limits_{n\to\infty}\frac{x}{n}=0=f(x)$. 令 $x_n=n\in[0,+\infty)$，则

$$\lim_{n\to\infty}|f_n(x_n)-f(x_n)|=\lim_{n\to\infty}|f_n(x_n)-0|=\lim_{n\to\infty}\left|\frac{n}{n}\right|=1\neq 0,$$

故在 D 上非一致收敛.

$\forall[\alpha,\beta]\subset D=[0,+\infty)$，$\forall x\in[\alpha,\beta]$ 则 $|f_n(x)-f(x)|=\left|\frac{x}{n}\right|\leqslant\frac{\beta}{n}\to 0$ $(n\to\infty)$，故在 D 上内闭一致收敛.

（5）由于 $\lim\limits_{n\to\infty}f_n(x)=\lim\limits_{n\to\infty}\sin\frac{x}{n}=\sin\left(\lim\limits_{n\to\infty}\frac{x}{n}\right)=\sin 0=0=f(x)$，令 $x_n=n$，则

$$\lim_{n\to\infty}|f_n(x_n)-f(x_n)|=\sin 1\neq 0,$$

故在 D 上非一致收敛.

$\forall x\in[\alpha,\beta]\subset(-\infty,+\infty)$，由于

$$|f_n(x)-f(x)|=\sin\left|\frac{x}{n}\right|\leqslant\left|\frac{x}{n}\right|\leqslant\frac{\max\{|\alpha|,|\beta|\}}{n}\to 0\ (n\to\infty),$$

故在 D 上内闭一致收敛.

例 8　设数列 $\{a_n\}$ 单调递增且收敛于 0，则 $\sum a_n\cos nx$ 在 $[a,\pi-a]$ $(0<a<\pi)$ $\left(0<\frac{a}{2}<\frac{\pi}{2}\right)$ 上一致收敛.

[解题要点]　利用函数项级数一致收敛的狄氏判别法.

证：令 $u_n(x)=a_n$，$v_n=\cos nx$，则 $u_n(x)$ 单调递增且一致收敛于 0. 下证：$\sum v_n$ 的部分和在 $[\alpha,\pi-\alpha]$ 上 一致有界.

$$S_n=\sum_{k=1}^{n}\cos kx=\left|\frac{\sin\left(n+\frac{1}{2}\right)x}{2\sin\frac{x}{2}}-\frac{1}{2}\right|\leqslant\frac{1}{2\left|\sin\frac{x}{2}\right|}+\frac{1}{2}\leqslant\frac{1}{2\sin\frac{a}{2}}+\frac{1}{2}\left(\text{由}\left|\sin\frac{x}{2}\right|\geqslant\sin\frac{a}{2}\right),$$

故狄氏判别判别法可知该级数一致收敛. 这里注意由 $\alpha<x<\pi-\alpha$，有 $0<\frac{\alpha}{2}<\frac{x}{2}<\frac{\pi}{2}-\frac{\alpha}{2}$，故 $\left|\sin\frac{x}{2}\right|\geqslant\sin\frac{a}{2}$. 另外，注意观察

$$2\sin\frac{x}{2}(\cos x+\cos 2x+\cdots+\cos nx)=\left(\sin\frac{3}{2}x-\sin\frac{x}{2}\right)+\left(\sin\frac{5}{2}x-\sin\frac{3}{2}x\right)+\cdots+\left(\sin\frac{1+2n}{2}x-\sin\frac{1-2n}{2}x\right).$$

例 9　判别下列函数项级数是否一致收敛.

(1) $\sum\frac{x^n}{(n-1)!}$，$x\in[-r,r]$；

(2) $\sum\frac{(-1)^{n-1}x^2}{(1+x^2)^n}$，$x\in(-\infty,+\infty)$；

(3) $\sum\frac{n}{x^n}$，$|x|>r\geqslant 1$；

(4) $\sum\frac{x^2}{(1+x^2)^{n-1}}$，$x\in(-\infty,+\infty)$.

[解题要点]　利用函数项级数一致收敛与非一致收敛的判别法.

解：(1) $\forall x\in[-r,r]$，$\left|\frac{x^n}{(n-1)!}\right|\leqslant\frac{r^n}{(n-1)!}$，应用正项级数的达朗贝尔判别法，由于

$$\frac{u_{n+1}}{u_n}=\frac{r^{n+1}}{n!}\cdot\frac{(n-1)!}{r^n}=\frac{r}{n}\to 0<1,$$

故 $\sum\frac{r^n}{(n-1)!}$ 收敛. 再由 M 判别法可得出其一致收敛.

（2）设 $u_n(x)=(-1)^{n-1}$，$v_n(x)=\dfrac{x^2}{(1+x^2)^n}$，则 $\sum u_n(x)$ 部分和一致有界：$|S_n(x)|\leqslant 1$. 下证 $v_n(x)$ 单调一致收敛于0.

$$v_n(x)-v_{n+1}(x)=\frac{x^2}{(1+x^2)^n}-\frac{x^2}{(1+x^2)^{n+1}}=\frac{x^4}{(1+x^2)^{n+1}}>0,$$

即 $v_n(x)$ 单调递减. 又 $\forall x\in(-\infty,+\infty)$，由

$$0\leqslant\frac{x^2}{(1+x^2)^n}\leqslant\frac{x^2}{1+nx^2}\leqslant\frac{x^2}{nx^2}=\frac{1}{n},$$

于是，$v_n(x)$ 在 $(-\infty,+\infty)$ 上一致收敛于0. 由狄氏判别法原级数一致收敛.

（3）由 $|x|>r\geqslant 1$ 可知 $\left|\dfrac{n}{x^n}\right|=\dfrac{n}{|x|^n}<\dfrac{n}{r^n}$,

①当 $r>1$ 时，下证 $\sum\dfrac{n}{r^n}$ 收敛. 由于

$$\frac{u_{n+1}}{u_n}+\frac{n+1}{r^{n+1}}\cdot\frac{r^n}{n}=\frac{1}{r}\cdot\frac{n+1}{n}\to\frac{1}{r}<1,$$

由达朗贝尔判别法知，$\sum\dfrac{n}{r^n}$ 收敛. 再由 M 判别法，$\sum\dfrac{n}{r^n}$ 在 $|x|>r$ 上一致收敛.

②当 $r=1$ 时，对 $u_n(x)=\dfrac{n}{x^n}$，取 $x_n=\dfrac{n+1}{n}\in\{x:|x|>1\}$，则 $|u_n(x_n)|=\dfrac{n}{\left(1+\dfrac{1}{n}\right)^n}\to+\infty\neq 0$，故 $u_n(x)$ 不一致收敛于0，从而 $\sum u_n(x)$ 在 $|x|>1$ 上非一致收敛.

（4）方法1：设 $u_n(x)=\dfrac{x^2}{(1+x^2)^{n-1}}$，当 $x=0$ 时，$S(x)=\sum u_n(x)=0$.

当 $x\neq 0$ 时，$S(x)=x^2\left(1+\dfrac{1}{1+x^2}+\cdots\right)=x^2\cdot\dfrac{1}{1-\dfrac{1}{1+x^2}}=1+x^2$，于是

$$S(x)=\begin{cases}0, & x=0\\ 1+x^2, & x\neq 0\end{cases}.$$

显然，和函数 $S(x)$ 在 $x=0$ 处不连续. 又 $u_n(x)$ 在 $(-\infty,+\infty)$ 上连续，故 $\sum u_n(x)$ 在 $\mathbf{R}$ 上非一致收敛.

方法2：由于余项

$$R_n(x)=S(x)-S_n(x)=x^2\left(\frac{1}{1-\dfrac{1}{1+x^2}}-\frac{1-\dfrac{1}{(1+x^2)^n}}{1-\dfrac{1}{1+x^2}}\right)=\frac{1}{(1+x^2)^{n-1}}.$$

令 $x_n=0\in(-\infty,+\infty)$，则 $R_n(x_n)=1\not\to 0$，故 $R_n(x_n)$ 不一致收敛于0，即 $\sum u_n(x)$ 在 $\mathbf{R}$ 上非一致收敛.

例 10　设 $[0, 1]$ 上定义：$u_n(x)=\begin{cases}\dfrac{1}{n}, & x=\dfrac{1}{n}\\ 0, & x\neq\dfrac{1}{n}\end{cases}$ $(n=1, 2, \cdots)$. 证明：$\sum u_n(x)$ 在 $[0, 1]$ 上一致收敛，但不存在优级数.

[解题要点]　①利用函数项级数一致收敛的柯西准则；②利用函数项级数一致收敛的优级数判别法.

证：$\forall p\geqslant 1$，$\forall x\in[0, 1]$，

$$|u_{n+1}(x)+\cdots+u_{n+p}(x)|=\begin{cases}\dfrac{1}{n+1}<\dfrac{1}{n}, & x=\dfrac{1}{n+1}\\ \dfrac{1}{n+2}<\dfrac{1}{n}, & x=\dfrac{1}{n+1}\\ \qquad\vdots & \\ \dfrac{1}{n+p}<\dfrac{1}{n}, & x=\dfrac{1}{n+p}\\ 0<\dfrac{1}{n}, & x\text{ 为其他}\end{cases}.$$

令 $\dfrac{1}{n}<\varepsilon$，得 $n>\dfrac{1}{\varepsilon}$. 故 $\forall\varepsilon>0$，$\exists N=\dfrac{1}{\varepsilon}>0$，当 $n>N$ 时，$\forall p\geqslant 1$，$\forall x\in[0, 1]$ 有

$$|u_{n+1}(x)+\cdots+u_{n+p}(x)|<\varepsilon,$$

由柯西一致收敛准则知 $\sum u_n(x)$ 在 $[0, 1]$ 一致收敛.

反证法. 若存在优级数 $\sum M_n$ 使 $u_n(x)\leqslant M_n$，$\forall x\in[0, 1]$. 令 $x=\dfrac{1}{n}$，则 $\dfrac{1}{n}\leqslant M_n$，而 $\sum\dfrac{1}{n}$ 发散，故 $\sum M_n$ 发散，由此与优级数定义矛盾.

例 11　设 $f(x)\in C\left[\dfrac{1}{2}, 1\right]$，证明：

(1) $\{x^n f(x)\}$ 在 $\left[\dfrac{1}{2}, 1\right]$ 上收敛.

(2) $\{x^n f(x)\}$ 在 $\left[\dfrac{1}{2}, 1\right]$ 上一致收敛 $\Leftrightarrow f(1)=0$.

[解题要点]　①利用函数列收敛的定义；②利用函数列一致收敛的判别法.

证：(1) 当 $x=1$ 时 $\Rightarrow x^n f(x)=1^n\cdot f(1)\to f(1)$.

当 $\dfrac{1}{2}\leqslant x<1$ 时 $\Rightarrow |x^n f(x)|\leqslant Mx^n\to 0$（由闭区间上连续函数的有界性有 $|f(x)|\leqslant M$）. 于是，

$$\lim_{n\to\infty}x^n f(x)=g(x)=\begin{cases}f(1), & x=1\\ 0, & \dfrac{1}{2}\leqslant x<1\end{cases}.$$

(2) $(\Rightarrow)$ $\left.\begin{array}{r}x^n f(x)\rightrightarrows g(x)\\ x^n f(x)\text{连续}\end{array}\right\}\Rightarrow g(x)\in C\left[\dfrac{1}{2}, 1\right]\Rightarrow g(1-0)=g(1)\Rightarrow 0=f(1)$.

（$\Leftarrow$）设$f(1)=0$，下证

$\forall\varepsilon>0$，$\exists N>0$，$\forall n>N$，$\forall x\in\left[\frac{1}{2},\ 1-\delta\right]\cup(1-\delta,\ 1]$ 有 $|x^nf(x)-0|\leqslant\varepsilon$.

一方面，f在$x=1$左连续$\Rightarrow\forall\varepsilon>0$，$\exists\delta>0$（$\delta<1$），当$1-\delta<x\leqslant1$时，有$|x^nf(x)-0|\leqslant\varepsilon$.

$$\Rightarrow|x^nf(x)-0|\leqslant|f(x)|<\varepsilon$$

另一方面，当$x\in\left[\frac{1}{2},\ 1-\delta\right]$时，有

$$|x^nf(x)-0|\leqslant x^n|f(x)|\leqslant(1-\delta)^nM\to0\ (n\to\infty),$$

故$\exists N>0$，$\forall n>N$，有$|x^nf(x)-0|\leqslant\varepsilon$（$\forall x\in[0,\ 1]$）. 证毕.

例 12　讨论下列函数级数在D上的一致收敛性.

（1）$\sum\limits_{n=2}^{\infty}\frac{1-2n}{(x^2+n^2)[x^2+(n-1)^2]}$，$D=[-1,\ 1]$；

（2）$\sum 2^n\sin\frac{x}{3^n}$，$D=(0,\ +\infty)$；

（3）$\sum\frac{x^2}{[1+(n-1)x^2](1+nx^2)}$，$D=[0,\ +\infty)$；

（4）$\sum\frac{x^n}{\sqrt{n}}$，$D=[-1,\ 0]$；

（5）$\sum(-1)^n\frac{x^{2n+1}}{2n+1}$，$D=(-1,\ 1)$；

（6）$\sum\limits_{n=1}^{\infty}\frac{\sin nx}{n}$，$D=(0,\ 2\pi)$.

［解题要点］　利用函数项级数一致收敛与非一致收敛的判别法.

解：（1）令$u_n(x)=\frac{1}{x^2+n^2}-\frac{1}{x^2+(n-1)^2}\Rightarrow x\in[-1,\ 1]$，有

$$\left|\sum_{k=n+1}^{n+p}u_k(x)\right|=\left|\frac{1}{x^2+(n+p)^2}-\frac{1}{x^2+n^2}\right|=\left|\frac{2np+p^2}{[x^2+(n+p)^2]\ (x^2+n^2)}\right|\leqslant\frac{1}{n^2+x^2}\leqslant\frac{1}{n}<\varepsilon,$$

故当$n>\frac{1}{\varepsilon}$时，有$|u_{n+1}(x)+\cdots+u_{n+p}(x)|<\varepsilon$. 由柯西一致收敛判别法知，$\sum u_n(x)$一致收敛于$[-1,\ 1]$.

（2）$u_n(x)=2^n\sin\frac{x}{3^n}$，令$x_n=3^n\cdot\frac{\pi}{2}\in(0,\ +\infty)\Rightarrow u_n(x_n)=2^n\to+\infty\neq0$，故$\sum u_n(x)$在$(0,\ +\infty)$非一致收敛.

（3）由$S_n(x)=\sum\limits_{k=1}^{n}\left[\frac{1}{1+(k-1)x^2}-\frac{1}{1+kx^2}\right]=1-\frac{1}{1+nx^2}\to1$（$n\to\infty$），有

$$\sup_{x\in(0,+\infty)}|S_n(x)-1|=\sup_{x\in(0,+\infty)}\frac{1}{1+nx^2}\geqslant\frac{1}{1+n\cdot\left(\frac{1}{\sqrt{n}}\right)^2}=\frac{1}{2}\ (n=1,\ 2,\ \cdots),$$

故$\sup\limits_{x\in(0,+\infty)}|S_n(x)-1|\not\to0$，从而该级数在$(0,\ +\infty)$非一致收敛.

(4) 令 $x=-t$，得 $\sum \frac{x^n}{\sqrt{n}}=\sum \frac{(-1)^n}{\sqrt{n}}t^n(t\in[0,1])$，令 $u_n(t)=(-1)^n$，$v_n(t)=\frac{t^n}{\sqrt{n}}$，则 $\sum u_n(t)$的部分和一致有界：$\left|\sum_{n=1}^{k}(-1)^n\right|\leqslant 1$，另外有

$$v_n(t)\text{单调递减}\rightrightarrows 0\left(|u_n(t)|=\frac{|t|^n}{\sqrt{n}}\leqslant\frac{1}{\sqrt{n}}\to 0\right),$$

由狄氏判别法得 $\sum \frac{x^n}{\sqrt{n}}$在 $D=[-1,0]$ 上一致收敛.

(5) 令 $u_n(x)=(-1)^n$，$v_n(x)=\frac{x^{2n+1}}{2n+1}$，则 $\sum u_n(x)$的部分和一致有界：$\left|\sum_{n=1}^{k}(-1)^n\right|\leqslant 1$，另外有 $v_n(x)$单调递减$\rightrightarrows 0$，（由于 $v_n(x)\geqslant v_{n+1}(x)$，$|v_n(x)|\leqslant\frac{1}{2n+1}\to 0$），故由狄氏判别法得 $\sum(-1)^n\frac{x^{2n+1}}{2n+1}$在 $D=(-1,1)$上一致收敛.

例 13 证明$\sum\frac{(-1)^n(x+n)^n}{n^{n+1}}$在 $(0,1]$ 上一致收敛.

[解题要点] 利用函数项级数一致收敛的阿贝尔判别法.

证：令 $v_n(x)=\frac{(-1)^n}{n}$，$u_n(x)=\left(1+\frac{x}{n}\right)^n$ 则 $\sum v_n(x)$一致收敛，并且 $u_n(x)$单调一致有界. 事实上，由于

$$u_n(x)=\left(1+\frac{x}{n}\right)^n=\left[\left(1+\frac{1}{\frac{n}{x}}\right)^{\frac{n}{x}}\right]^x,\quad 0<x\leqslant 1$$

$\left(1+\frac{1}{t}\right)^t$ 关于 t 单调递增，$\frac{n}{x}$关于 n 单调递增$\Rightarrow\left[\left(1+\frac{1}{\frac{n}{x}}\right)^{\frac{n}{x}}\right]$ 关于 n 单调递增，又 y^x 关于 y 单调递增$\Rightarrow\left[\left(1+\frac{1}{\frac{n}{x}}\right)^{\frac{n}{x}}\right]^x$ 关于 n 单调递增$\Rightarrow u_n(x)$关于 n 单调递增. 又

$$u_n(x)\leqslant|e^x|\leqslant e\Rightarrow u_n(x)\text{一致有界},$$

故由阿贝尔判别法，原级数在 $(0,1]$ 上一致收敛.

例 14 判别级数是否一致收敛.

(1) $\sum\frac{x^n}{n^2}$，$x\in[0,1]$；

(2) $\sum\frac{(-1)^{n-1}}{x^2+n}$，$x\in(-\infty,+\infty)$；

(3) $\sum\frac{x^2}{(1+x^2)^{n-1}}$，$x\in(-\infty,+\infty)$.

[解题要点] 利用函数项级数一致收敛与非一致收敛的判别法.

解：(1) 由 $x\in[0,1]\Rightarrow\leqslant\left|\frac{x^n}{n^2}\right|\leqslant\frac{1}{n^2}$又 $\sum\frac{1}{n^2}$收敛，根据 M 判别法$\Rightarrow\sum\frac{x^n}{n^2}$

在[0，1] 上一致收敛.

（2）设 $u_n(x)=(-1)^n$，$v_n(x)=\frac{1}{x^2+n}$，则 $u_n(x)$部分和一致有界：$\left|\sum_{n=1}^{k}(-1)^n\right|\leqslant 1$，$v_n(x)$单调递减一致收敛于0：

$$v_n(x)-v_{n+1}(x)=\frac{1}{(x^2+n+1)(x^2+n)}>0\Rightarrow v_n(x)\geqslant v_{n+1}(x)$$

$$|v_n(x)|\leqslant\frac{1}{n}\to 0$$

由狄氏判别法得原级数一致收敛.

（3）$x\neq 0$ 时，

$$R_n(x)=\frac{\frac{x^2}{(1+x^2)^n}}{1-\frac{1}{1+x^2}}=\frac{1}{(1+x^2)^{n-1}}.$$

取 $x_n=\frac{1}{\sqrt{n}}\in(-\infty,+\infty)$，则 $|R_n(x_n)|=\left(1+\frac{1}{n}\right)^{1-n}\to e^{-1}\neq 0$，故原级数非一致收敛.

例 15　证明：$\sum(-1)^n x^n(1-x)$在[0，1]上绝对收敛且一致收敛，但 $\sum x^n(1-x)$在[0，1]上非一致收敛.

[解题要点]　①利用函数项级数绝对收敛和一致收敛的定义；②利用函数列非一致收敛的判别法.

证：（1）先证在[0，1]上绝对收敛. 由于

$$\sum_{n=0}^{\infty}|(-1)^n x^n(1-x)|=\sum_{n=0}^{\infty}x^n(1-x)$$
$$=(1-x)\sum_{n=0}^{\infty}x^n=\begin{cases}0, & x=1\text{ 或 }x=0\\(1-x)\frac{1}{1-x}=1, & 0<x<1\end{cases}$$

故原级数绝对收敛.

（2）方法1：下证在[0，1]上一致收敛.

$$S_n(x)=\sum_{k=0}^{n}(-1)^k x^k(1-x)=(1-x)(1-x+x^2-x^3+\cdots)$$
$$=(1-x)\frac{1-(-x)^{n+1}}{1-(-x)}=\frac{1-x}{1+x}\cdot(1-(-x)^{n+1}).$$

当 $x=1$ 时，$S_n(x)=0\to 0$；当 $0\leqslant x<1$ 时，$S_n(x)\to\frac{1-x}{1+x}$. 故和函数

$$S(x)=\begin{cases}0, & x=1\\\frac{1-x}{1+x}, & 0\leqslant x<1\end{cases}=\frac{1-x}{1+x}\ (0<x\leqslant 1),$$

而

$$\sup_{x\in[0,1]}|S(x)-S_n(x)|=\sup_{x\in[0,1]}\left|\frac{1-x}{1+x}(-x)^n\right|\leqslant\sup_{x\in[0,1]}(1-x)x^n,\ x\in[0,1]$$

令 $g(x)=(1-x)x^n$，则 $g'(x)=nx^{n-1}(1-x)$，令 $g'(x)=0$，得 $x=\frac{n}{n+1}$，故

$$\sup(1-x)x^n=\left(1-\frac{n}{n+1}\right)\cdot\left(\frac{n}{n+1}\right)^n=\frac{1}{n+1}\cdot\left(\frac{n}{n+1}\right)^n\to 0\ (n\to\infty)$$

于是 $\sum(-1)^n x^n(1-x)$ 在 $[0,1]$ 上一致收敛.

方法2：令 $u_n(x)=(-1)^n$，$v_n(x)=x^n(1-x)$，则 $\sum u_n(x)$ 的部分和一致有界（$\left|\sum u_n(x)\leqslant 1\right|$）. 又 $v_n(x)$ 单调递减，并且一致收敛于0. 事实上，$v_n(x)\geqslant v_{n+1}(x)$，令 $g(x)=(1-x)x^n$，则由 $g'(x)=0$，有 $x=\frac{n}{n+1}$. 故

$$\sup_{x\in[0,1]}|v_n(x)|=\sup_{x\in[0,1]}(1-x)x^n=\left(1-\frac{n}{n+1}\right)\left(\frac{n}{n+1}\right)^n$$
$$=\frac{1}{n+1}\left(\frac{n}{n+1}\right)^n.$$

于是 $\sup|v_n(x)|=\frac{1}{n+1}\cdot\left(\frac{n}{n+1}\right)^n\to 0\ (n\to\infty)$. 故由狄氏判别法 $\sum_{n=0}^{\infty}(-1)^n x^n\cdot(1-x)$ 一致收敛.

（3）由于和函数

$$\sum x^n(1-x)=S(x)=\begin{cases}0, & x=1 \text{ 或 } 0\\ 1, & 0<x<1\end{cases}$$

在 $x=1$ 不连续，而 $x^n(1-x)$ 在 $[0,1]$ 连续，故 $\sum x^n(1-x)$ 在 $[0,1]$ 上非一致收敛.

例16 （北京大学，1999年）证明 $\int_0^{+\infty}xe^{-xy}dy$ 在 $(0,+\infty)$ 上非一致收敛.

[解题要点] （1）$\int_0^{+\infty}xe^{-xy}dy$ 是含参量的无穷限积分，而不是瑕积分；

（2）利用 $\int_0^{+\infty}xe^{-xy}dy$ 在 $D=(0,+\infty)$ 上非一致收敛的定义：

$\exists\varepsilon_0>0$，$\forall N>0$，$\exists A>N$，$\exists x_0\in D$ 使得 $\left|\int_A^{+\infty}x_0e^{-x_0y}dy\right|\geqslant\varepsilon_0$.

证：$\int_0^{+\infty}xe^{-xy}dy$ 在 $D=(0,+\infty)$ 上非一致收敛 $\Leftrightarrow\exists\varepsilon_0>0$，$\forall N>0$，$\exists A>N$，$\exists x_0\in D$ 使得 $\left|\int_A^{+\infty}x_0e^{-x_0y}dy\right|\geqslant\varepsilon_0$，而

$$\int_A^{+\infty}x_0e^{-x_0y}dy=\int_A^{+\infty}e^{-x_0y}d(-x_0y)\cdot(-1)=e^{-x_0y}\Big|_{+\infty}^{A}=e^{-x_0A}-0=e^{-x_0A},$$

$\forall N>0$ 任取 $A>N$（例如 $A=3N$），$x_0=\frac{1}{A}$，则 $e^{-x_0A}=e^{-\frac{1}{A}\cdot A}=e^{-1}\geqslant\varepsilon_0$，这里取 $\varepsilon_0=(2e)^{-1}$. 故 $\int_0^{+\infty}xe^{-xy}dy$ 在 $D=(0,+\infty)$ 上非一致收敛.

例17 证明 $F(x)=\int_e^{+\infty}\frac{\cos t dt}{t^x}$ 在区间 $(1,+\infty)$ 上连续可微.

［解题要点］ ① $F(x)$ 在 $(1, +\infty)$ 连续 $\Leftrightarrow \forall [a, b] \subset (1, +\infty)$，$F(x)$ 在 $[a, b]$ 连续；

② $F(x)$ 连续可微即 $F'(x)$ 存在且连续；③ 一致收敛的含参量积分连续性与可微性.

证：令 $f(x, t) = \dfrac{\cos t}{t^x}$，则 $f_x'(x, t) - = \dfrac{\cos t \ln t}{t^x}$，$\Rightarrow \forall [a, b] \subset (1, +\infty)$，$f(x, t), f_x'(x, t)$ 在 $[a, b] \times (e, +\infty)$ 连续. 又 $\left|\dfrac{\cos t}{t^x}\right| \leqslant \dfrac{1}{t^x} \leqslant \dfrac{1}{t^a}$，且 $x \in [a, b] \Rightarrow x \geqslant a > 1$，故 $\int_e^{+\infty} \dfrac{1}{t^x} dt$ 收敛，于是 $\int_e^{+\infty} \dfrac{\cos t}{t^x} dt$ 在 $[a, b]$ 上一致收敛.

下证 $\int_e^{+\infty} f_x'(x, t) dt$ 在 $[a, b]$ 上一致收敛.

$$f_x'(x, t) = (-\cos t)\frac{\ln t}{t^x},\ t \in [e, +\infty),\ x \in [a, b],$$

而 $\left|\dfrac{\ln t}{t^x}\right| \leqslant \dfrac{\ln t}{t^a} \to 0\ (t \to +\infty)$，令 $\varphi(t) = \dfrac{\ln t}{t^x}$，则 $\varphi'(t) = \dfrac{t^{x-1}(1 - x\ln t)}{t^{2x}} < 0\ (t > e)$，即 $\dfrac{\ln t}{t^x}$ 关于 $t \in [e, +\infty)$ 单调且在 $x \in [a, b]$ 一致收敛于 $0\ (t \to +\infty)$. 又因为 $\int_e^u (-\cos t) dt$ 在 $[a, b]$ 一致有界，则 $\int_e^{+\infty} f_x'(x, t) dt$ 在 $[a, b]$ 一致收敛，故 $F(x)$ 在 $[a, b]$ 可微，又 $f_x'(x, t)$ 连续，故 $F'(x)$ 在 $[a, b]$ 连续，即 $F(x)$ 在 $(1, +\infty)$ 上连续可微.

例 18 设 $F(x) = \int_0^{+\infty} e^{-y^2} \cos xy dy$. 证明：

(1) $2F'(x) + xF(x) = 0$；

(2) 求 $F(x)$.

［解题要点］ ① 含参量积分一致收敛的 M 判别法；② 一致收敛的含参数积分连续性与可微性.

证：(1) 记 $f(x, y) = e^{-y^2} \cos xy$，则 $f'_x(x, y) = -ye^{-y^2} \sin(xy)$，则 f, f_x 在 $(-\infty, +\infty) \times [0, +\infty)$ 上连续. 又 $|f(x, y)| \leqslant e^{-y^2}$，$|f'_x(x, y)| \leqslant ye^{-y^2}$，而 $\int_0^{+\infty} e^{-y^2} dy$，$\int_0^{+\infty} ye^{-y^2} dy$，都收敛，由 M 判别法故 $\int_0^{+\infty} f(x, y) dy$ 及 $\int_0^{+\infty} f'_x(x, y) dy$ 都一致收敛. 于是

$$F'(x) = \int_0^{+\infty} f'_x(x, y) dy = \int_0^{+\infty} (-ye^{-y^2}) \sin(xy) dy = \int_0^{+\infty} \frac{1}{2} \sin(xy)\, d(e^{-y^2})$$
$$= \frac{1}{2} \sin(xy)\, e^{-y^2} \Big|_0^{+\infty} - \frac{1}{2} \int_0^{+\infty} e^{-y^2} d(\sin(xy)) = -\frac{1}{2} xF(x),$$

即 $2F'(x) + xF(x) = 0$.

(2) 令 $y = F(x)$，则 $2y' + xy = 0$. 所以，

$$y' = -\frac{x}{2} y \Rightarrow y = ce^{\int -\left(\frac{x}{2}\right) dx} = ce^{-\frac{1}{4}x^2} \Rightarrow F(0) = c,$$

$$F(0) = \int_0^{+\infty} e^{-y^2} dy = \frac{\sqrt{\pi}}{2} \Rightarrow F(x) = \frac{\sqrt{\pi}}{2} e^{-\frac{1}{4}x^2}.$$

例 19　设 $f\in C[0,+\infty)$ 不恒为 0，且 $f(0)=0$，$f(x)\to 0\ (x\to+\infty)$. 令 $f_n(x)=f(nx)$，$g_n(x)=f\left(\dfrac{x}{n}\right)\ (n\geqslant 1)$.

证明：(1) 在 $[0,+\infty)$ 上，$\{f_n\}$，$\{g_n\}$ 都收敛于 0，但不一致收敛于 0.

(2) $\forall a>0$，当 $\{f_n\}$，$\{g_n\}$ 分别在 $[0,+\infty)$ 和 $[0,a]$ 上一致收敛于 0.

(3) $\{f_ng_n\}$ 在 $[0,+\infty)$ 上一致收敛于 0.

[解题要点]　① 利用函数列一致收敛的定义；② 注意适当利用反证法.

证：(1) $f(x)\to 0\ (x\to+\infty)\Rightarrow\forall\varepsilon>0$，$\exists x_0=x_0(\varepsilon)>0$，$\forall x>x_0$ 有 $|f(x)|<\varepsilon\Rightarrow$ $\forall x\in[0,+\infty)$，要使 $|f_n(x)|=|f(nx)|<\varepsilon$，只要 $nx>x_0$，即 $n>\dfrac{x_0}{x}$ 时，有 $|f_n(x)|<\varepsilon$，故当 $x\in[0,+\infty)$ 时 $f_n(x)\to 0\ (n\to+\infty)$.

类似由 $f(x)\to f(0)=0\ (x\to 0^+)$ 可证 $g_n(x)\to 0\ (n\to+\infty,\ x\in[0,+\infty))$.

反证法：若 f_n 一致收敛于 0 $(x\in[0,+\infty))$，则 $\forall\varepsilon>0$，$\exists N_0=N_0(\varepsilon)>0$，$\forall x\in[0,+\infty)$，$\forall n>N_0$ 有 $|f_n(x)|=|f(nx)|<\varepsilon$. 因 $f(x)$ 不恒等于 0，$\exists x_0\in[0,+\infty)$ 使 $f(x_0)=\eta\neq 0$. 设 $\varepsilon_0=\dfrac{|\eta|}{2}=\dfrac{|f(x_0)|}{2}>0$，则 $\exists$ 正常数 $N_0=N_0(\varepsilon_0)>0$，$\forall x\in[0,+\infty)$，$\forall n>N_0$ 有

$$|f_n(x)|=|f(nx)|<\varepsilon_0,\quad |f(x_0)|=2\varepsilon_0>\varepsilon_0.$$

取 $n=N_0+1>N_0$，且 $nx=x_0$ 即 $x=\dfrac{x_0}{N_0+1}$，于是 $|f_n(x)|<\varepsilon_0$，此与 $|f_n(x)|=|f(nx)|=|f_n(x)|>\varepsilon_0$ 矛盾. 故 f_n 不一致收敛于 0，同理可得 g_n 不一致收敛于 0 $(x\in[0,+\infty))$.

(2) $\forall a>0$，先证 $\{f_n\}$ 在 $[a,+\infty)$ 一致收敛于 0.

$f(x)\to 0\ (x\to+\infty)\Rightarrow\forall\varepsilon>0$，$\exists x_0>0$，$\forall x>x_0$，$|f(x)|<\varepsilon$

$\Rightarrow$ 当 $x\geqslant a$ 时，要使 $|f_n(x)|=|f(nx)|<\varepsilon$ 只要 $nx>x_0$，

而 $nx\geqslant na$ 故只要 $na>x_0$ 即 $n>\dfrac{x_0}{a}$（显然 $\dfrac{x_0}{a}$ 仅与 ε 有关与 x 无关）$\Rightarrow\exists N=\dfrac{x_0}{a}$ 当 $n>N$ 时有 $|f_n(x)|<\varepsilon$ 即 f_n 一致收敛于 0 $(x\in[0,+\infty))$，类似由 $f(x)\to 0\ (x\to 0^+)$ 可证 $g_n(x)$ 一致收敛于 0 $(x\in[0,a])$.

(3) 显然 f 在 $[0,+\infty)$ 上有界，设 $M=\sup\limits_{x\in[0,+\infty)}|f(x)|$，则

$$\lim_{x\to+\infty}f(x)=0\Rightarrow\exists x_1>0\text{ 使 }x>x_1\text{ 有 }|f(x)|<\frac{\varepsilon}{M},$$

$$\lim_{x\to 0^+}f(x)=0\Rightarrow\exists x_2>0,\text{ 使 }0<x<x_2\text{ 有 }|f(x)|<\frac{\varepsilon}{M}.$$

当 $x\in[a,+\infty)$，$|f_n(x)g_n(x)|\leqslant|f(nx)|\left|f\left(\dfrac{x}{n}\right)\right|$，要使 $|f(nx)|<\dfrac{\varepsilon}{M}$ 只要 $nx>x_1$，而 $nx\geqslant na$，只需 $na>x_1$ 即 $n>\dfrac{x_1}{a}$；当 $x\in[0,a]$，要使 $\left|f\left(\dfrac{x}{n}\right)\right|<\dfrac{\varepsilon}{M}$，只要

$\frac{x}{n}<x_2$，而$\frac{x}{n}\leqslant\frac{a}{n}$只需$\frac{a}{n}<x_2$，即$n>\frac{a}{x_2}\Rightarrow$当$n>\max\left\{\frac{x_1}{a},\ \frac{a}{x_2}\right\}$时，$|f_n(x)g_n(x)|\leqslant\frac{\varepsilon}{M}\cdot M=\varepsilon$. 即$f_ng_n$一致收敛于0（$x\in[0,+\infty)$）.

例 20　判别下列正项级数一致收敛性.

（1）$\sum\frac{x^n}{(n-1)!}$，$x\in[-r,r]$；

（2）$\sum\frac{(-1)^{n-1}x^2}{(1+x^2)^n}$，$x\in(-\infty,+\infty)$；

（3）$\sum\frac{n}{x^n}$，$|x|\geqslant r\geqslant 1$.

[解题要点]　利用函数项级数一致收敛与非一致收敛的判别法.

解：（1）$\left.\begin{array}{l}\left|\frac{x^n}{(n-1)!}\right|\leqslant\frac{r^n}{(n-1)!}\\ \sum\frac{r^n}{(n-1)!}\text{收敛}\end{array}\right\}\xrightarrow{\text{M 判别法}}\sum\frac{x^n}{(n-1)!}$在$[-r,r]$上一致收敛；

（2）令$u_n(x)=(-1)^{n-1}$，$v_n(x)=\frac{x^2}{(1+x^2)^n}$，则

$$\left.\begin{array}{l}v_n(x)\text{单调一致收敛于}0\\ \left|\sum\limits_{n=0}^{n}u_n(x)\right|\leqslant 1\ \text{（一致有界）}\end{array}\right\}\Rightarrow\sum u_n(x)v_n(x)\text{一致收敛.}$$

（这里注意$v_n(x)\geqslant v_{n+1}(x)$，$|v_n(x)|\leqslant\frac{x^2}{1+nx^2}\leqslant\frac{x^2}{nx^2}=\frac{1}{n}\to 0$）

（3）（i）当$|x|\geqslant r>1$时，$\left.\begin{array}{l}\left|\frac{n}{x^n}\right|\leqslant\frac{n}{r^n}\\ \sum\frac{n}{r^n}\text{收敛}\end{array}\right\}\xrightarrow{\text{M 判别法}}\sum\frac{n}{r^n}$在$|x|>r$一致收敛，

（ii）当$r=1$时，$|x|>1$，令$x^n=(n+1)^{\frac{1}{n}}>1$，则$u_n(x_n)=\frac{n}{x_n{}^n}=\frac{n}{n+1}\to 1$（$\neq 0$），故$\sum\frac{n}{x^n}$在$x\geqslant 1$非一致收敛.

例 21　设$f_n(x)=2n^2xe^{-n^2x^2}$. 证明在$\mathbf{R}$内$f_n(x)\to 0$，但不一致收敛.

[解题要点]　（1）利用函数列收敛的定义；（2）函数列非一致收敛的判别法.

证：显然有$f_n(x)\to 0$，而$|f_n(x)-f(x)|=f_n(x)$在点$x_n=\frac{1}{\sqrt{2}n}$处取得极大值$f_n\left(\frac{1}{\sqrt{2}n}\right)=\sqrt{2}ne^{-\frac{1}{2}}\neq 0$，（$n\to\infty$）. 由函数列非一致收敛的判别法，$\{f_n(x)\}$不一致收敛.

例 22　设$S_n(x)=\frac{x}{1+n^2x^2}$. 证明在$(-\infty,+\infty)$上$S_n(x)\rightrightarrows 0$（$n\to\infty$）.

[解题要点]　利用函数列一致收敛的定义或者函数列一致收敛的判别法.

证：易见$\lim\limits_{n\to\infty}S_n(x)=S(x)=0$. 而

$$|S_n(x)-S(x)|=\frac{|x|}{1+n^2x^2}=\frac{1}{2n}\cdot\frac{2n|x|}{1+(nx)^2}\leqslant\frac{1}{2n}$$

在 $(-\infty,+\infty)$ 内成立，故在 $(-\infty,+\infty)$ 上 $S_n(x)\rightrightarrows 0\ (n\to\infty)$.

例 23 对定义在区间 $[0,1]$ 上的函数列

$$f_n(x)=\begin{cases}2n^2x, & 0\leqslant x\leqslant\frac{1}{2n},\\ 2n-2n^2x, & \frac{1}{2n}<x\leqslant\frac{1}{n},\\ 0, & \frac{1}{n}<x\leqslant 1.\end{cases}\qquad (n=1,2,\cdots)$$

证明 $\lim\limits_{n\to\infty}f_n(x)=0$，但 $\{f_n(x)\}$ 在 $[0,1]$ 上不一致收敛.

[解题要点] (1) 利用函数列收敛的定义；(2) 函数列非一致收敛的判别法.

证：当 $0<x\leqslant 1$ 时，只要 $n>x^{-1}$，就有 $f_n(x)=0$. 因此，在 $(0,1]$ 上有 $f(x)=\lim\limits_{n\to\infty}f_n(x)=0$. 又 $f_n(0)=0\Rightarrow f(0)=\lim\limits_{n\to\infty}f_n(0)=0$. 于是，在 $[0,1]$ 上有 $f(x)=\lim\limits_{n\to\infty}f_n(x)=0$. 但由于 $\max\limits_{x\in[0,1]}|f_n(x)-f(x)|=f_n\left(\frac{1}{2n}\right)=n\neq 0$，$(n\to\infty)$，因此，该函数列在 $[0,1]$ 上不一致收敛.

下面的例子结论很重要，证明从略.

例 24 定义在 $(-\infty,+\infty)$ 内的函数项级数（称为几何级数）

$$\sum_{n=0}^{\infty}x^n=1+x+x^2+\cdots+x^n+\cdots$$

的部分和函数列为 $S_n(x)=\dfrac{1-x^n}{1-x}\ (x\neq 1)$，收敛域为 $(-1,1)$.

例 25 几何级数 $\sum\limits_{n=0}^{\infty}x^n$ 在区间 $[-a,a]\ (0<a<1)$ 上一致收敛；但在 $(-1,1)$ 上非一致收敛.

[解题要点] 利用函数项级数一致收敛与非一致收敛的判别法.

证：在区间 $[-a,a]$ 上，有

$$\sup_{[-a,a]}|S_n(x)-S(x)|=\sup_{[-a,a]}\left|\frac{-x^n}{1-x}\right|=\frac{a^n}{1-a}\to 0\ (n\to\infty)\Rightarrow\sum_{n=0}^{\infty}x^n \text{ 在 } [-a,a]$$

上一致收敛；

而在区间 $(-1,1)$ 内，取 $x_n=\dfrac{n}{n+1}\in(-1,1)$，有

$$\sup_{(-1,1)}|S_n(x)-S(x)|=\sup_{(-1,1)}\left|\frac{x^n}{1-x}\right|\geqslant\left|\frac{\left(\frac{n}{n+1}\right)^n}{1-\frac{n}{1+n}}\right|=n\left(\frac{n}{1+n}\right)^{n-1}\to+\infty,\ (n\to\infty)\Rightarrow\sum_{n=0}^{\infty}x^n$$

在 $(-1,1)$ 上非一致收敛.

亦可由通项 $u_n(x)=x^n$ 在区间 $(-1,1)$ 上非一致收敛于零 $\Rightarrow\sum\limits_{n=0}^{\infty}x^n$ 在 $(-1,1)$

上非一致收敛.

例 26　判断函数项级数$\sum\frac{(-1)^n(x+n)^n}{n^{n+1}}$在区间［0，1］上的一致收敛性.

［解题要点］　利用函数项级数一致收敛的阿贝尔判别法.

解：记$u_n(x)=\frac{(-1)^n}{n}$，$v_n(x)=\left(1+\frac{x}{n}\right)^n$. 则有① 级数$\sum u_n(x)$收敛；② 对每个$x\in[0,1]$，$v_n(x)$单调递增；③ $|v_n(x)|=\left(1+\frac{x}{n}\right)^n\leqslant e$对$\forall x\in[0,1]$和$\forall n\geqslant 1$成立. 由阿贝尔判别法，该函数项级数在区间［0，1］上一致收敛.

例 27　证明函数$f(x)=\sum\limits_{n=1}^{\infty}ne^{-nx}$在区间$(0,+\infty)$内连续.

［解题要点］　利用一致收敛的函数项级数和函数的连续性.

证：先证$\sum\limits_{n=1}^{\infty}ne^{-nx}$在区间$(0,+\infty)$内闭一致收敛. 对$\forall 0<a<b<+\infty$，有$0\leqslant ne^{-nx}\leqslant ne^{-na}$，$x\in[a,b]$；又$\sum ne^{-na}<+\infty\Rightarrow\sum\limits_{n=1}^{\infty}ne^{-nx}$在$[a,b]$一致收敛.

再证对$\forall x_0\in(0,+\infty)$，$f(x)$在点$x_0$连续. 对$\forall x_0\in(0,+\infty)$，由上段讨论，$\sum\limits_{n=1}^{\infty}ne^{-nx}$在区间$\left[\frac{x_0}{2},2x_0\right]$上一致收敛；又函数$ne^{-nx}$连续$\Rightarrow f(x)$在区间$\left[\frac{x_0}{2},2x_0\right]$上连续$\Rightarrow f(x)$在点$x_0$连续. 由点$x_0$的任意性，$f(x)$在区间$(0,+\infty)$内连续.

例 28　$S(x)=\sum\limits_{n=1}^{\infty}\frac{x^{n-1}}{n\sqrt{n}}$，$x\in[-1,1]$. 计算积分$\int_0^x S(t)\mathrm{d}t$.

［解题要点］　利用一致收敛的函数项级数逐项可积性.

解：由M判别法，显然$\sum\limits_{n=1}^{\infty}\frac{x^{n-1}}{n\sqrt{n}}$在$[-1,1]$上一致收敛，于是

$$\int_0^x S(t)\mathrm{d}t=\int_0^x\sum_{n=1}^{\infty}\frac{t^{n-1}}{n\sqrt{n}}\mathrm{d}t=\sum_{n=1}^{\infty}\int_0^x\frac{t^{n-1}}{n\sqrt{n}}\mathrm{d}t=\sum_{n=1}^{\infty}\frac{t^n}{n^2\sqrt{n}}\Bigg|_0^x=\sum_{n=1}^{\infty}\frac{x^n}{n^2\sqrt{n}}.$$

例 29　（哈尔滨工业大学，2008 年）设$u_n(x)$在$[a,b]$上满足条件：$|u_n(x)-u_n(y)|\leqslant\frac{1}{2^n}|x-y|$，$n=1,2,\cdots$，且在$[a,b]$上$\sum\limits_{n=1}^{+\infty}u_n(x)$逐点收敛，则$\sum\limits_{n=1}^{+\infty}u_n(x)$在$[a,b]$上一致收敛.

［解题要点］　（1）利用函数项级数一致收敛的定义；（2）函数列一致收敛的柯西收敛准则.

证：$\sum\limits_{n=1}^{+\infty}u_n(x)$在$[a,b]$上逐点收敛，所以$S(x)=\lim\limits_{n\to\infty}S_n(x)=\lim\limits_{n\to\infty}\sum\limits_{k=1}^{n}u_k(x)$，固定$x\in[a,b]$. 由函数列$\{S_n(x)\}$在$[a,b]$上的柯西收敛准则：对$\forall\varepsilon>0$，存在正整数$N$，当$n,m>N$时，有$|S_n(x)-S_m(x)|<\varepsilon$，固定$x\in[a,b]$. 因为对$\forall x\in[a,b]$，有

$|S_n(x)-S_m(x)|=|S_n(x)-S_n(y)+S_n(y)-S_m(y)+S_m(y)-S_m(x)|\leqslant|S_n(x)-S_n(y)|+|S_n(y)-S_m(y)|+|S_m(y)-S_m(x)|<\frac{1}{2^n}|x-y|+\varepsilon+\frac{1}{2^m}|x-y|$，

其中 $y\in[a,b]$，且 $\lim\limits_{\substack{n\to\infty\\ m\to\infty}}\left(\frac{1}{2^n}|x-y|+\frac{1}{2^m}|x-y|\right)=0$，所以 $\sum\limits_{n=1}^{+\infty}u_n(x)$ 在 $[a,b]$ 上一致收敛.

例 30 （北京理工大学，2008 年）求 $I(\alpha)=\int_0^{\frac{\pi}{2}}\frac{1}{\cos x}\cdot\ln\frac{1+\alpha\cos x}{1-\alpha\cos x}\mathrm{d}x$，$|\alpha|<1$.

[解题要点] 利用含参量积分的积分号下可微性.

解：由于

$$I'(\alpha)=\int_0^{\frac{\pi}{2}}\frac{1}{\cos x}\cdot\frac{1-\alpha\cos x}{1+\alpha\cos x}\cdot\frac{\cos x\cdot(1-\alpha\cos x)+\cos x\cdot(1+\alpha\cos x)}{(1-\alpha\cos x)^2}\mathrm{d}x$$

$$=2\int_0^{\frac{\pi}{2}}\frac{1}{(1+\alpha\cos x)(1-\alpha\cos x)}\mathrm{d}x=2\int_0^{\frac{\pi}{2}}\frac{1}{1-\alpha^2\cos^2x}\mathrm{d}x$$

$$=-2\int_0^{\frac{\pi}{2}}\frac{1}{1-\alpha^2\cos^2x}\cdot\frac{1}{\csc^2x}\mathrm{d}\cot x$$

$$=-2\int_0^{\frac{\pi}{2}}\frac{1}{1+\cot^2x-\alpha^2\cot^2x}\mathrm{d}\cot x=-2\int_0^{\frac{\pi}{2}}\frac{1}{1+(1-\alpha^2)\cot^2x}\mathrm{d}\cot x$$

$$=-\frac{2}{\sqrt{1-\alpha^2}}\int_0^{\frac{\pi}{2}}\frac{1}{1+(1-\alpha^2)\cot^2x}d\left(\sqrt{1-\alpha^2}\cot x\right)$$

$$=-\frac{2}{\sqrt{1-\alpha^2}}\arctan\left(\sqrt{1-\alpha^2}\cot x\right)\Big|_0^{\frac{\pi}{2}}=\frac{\pi}{\sqrt{1-\alpha^2}},$$

对上式两端积分得 $I(\alpha)=\int\frac{\pi}{\sqrt{1-\alpha^2}}\mathrm{d}\alpha=\pi\arcsin\alpha+C$，又因为

$$I(\alpha)=\int_0^{\frac{\pi}{2}}\frac{1}{\cos x}\cdot\ln\frac{1+\alpha\cos x}{1-\alpha\cos x}\mathrm{d}x,$$

所以 $I(0)=\int_0^{\frac{\pi}{2}}\frac{1}{\cos x}\cdot\ln\frac{1+0\cdot\cos x}{1-0\cdot\cos x}\mathrm{d}x=0$，进而 $C=0$，故

$$I(\alpha)=\int_0^{\frac{\pi}{2}}\frac{1}{\cos x}\cdot\ln\frac{1+\alpha\cos x}{1-\alpha\cos x}\mathrm{d}x=\pi\arcsin\alpha.$$

例 31 求积分 $\int_0^{+\infty}\frac{\mathrm{d}x}{1+x^6}$.

[解题要点] 化为欧拉积分.

解：令 $t=x^6$，有

$$I=\frac{1}{6}\int_0^{+\infty}\frac{t^{-\frac{5}{6}}}{1+t}\mathrm{d}t=\frac{1}{6}\int_0^{+\infty}\frac{t^{\frac{1}{6}-1}}{(1+t)^{\frac{1}{6}+\frac{5}{6}}}\mathrm{d}t=\frac{1}{6}B\left(\frac{1}{6},\frac{5}{6}\right)$$

$$=\frac{1}{6}\Gamma\left(\frac{1}{6}\right)\Gamma\left(1-\frac{1}{6}\right)=\frac{1}{6}\cdot\frac{\pi}{\sin\frac{\pi}{6}}=\frac{\pi}{3}.$$

例 32 计算积分 $\int_0^1\frac{\mathrm{d}x}{\sqrt[4]{1-x^4}}$.

[解题要点]　化为欧拉积分.

解：

$$I=\int_0^1\frac{x^3\mathrm{d}x}{x^3\cdot\sqrt[4]{1-x^4}}=\frac{1}{4}\int_0^1\frac{d\ (x^4)}{x^3\cdot\sqrt[4]{1-x^4}}\xlongequal{t=x^4}\frac{1}{4}\int_0^1 t^{-\frac{3}{4}}(1-t)^{-\frac{1}{4}}\mathrm{d}t$$

$$=\frac{1}{4}\int_0^1 t^{\frac{1}{4}-1}(1-t)^{\frac{3}{4}-1}\mathrm{d}t=\frac{1}{4}B\left(\frac{1}{4},\ \frac{3}{4}\right)=\frac{1}{4}\Gamma\left(\frac{1}{4}\right)\Gamma\left(\frac{3}{4}\right)=\frac{1}{4}\frac{\pi}{\sin\frac{\pi}{4}}=\frac{\sqrt{2}\pi}{4}.$$

例 33　证明含参变量积分 $I=\int_0^{+\infty}\mathrm{e}^{-t^2}\cos 2xt\mathrm{d}t$ 满足方程 $\frac{\mathrm{d}I}{\mathrm{d}x}+2xI=0$.

[解题要点]　利用含参量积分的积分号下可微性.

证：$I=\int_0^{+\infty}\mathrm{e}^{-t^2}\cos 2xt\mathrm{d}t$ 显然收敛. 记 $f(x,\ t)=\mathrm{e}^{-t^2}\cos 2xt$，则 $f_x(x,\ t)=-2t\mathrm{e}^{-t^2}\cdot\sin 2xt$. 于是

$$|f_x(x,\ t)|=|-2t\mathrm{e}^{-t^2}\sin 2xt|\leqslant 2t\mathrm{e}^{-t^2},\quad -\infty<x<+\infty,\ 0\leqslant t<+\infty,$$

而反常积分 $I=\int_0^{+\infty}t\mathrm{e}^{-t^2}\mathrm{d}t$ 收敛，由 M 判别法

$$\int_0^{+\infty}f_x(x,\ t)\mathrm{d}x=-2\int_0^{+\infty}t\mathrm{e}^{-t^2}\sin 2xt\mathrm{d}t$$

关于 x 在 $(-\infty,\ +\infty)$ 上一致收敛. 应用积分号下求导定理，得到

$$\frac{\mathrm{d}I}{\mathrm{d}x}=-2\int_0^{+\infty}t\mathrm{e}^{-t^2}\sin 2xt\mathrm{d}t=\mathrm{e}^{-t^2}\sin 2xt\Big|_0^{+\infty}-2x\int_0^{+\infty}\mathrm{e}^{-t^2}\cos 2xt\mathrm{d}t=-2xI.$$

所以有

$$\frac{\mathrm{d}I}{\mathrm{d}x}+2xI=0.$$

例 34　（哈尔滨理工大学）证明：$\lim\limits_{n\to\infty}\int_0^{\pi}(\sin x)^{\frac{1}{n}}\mathrm{d}x=\pi$.

[解题要点]

（1）f，g 在 $[a,\ b]$ 可积且 $f\leqslant g$ 于 $[a,\ b]$，则 $\int_a^b f(x)\mathrm{d}x\leqslant\int_a^b g(x)\mathrm{d}x$.

（2）若 $a_n\leqslant b$，$\lim\limits_{n\to\infty}a_n$ 存在，则 $\lim\limits_{n\to\infty}a_n\leqslant b$.

（3）若 $x_n\leqslant y_n\ (n>N)$，则 $\overline{\lim\limits_n}x_n\leqslant\underline{\lim\limits_n}y_n$.

（4）若 $a_n\leqslant b\ (n>N)$，则 $\overline{\lim\limits_n}a_n\leqslant b$.

（5）$\underline{\lim\limits_n}x_n\leqslant\overline{\lim\limits_n}x_n$.

（6）$\lim\limits_{n\to\infty}x_n=a\Leftrightarrow a\leqslant\underline{\lim\limits_n}x_n\leqslant\overline{\lim\limits_n}x_n\leqslant a$

$\Leftrightarrow\underline{\lim\limits_n}x_n=\overline{\lim\limits_n}x_n=a$.

（7）若 $f_n(x)$ 在 $[a,\ b]$ 上连续且 $\{f_n(x)\}$ 在 $[a,\ b]$ 上一致收敛，则

$$\lim_{n\to\infty}\int_a^b f_n(x)\mathrm{d}x=\int_a^b\lim_{n\to\infty}f_n(x)\mathrm{d}x.$$

（8）函数列一致收敛的两边夹法则：若 $g_n(x)\leqslant f_n(x)\leqslant h_n(x)$ $(n>N,\ x\in I)$，并且在 I 上 $g_n(x)\rightrightarrows f(x)$，$h_n(x)\rightrightarrows f(x)$，则在 I 上 $f_n(x)\rightrightarrows f(x)$.

（9）若 $a_n\leqslant f_n(x)\leqslant b_n$ $(n>N,\ x\in I)$，且 $\lim\limits_{n\to\infty}a_n=\lim\limits_{n\to\infty}b_n=A$，则在 I 上 $f_n(x)\rightrightarrows A$.

证：当 $x\in[0,\ \pi]$ 时，$0\leqslant\sin x\leqslant1\Rightarrow0\leqslant(\sin x)^{\frac{1}{n}}\leqslant1$，于是 $0\leqslant\int_0^{\pi}(\sin x)^{\frac{1}{n}}\mathrm{d}x\leqslant\pi$. 从而有

$$\overline{\lim_{n}}\int_0^{\pi}(\sin x)^{\frac{1}{n}}\mathrm{d}x\leqslant\pi. \qquad ①$$

下证

$$\pi\leqslant\underline{\lim_{n}}\int_0^{\pi}(\sin x)^{\frac{1}{n}}\mathrm{d}x. \qquad ②$$

$\forall\varepsilon>0$ 且满足 $0<\varepsilon<\dfrac{\pi}{2}$，有

$$\int_0^{\pi}(\sin x)^{\frac{1}{n}}\mathrm{d}x\geqslant\int_{\varepsilon}^{\pi-\varepsilon}(\sin x)^{\frac{1}{n}}\mathrm{d}x. \qquad ③$$

由于在 $[\varepsilon,\ \pi-\varepsilon]$ 上，$\{(\sin x)^{\frac{1}{n}}\}$ 一致收敛于 1，由积分号下取极限性质得

$$\lim_{n\to\infty}\int_{\varepsilon}^{\pi-\varepsilon}(\sin x)^{\frac{1}{n}}\mathrm{d}x=\int_{\varepsilon}^{\pi-\varepsilon}\lim_{n\to\infty}(\sin x)^{\frac{1}{n}}\mathrm{d}x=\int_{\varepsilon}^{\pi-\varepsilon}1\mathrm{d}x=\pi-2\varepsilon. \qquad ④$$

在③式两边分别取上下极限，并结合④式得

$$\underline{\lim_{n}}\int_0^{\pi}(\sin x)^{\frac{1}{n}}\mathrm{d}x\geqslant\pi-2\varepsilon,$$

由 ε 得任意性即得②式. 由①②即得 $\lim\limits_{n\to\infty}\int_0^{\pi}(\sin x)^{\frac{1}{n}}\mathrm{d}x=\pi$.

注 2：在 $[\varepsilon,\ \pi-\varepsilon]$ 上 $\{(\sin x)^{\frac{1}{n}}\}$ 一致收敛于 1，即 $(\sin x)^{\frac{1}{n}}\rightrightarrows1$. 事实上，当 $x\in\left[\varepsilon,\ \dfrac{\pi}{2}\right]$ 时，$0<\sin\varepsilon\leqslant\sin x\leqslant1$，$\sqrt[n]{\sin\varepsilon}\leqslant(\sin x)^{\frac{1}{n}}\leqslant1$. 而 $\sqrt[n]{\sin\varepsilon}\to1$ $(n\to\infty)$，故在 $\left[\varepsilon,\ \dfrac{\pi}{2}\right]$ 上 $(\sin x)^{\frac{1}{n}}\rightrightarrows1$.

当 $x\in\left[\dfrac{\pi}{2},\ \pi-\varepsilon\right]$ 时，$0<\sin(\pi-\varepsilon)\leqslant\sin x\leqslant1$，$\sqrt[n]{\sin(\pi-\varepsilon)}\leqslant(\sin x)^{\frac{1}{n}}\leqslant1$. 而 $\sqrt[n]{\sin(\pi-\varepsilon)}\to1$，故 $(\sin x)^{\frac{1}{n}}\rightrightarrows1$. 故在 $\left[\dfrac{\pi}{2},\ \pi-\varepsilon\right]$ 上 $(\sin x)^{\frac{1}{n}}\rightrightarrows1$. 综上所述，在 $[\varepsilon,\ \pi-\varepsilon]$ 上 $(\sin x)^{\frac{1}{n}}\rightrightarrows1$.

例 35 （武汉大学，1995 年）证明：$\lim\limits_{n\to\infty}\int_0^1\mathrm{e}^{x^n}\mathrm{d}x=1$.

[解题要点]

（1）f，g 在 $[a,\ b]$ 可积且 $f\leqslant g$ 于 $[a,\ b]$，则 $\int_a^b f(x)\mathrm{d}x\leqslant\int_a^b g(x)\mathrm{d}x$；

（2）两个单调增函数的复合函数仍为增函数.

证：由于 $t=x^n$ 关于 $x\in[0,\ 1]$ 为增函数，$y=\mathrm{e}^t$ 在 $\mathbf{R}$ 上为增函数. 故 $\forall n\geqslant1$，$f_n(x)=\mathrm{e}^{x^n}$ 关于 $x\in[0,\ 1]$ 为增函数. 于是，当 $x\in[0,\ 1]$ 时，$0\leqslant x\leqslant1\Rightarrow f_n(0)\leqslant f_n(x)\leqslant f_n(1)$，于是 $\mathrm{e}^0\leqslant\mathrm{e}^{x^n}\leqslant\mathrm{e}$，故 $\int_0^1\mathrm{e}^{x^n}\mathrm{d}x\geqslant\int_0^1 1\mathrm{d}x=1$，从而有 $\underline{\lim_{n}}\int_0^1\mathrm{e}^{x^n}\mathrm{d}x\geqslant1$.

下证 $\overline{\lim_{n}}\int_0^1 e^{x^n}dx\leqslant 1$. $\forall\varepsilon$ $(0<\varepsilon<1)$，有

$$\int_0^1 e^{x^n}dx=\int_0^{1-\varepsilon}e^{x^n}dx+\int_{1-\varepsilon}^1 e^{x^n}dx$$
$$\leqslant\int_0^{1-\varepsilon}e^{x^n}dx+\int_{1-\varepsilon}^1 e\,dx=\int_0^{1-\varepsilon}e^{x^n}dx+e\varepsilon \quad ①$$

显然，当 $x\in[0,1-\varepsilon]$ 时，$e^{x^n}\rightrightarrows 1$（这是因为当 $x\in[0,1-\varepsilon]$ 时，$0\leqslant x^n\leqslant(1-\varepsilon)^n$，$1\leqslant e^{x^n}\leqslant e^{(1-\varepsilon)n}$，而 $\lim\limits_{n\to\infty}e^{(1-\varepsilon)^n}=e^{\lim\limits_{n\to\infty}(1-\varepsilon)^n}=e^0=1$），故

$$\lim_{n\to\infty}\int_0^{1-\varepsilon}e^{x^n}dx=\int_0^{1-\varepsilon}\lim_{n\to\infty}e^{x^n}dx=\int_0^{1-\varepsilon}1\,dx=1-\varepsilon. \quad ②$$

由①和②得

$$\overline{\lim_{n}}\int_0^1 e^{x^n}dx\leqslant\underline{\lim_{n}}\int_0^{1-\varepsilon}e^{x^n}dx+e\varepsilon=1-\varepsilon+e\varepsilon,$$

再由 ε 得任意性得 $\overline{\lim_{n}}\int_0^1 e^{x^n}dx\leqslant 1$，故结论成立.

第七章　多元函数微积分学

一、基本概念与基本结论

（一）多元函数的微分

1. 二元函数 $z=f(x,y)$ 的偏导数和方向导数

（1）二元函数 $z=f(x,y)$ 的偏导数的定义.

定义 1　设函数 $z=f(x,y)$，$(x,y)\in D$. 若 $(x_0,y_0)\in D$，且 $f(x,y_0)$ 在 x_0 的某邻域内有定义，则当极限

$$\lim_{\Delta x\to 0}\frac{\Delta_x z}{\Delta x}=\lim_{\Delta x\to 0}\frac{f(x_0+\Delta x,y_0)-f(x_0,y_0)}{\Delta x}$$

存在时，称此极限为函数 $z=f(x,y)$ 在点 (x_0,y_0) 关于 x 的偏导数，记作 $\left.\frac{\partial f}{\partial x}\right|_{(x_0,y_0)}$，$f_x(x_0,y_0)$，$f'_x(x_0,y_0)$.

定义 2　设函数 $z=f(x,y)$，$(x,y)\in D$. 若 $(x_0,y_0)\in D$，且 $f(x_0,y)$ 在 y_0 的某邻域内有定义，则当极限

$$\lim_{\Delta y\to 0}\frac{\Delta_y z}{\Delta y}=\lim_{\Delta y\to 0}\frac{f(x_0,y_0+\Delta y)-f(x_0,y_0)}{\Delta y}$$

存在时，称此极限为函数 $z=f(x,y)$ 在点 (x_0,y_0) 关于 y 的偏导数，记作 $\left.\frac{\partial f}{\partial y}\right|_{(x_0,y_0)}$，$f_y(x_0,y_0)$，$f'_y(x_0,y_0)$.

二元函数 $z=f(x,y)$ 在点 (x,y) 关于 x 或 y 的偏导函数，简称为偏导数，即

$$\frac{\partial f}{\partial x}=\lim_{\Delta x\to 0}\frac{\Delta_x f}{\Delta x}=\lim_{\Delta x\to 0}\frac{f(x+\Delta x,y)-f(x,y)}{\Delta x};$$

$$\frac{\partial f}{\partial y}=\lim_{\Delta y\to 0}\frac{\Delta_y f}{\Delta y}=\lim_{\Delta y\to 0}\frac{f(x,y+\Delta y)-f(x,y)}{\Delta y}.$$

（2）二元函数 $z=f(x,y)$ 的方向导数的概念和定义.

定义 3　设函数 $z=f(x, y)$ 在点 $P_0(x_0, y_0)$ 的某邻域 $U(P_0)\subset\mathbf{R}^2$ 内有定义，$\vec{l}$ 为从 P_0 出发的射线，其方向数为 $\{\Delta x, \Delta y\}$. $P(x, y)$ 为 $\vec{l}$ 上且含于 $U(P_0)$ 内的任意一点，$\rho=|PP_0|=\sqrt{(x-x_0)^2+(y-y_0)^2}$，若极限

$$\lim_{\rho\to 0}\frac{f(P)-f(P_0)}{\rho}=\lim_{\rho\to 0}\frac{\Delta_{\vec{l}}f}{\rho}=\lim_{\rho\to 0}\frac{f(x_0+\Delta x, y_0+\Delta y)-f(x_0, y_0)}{\rho}$$

存在，则称该极限为函数 $z=f(x, y)$ 点 $P_0(x_0, y_0)$ 沿方向 $\vec{l}$ 的方向导数，记作 $\left.\dfrac{\partial f}{\partial\vec{l}}\right|_{P_0}$，$f_{\vec{l}}(x_0, y_0)$，$f_{\vec{l}}(P_0)$.

显然 $\left.\dfrac{\partial f}{\partial\vec{l}}\right|_{P_0}=\dfrac{\partial f}{\partial x}\cos\alpha+\dfrac{\partial f}{\partial y}\cos\beta$，其中 $\{\cos\alpha, \cos\beta\}$ 为 $\vec{l}$ 的方向余弦所构成的向量，$\cos\alpha=\dfrac{\Delta x}{\sqrt{(\Delta x)^2+(\Delta y)^2}}$，$\cos\beta=\dfrac{\Delta y}{\sqrt{(\Delta x)^2+(\Delta y)^2}}$.

(3) 二元函数 $z=f(x, y)$ 在点 (x, y) 处的高阶偏导数

$$\frac{\partial^2 z}{\partial x^2}=\frac{\partial}{\partial x}\left(\frac{\partial z}{\partial x}\right),\ \frac{\partial^2 z}{\partial y^2}=\frac{\partial}{\partial y}\left(\frac{\partial z}{\partial y}\right),\ \frac{\partial^2 z}{\partial x\partial y}=\frac{\partial}{\partial y}\left(\frac{\partial z}{\partial x}\right),\ \frac{\partial^2 z}{\partial y\partial x}=\frac{\partial}{\partial x}\left(\frac{\partial z}{\partial y}\right).$$

$$\frac{\partial^3 z}{\partial x^3}=\frac{\partial}{\partial x}\left(\frac{\partial^2 z}{\partial x^2}\right),\ \frac{\partial^3 z}{\partial y^3}=\frac{\partial}{\partial y}\left(\frac{\partial^2 z}{\partial y^2}\right),\ \frac{\partial^3 z}{\partial x^2\partial y}=\frac{\partial}{\partial y}\left(\frac{\partial^2 z}{\partial x^2}\right),\ \frac{\partial^3 z}{\partial y^2\partial x}=\frac{\partial}{\partial x}\left(\frac{\partial^2 z}{\partial y^2}\right),\ \frac{\partial^3 z}{\partial x\partial y^2}=\frac{\partial}{\partial y}\left(\frac{\partial^2 z}{\partial x\partial y}\right),$$

$\dfrac{\partial^3 z}{\partial y\partial x^2}=\dfrac{\partial}{\partial x}\left(\dfrac{\partial^2 z}{\partial y\partial x}\right)$，$\dfrac{\partial^3 z}{\partial x\partial y\partial y}=\dfrac{\partial}{\partial y}\left(\dfrac{\partial^2 z}{\partial x\partial y}\right)$，$\dfrac{\partial^3 z}{\partial y\partial x\partial y}=\dfrac{\partial}{\partial y}\left(\dfrac{\partial^2 z}{\partial y\partial x}\right)$，…. 这些高阶偏导数也可以分别记为

$f_{xx}(x, y)$, $f_{yy}(x, y)$, $f_{xy}(x, y)$, $f_{yx}(x, y)$, $f_{xxx}(x, y)$, $f_{yyy}(x, y)$, $f_{xxy}(x, y)$, $f_{yyx}(x, y)$, $f_{xyy}(x, y)$, $f_{yxx}(x, y)$, $f_{xyy}(x, y)$, $f_{yxy}(x, y)$, ….

2. 二元函数 $z=f(x, y)$ 的偏导数和方向导数的计算

(1) 显函数 $z=f(x, y)$ 的偏导数的计算.

①用一元函数的求导公式计算.

把二元函数 $z=f(x, y)$ 的其中另一个自变量看作常数求导.

②用链式法则求导.

(2) 隐函数求偏导数.

①(a) 对方程 $F(x, y)=0$ 确定隐函数 $y=y(x)$.

要点：把方程 $F(x, y)=0$ 的未知量 x，y 中的 x 看作自变量，y 看作因变量.

对方程 $F(x, y)=0$ 两端分别求 x、y 的导数，则有 $F_x(x, y)+F_y(x, y)\dfrac{\mathrm{d}y}{\mathrm{d}x}=0$，进而可求得 $\dfrac{\mathrm{d}y}{\mathrm{d}x}=-\dfrac{F_x(x, y)}{F_y(x, y)}$.

(b) 对方程 $F(x, y, z)=0$ 所确定函数 $z=z(x, y)$

要点：把方程 $F(x, y, z)=0$ 的变量 x，y，z 中的 x，y 看作自变量、z 看作因变量. 因为

$$\frac{\partial F}{\partial x}+\frac{\partial F}{\partial z}\cdot\frac{\partial z}{\partial x}=0(F_x(x,y)+F_z(x,y)\cdot z_x(x,y)=0),$$

$$\frac{\partial F}{\partial y}+\frac{\partial F}{\partial z}\cdot\frac{\partial z}{\partial y}=0(F_y(x,y)+F_z(x,y)\cdot z_y(x,y)=0),$$

所以

$$\frac{\partial z}{\partial x}=-\frac{\frac{\partial F}{\partial x}}{\frac{\partial F}{\partial z}},\text{ 即 } z_x(x,y)=-\frac{F_x(x,y)}{F_z(x,y)},$$

$$\frac{\partial z}{\partial y}=-\frac{\frac{\partial F}{\partial y}}{\frac{\partial F}{\partial z}},\text{ 即 } z_y(x,y)=-\frac{F_y(x,y)}{F_z(x,y)}.$$

②对方程组$\begin{cases}F(x,y,u,v)=0\\G(x,y,u,v)=0\end{cases}$确定函数 $u=u(x, y)$，$v=v(x, y)$.

要点：把方程组$\begin{cases}F(x,y,u,v)=0\\G(x,y,u,v)=0\end{cases}$的变量 x，y，u，v 中的 x，y 看作自变量，u，v 看作因变量. 因为

$$\begin{cases}\frac{\partial F}{\partial x}+\frac{\partial F}{\partial u}\cdot\frac{\partial u}{\partial x}+\frac{\partial F}{\partial v}\cdot\frac{\partial v}{\partial x}=0\\ \frac{\partial G}{\partial x}+\frac{\partial G}{\partial u}\cdot\frac{\partial u}{\partial x}+\frac{\partial G}{\partial v}\cdot\frac{\partial v}{\partial x}=0\end{cases}\quad\left(\begin{cases}F_x+F_u\cdot u_x+F_v\cdot v_x=0\\G_x+G_u\cdot u_x+G_v\cdot v_x=0\end{cases}\right),$$

$$\begin{cases}\frac{\partial F}{\partial y}+\frac{\partial F}{\partial u}\cdot\frac{\partial u}{\partial y}+\frac{\partial F}{\partial v}\cdot\frac{\partial v}{\partial y}=0\\ \frac{\partial G}{\partial y}+\frac{\partial G}{\partial u}\cdot\frac{\partial u}{\partial y}+\frac{\partial G}{\partial v}\cdot\frac{\partial v}{\partial y}=0\end{cases}\quad\left(\begin{cases}F_y+F_u\cdot u_y+F_v\cdot v_y=0\\G_y+G_u\cdot u_y+G_v\cdot v_y=0\end{cases}\right),$$

所以解方程组得：

$$\frac{\partial u}{\partial x}=-\frac{1}{J(u,v)}\cdot\frac{\partial(F,G)}{\partial(x,v)},\quad\frac{\partial v}{\partial x}=-\frac{1}{J(u,v)}\cdot\frac{\partial(F,G)}{\partial(u,x)},$$

$$\frac{\partial u}{\partial y}=-\frac{1}{J(u,v)}\cdot\frac{\partial(F,G)}{\partial(y,v)},\quad\frac{\partial v}{\partial y}=-\frac{1}{J(u,v)}\cdot\frac{\partial(F,G)}{\partial(u,y)},$$

其中行列式 $J(u,v)=\frac{\partial(F,G)}{\partial(u,v)}=\begin{vmatrix}F_u & F_v\\G_u & G_v\end{vmatrix}$，$\frac{\partial(F,G)}{\partial(x,v)}=\begin{vmatrix}F_x & F_v\\G_x & G_v\end{vmatrix}$，$J(u, v)$ 称为函数 F、G 关于变量 u，v 的函数行列式［雅克比（Jacobi）行列式］.

3. 导数的应用

（1）求平面曲线的切线与法线方程.

①平面曲线 $y=f(x)$.

如果函数 $y=f(x)$ 在点 x_0 处可导，则曲线 $y=f(x)$ 在点(x_0, y_0)处的切线方程为 $y-y_0=f'(x_0)(x-x_0)$，法线方程为 $y-y_0=-\frac{1}{f'(x_0)}(x-x_0)$.

②平面曲线 $F(x, y)=0$.

方程 $F(x, y)=0$ 确定函数 $y=f(x)$，则曲线 $F(x, y)=0$ 在点 (x_0, y_0) 处的法向量为 $\pm\{F_x(x_0, y_0), F_y(x_0, y_0)\}$，切向量 $\pm\{F_y(x_0, y_0), -F_x(x_0, y_0)\}$，切线方程为

$y-y_0=-\dfrac{F_x}{F_y}(x-x_0)$（因为 $\dfrac{\partial F}{\partial x}+\dfrac{\partial F}{\partial y}\cdot\dfrac{\mathrm{d}y}{\mathrm{d}x}=0$，所以 $\dfrac{\mathrm{d}y}{\mathrm{d}x}=-\dfrac{\frac{\partial F}{\partial x}}{\frac{\partial F}{\partial y}}=-\dfrac{F_x}{F_y}$）或 $\dfrac{x-x_0}{F_y(x_0, y_0)}=\dfrac{y-y_0}{-F_x(x_0, y_0)}$. 法线方程为 $\dfrac{x-x_0}{F_x(x_0, y_0)}=\dfrac{y-y_0}{F_y(x_0, y_0)}$.

（2）求空间曲线的切线与法平面方程.

①对空间曲线 $x=x(t)$，$y=y(t)$，$z=z(t)$.

切线方程：$\dfrac{x(t)-x(t_0)}{x'(t_0)}=\dfrac{y(t)-y(t_0)}{y'(t_0)}=\dfrac{z(t)-z(t_0)}{z'(t_0)}$.

法平面方程：

$$x'(t_0)[x(t)-x(t_0)]+y'(t_0)[y(t)-y(t_0)]+z'(t_0)[z(t)-z(t_0)]=0.$$

②对空间曲线 $\begin{cases}G(x, y, z)=0\\F(x, y, z)=0\end{cases}$

（a）空间曲线 $\begin{cases}G(x, y, z)=0\\F(x, y, z)=0\end{cases}$ 确定参数方程 $x=x(z)$，$y=y(z)$，$z=z$.

切线方程：$\dfrac{x(z)-x(z_0)}{x'(z_0)}=\dfrac{y(z)-y(z_0)}{y'(z_0)}=\dfrac{z-z_0}{1}$.

法平面方程：$x'(z_0)[x(z)-x(z_0)]+y'(z_0)[y(z)-y(z_0)]+(z-z_0)=0$.

（b）空间曲线 $\begin{cases}G(x, y, z)=0\\F(x, y, z)=0\end{cases}$ 确定参数方程 $x=x$，$y=y(x)$，$z=z(x)$.

切线方程：$\dfrac{x-x_0}{1}=\dfrac{y(x)-y(x_0)}{y'(x_0)}=\dfrac{z(x)-z(x_0)}{z'(x_0)}$.

法平面方程：$(x-x_0)+y'(x_0)[y(x)-y(x_0)]+z'(x_0)[z(x)-z(x_0)]=0$.

（c）空间曲线 $\begin{cases}G(x, y, z)=0\\F(x, y, z)=0\end{cases}$ 确定参数方程 $x=x(y)$，$y=y$，$z=z(y)$.

切线方程：$\dfrac{x(y)-x(y_0)}{x'(y_0)}=\dfrac{y-y_0}{1}=\dfrac{z(y)-z(y_0)}{z'(y_0)}$.

法平面方程：$x'(y_0)[x(y)-x(y_0)]+(y-y_0)+z'(y_0)[z(y)-z(y_0)]=0$.

（3）空间曲面的切平面与法线.

①空间曲面 $z=z(x, y)$ 在点 (x_0, y_0, z_0) 的切平面与法线方程.

（a）空间曲面 $z=z(x, y)$ 在点 (x_0, y_0, z_0) 的切平面方程.

$$z_x(x_0, y_0)(x-x_0)+z_y(x_0, y_0)(y-y_0)-(z-z_0)=0.$$

（b）空间曲面 $z=z(x, y)$ 在点 (x_0, y_0, z_0) 的法线方程为

$$\frac{x-x_0}{z_x(x_0, y_0)}=\frac{y-y_0}{z_x(x_0, y_0)}=\frac{z-z_0}{-1}.$$

②方程 $F(x,y,z)=0$ 所确定曲面在点 (x_0,y_0,z_0) 的切平面与法线方程.

(a) 方程 $F(x,y,z)=0$ 所确定曲面在点 (x_0,y_0,z_0) 的切平面方程为

$$F_x(x_0,y_0,z_0)(x-x_0)+F_y(x_0,y_0,z_0)(y-y_0)+F_z(x_0,y_0,z_0)(z-z_0)=0.$$

(b) 方程 $F(x,y,z)=0$ 所确定曲面在点 (x_0,y_0,z_0) 的法线方程为

$$\frac{x-x_0}{F_x(x_0,y_0,z_0)}=\frac{y-y_0}{F_y(x_0,y_0,z_0)}=\frac{z-z_0}{F_z(x_0,y_0,z_0)}.$$

(4) 函数 $z=f(x,y)$，$u=f(x,y,z)$ 的梯度.

定义 4 函数 $z=f(x,y)$（空间曲面）上的点 $P_0(x_0,y_0,z_0)$ 存在对所有自变量的偏导数，则称向量 $(z_x(x_0,y_0),z_y(x_0,y_0))$（即 $\{f_x(x_0,y_0),f_y(x_0,y_0)\}$）为函数 $z=f(x,y)$ 点 $P_0(x_0,y_0,z_0)$ 的梯度，记作 $\mathrm{grad}\,f=(f_x(x_0,y_0),f_y(x_0,y_0))$（或者 $\mathrm{grad}\,f=\{f_x(x_0,y_0),f_y(x_0,y_0)\}$）.

定义 5 对于函数 $u=f(x,y,z)$，则 $u=f(x,y,z)$ 在点 $P_0(x_0,y_0,z_0,u_0)$ 的梯度为

$$\mathrm{grad}\,f=(f_x(x_0,y_0,z_0),f_y(x_0,y_0,z_0),f_z(x_0,y_0,z_0)).$$

注 1：函数 $z=f(x,y)$ 在点 (x_0,y_0,z_0) 的梯度是 $z=f(x,y)$ 在点 (x_0,y_0,z_0) 处函数值变化最快的方向.

4. 多元函数的微分

以二元函数 $z=f(x,y)$ 为例，研究多元函数的微分.

定义 6 设函数 $z=f(x,y)$ 定义在点 $P_0(x_0,y_0)$ 的某个邻域 $U(P_0)$ 内，当给 $P_0(x_0,y_0)$ 一个改变量（增量）$(\Delta x,\Delta y)$ 时，有 $(x_0+\Delta x,y_0+\Delta y)\in U(P_0)$ 时，相应函数的改变量（增量）为 $\Delta z=f(x_0+\Delta x,y_0+\Delta y)-f(x_0,y_0)$. 如果 $\Delta z=A\Delta x+B\Delta y+o(\rho)$，其中 A 是常数，$\rho=\sqrt{(\Delta x)^2+(\Delta y)^2}$，$o(\rho)$ 是 ρ 的高阶无穷小量，则称函数 $z=f(x,y)$ 点 $P_0(x_0,y_0)$ 可微，并称 $A\Delta x+B\Delta y$ 为函数 $z=f(x,y)$ 在点 $P_0(x_0,y_0)$ 处的微分，记作 $\mathrm{d}z\Big|_{\substack{x=x_0\\y=y_0}}=A\Delta x+B\Delta y$ 或 $\mathrm{d}f(x,y)\Big|_{\substack{x=x_0\\y=y_0}}=A\mathrm{d}x+B\mathrm{d}y$.

由定义可以证明 $\mathrm{d}z\Big|_{\substack{x=x_0\\y=y_0}}=f_x(x_0,y_0)\mathrm{d}x+f_y(x_0,y_0)\mathrm{d}y$，且

$$\Delta z=f(x_0+\Delta x,y_0+\Delta y)-f(x_0,y_0)=A\Delta x+B\Delta y+o(\rho),$$

即 $\Delta z=f_x(x_0,y_0)\Delta x+f_y(x_0,y_0)\Delta y+o(\rho)$.

（二）重积分

1. 二重积分

(1) 二重积分 $\iint\limits_D f(x,y)\,\mathrm{d}x\mathrm{d}y$ 的定义（见 [1]）.

(2) 二重积分 $\iint\limits_D f(x,y)\,\mathrm{d}x\mathrm{d}y$ 的计算.

①在直角坐标系下的计算.

(a) 矩形区域 D：$[a,\ b]\times[c,\ d]$.

$$\iint_D f(x,\ y)\mathrm{d}x\mathrm{d}y=\int_c^d\mathrm{d}y\int_a^b f(x,\ y)\mathrm{d}x=\int_a^b\mathrm{d}x\int_c^d f(x,\ y)\mathrm{d}y.$$

(b) X 型区域 D：$a\leqslant x\leqslant b$，$\varphi_1(x)\leqslant y\leqslant\varphi_2(x)$.

$$\iint_D f(x,\ y)\mathrm{d}x\mathrm{d}y=\int_a^b\mathrm{d}x\int_{\varphi_1(x)}^{\varphi_2(x)}f(x,\ y)\mathrm{d}y.$$

(c) Y 型区域 D：$\varphi_1(y)\leqslant x\leqslant\varphi_2(y)$，$c\leqslant y\leqslant d$.

$$\iint_D f(x,\ y)\mathrm{d}x\mathrm{d}y=\int_c^d\mathrm{d}y\int_{\varphi_1(y)}^{\varphi_2(y)}f(x,\ y)\mathrm{d}x.$$

②在极坐标系下的计算.

$$x=r\cos\theta,\ y=r\sin\theta,\ 0\leqslant\theta\leqslant2\pi,\ 0\leqslant r<+\infty.$$

$$J(r,\ \theta)=\frac{\partial(x,\ y)}{\partial(r,\ \theta)}=\begin{vmatrix}\dfrac{\partial x}{\partial r}&\dfrac{\partial x}{\partial\theta}\\ \dfrac{\partial y}{\partial r}&\dfrac{\partial y}{\partial\theta}\end{vmatrix}=\begin{vmatrix}\cos\theta&-r\sin\theta\\ \sin\theta&r\cos\theta\end{vmatrix}=r.$$

$$\iint_D f(x,\ y)\mathrm{d}x\mathrm{d}y=\iint_{D'}f(r\cos\theta,\ r\sin\theta)r\mathrm{d}r\mathrm{d}\theta.$$

2. 三重积分

(1) 三重积分 $\iiint_V f(x,\ y,\ z)\mathrm{d}x\mathrm{d}y\mathrm{d}z$ 的定义（见 [1]).

(2) 三重积分 $\iiint_V f(x,\ y,\ z)\mathrm{d}x\mathrm{d}y\mathrm{d}z$ 的计算.

① 在直角坐标系下的积分计算（见 [1]).

②在球坐标系下的积分计算.

令$\begin{cases}x=r\sin\varphi\cos\theta\\ y=r\sin\varphi\sin\theta,\ 0\leqslant\varphi\leqslant\pi,\ 0\leqslant\theta\leqslant2\pi,\ 0\leqslant r<+\infty\\ z=r\cos\varphi\end{cases}$，则

$$J(r,\ \varphi,\ \theta)=\frac{\partial(x,\ y,\ z)}{\partial(r,\ \varphi,\ \theta)}=\begin{vmatrix}\dfrac{\partial x}{\partial r}&\dfrac{\partial x}{\partial\varphi}&\dfrac{\partial x}{\partial\theta}\\ \dfrac{\partial y}{\partial r}&\dfrac{\partial y}{\partial\varphi}&\dfrac{\partial y}{\partial\theta}\\ \dfrac{\partial z}{\partial r}&\dfrac{\partial z}{\partial\varphi}&\dfrac{\partial z}{\partial\theta}\end{vmatrix}$$

$$=\begin{vmatrix}\sin\varphi\cos\theta&r\cos\varphi\cos\theta&-r\sin\varphi\sin\theta\\ \sin\varphi\sin\theta&r\cos\varphi\sin\theta&r\sin\varphi\cos\theta\\ \cos\varphi&-r\sin\varphi&0\end{vmatrix}=r^2\sin\varphi,$$

于是

$$\iiint_V f(x,y,z)\mathrm{d}x\mathrm{d}y\mathrm{d}z=\iiint_{V'}f(r\sin\varphi\cos\theta,r\sin\varphi\sin\theta,r\cos\varphi)r^2\sin\varphi\,\mathrm{d}r\mathrm{d}\varphi\mathrm{d}\theta.$$

球坐标系可推广为椭球坐标系，其变量替换表达式为：

$$\begin{cases}x = ar\sin\varphi\cos\theta \\ y = br\sin\varphi\sin\theta,\ 0\leqslant\varphi\leqslant\pi,\ 0\leqslant\theta\leqslant 2\pi,\ 0\leqslant r<+\infty, \\ z = cr\cos\varphi\end{cases}$$

其中 a，b，$c\geqslant 0$ 为参数，$J(r,\varphi,\theta)=abcr^2\sin\varphi$. 于是

$$\iiint\limits_V f(x,y,z)\mathrm{d}x\mathrm{d}y\mathrm{d}z=\iiint\limits_{V'} f(ar\sin\varphi\cos\theta,br\sin\varphi\sin\theta,cr\cos\varphi)abcr^2\sin\varphi\mathrm{d}r\mathrm{d}\varphi\mathrm{d}\theta.$$

③在柱坐标系下的积分计算.

令 $\begin{cases}x = r\cos\theta \\ y = r\sin\theta,\ 0\leqslant\theta\leqslant 2\pi,\ 0\leqslant r<+\infty,\ -\infty<z<+\infty, \\ z = z\end{cases}$ 则

$$J(r,\theta,z)=\frac{\partial(x,y,z)}{\partial(r,\theta,z)}=\begin{vmatrix}\frac{\partial x}{\partial r} & \frac{\partial x}{\partial\theta} & \frac{\partial x}{\partial z}\\ \frac{\partial y}{\partial r} & \frac{\partial y}{\partial\theta} & \frac{\partial y}{\partial z}\\ \frac{\partial z}{\partial r} & \frac{\partial y}{\partial\theta} & \frac{\partial y}{\partial z}\end{vmatrix}=\begin{vmatrix}\cos\theta & -r\sin\theta & 0\\ \sin\theta & r\cos\theta & 0\\ 0 & 0 & 1\end{vmatrix}=r,$$

于是

$$\iiint\limits_V f(x,y,z)\mathrm{d}x\mathrm{d}y\mathrm{d}z=\iiint\limits_{V'} f(r\cos\theta,r\sin\theta,z)r\mathrm{d}r\mathrm{d}\theta\mathrm{d}z.$$

（三）曲线积分

1. 第一型曲线积分 $\int_L f(x,y)\mathrm{d}s$，$\int_L f(x,y,z)\mathrm{d}s$

（1）第一型曲线积分的定义（见［1］）.

（2）第一型曲线积分的计算.

利用弧长计算公式 $\mathrm{d}s=\sqrt{(\mathrm{d}x)^2+(\mathrm{d}y)^2}$，$\mathrm{d}s=\sqrt{(\mathrm{d}x)^2+(\mathrm{d}y)^2+(\mathrm{d}z)^2}$.

对平面光滑曲线 L：$y=y(x)$，$x\in[a,b]$ 或 $x=x(y)$，$y\in[c,d]$ 或 $x=x(t)$，$y=y(t)$，$\alpha\leqslant t\leqslant\beta$，由

$\mathrm{d}s=\sqrt{(\mathrm{d}x)^2+(\mathrm{d}y)^2}=\sqrt{1+[y'(x)]^2}\mathrm{d}x$（或 $ds=\sqrt{1+[x'(y)]^2}\mathrm{d}y$ 或 $ds=\sqrt{[x'(t)]^2+[y'(t)]^2\mathrm{d}t}$），

所以

$$\int_L f(x,y)\mathrm{d}s=\int_a^b f(x,y(x))\sqrt{1+[y'(x)]^2}\mathrm{d}x$$

或

$$\int_L f(x,y)\mathrm{d}s=\int_c^d f(x(y),y)\sqrt{1+[x'(y)]^2}\mathrm{d}y$$

或

$$\int_L f(x,y)\mathrm{d}s=\int_\alpha^\beta f(x(t),y(t))\sqrt{[x'(t)]^2+[y'(t)]^2}\mathrm{d}t.$$

对空间光滑曲线 L：$x=x(t)$，$y=y(t)$，$z=z(t)$，$\alpha\leqslant t\leqslant\beta$.

$$\int_L f(x,y,z)\mathrm{d}s=\int_\alpha^\beta f(x(t),y(t),z(t))\sqrt{[x'(t)]^2+[y'(t)]^2+[z'(t)]^2}\mathrm{d}t.$$

2. **第二型曲线积分**

(1) 第二型曲线积分的定义（见 [1]).

(2) 第二型曲线积分的计算.

①计算 $\int_{\vec{L}}P(x,y)\mathrm{d}x+Q(x,y)\mathrm{d}y$.

(a) 平面上的有向曲线 $\vec{L}$：$\begin{cases}x=x(t),\\ y=y(t),\end{cases}$ $t\in[\alpha,\beta]$，其中起点是 $(x(\alpha),y(\alpha))$，终点是 $(x(\beta),y(\beta))$，则

$$\int_{\vec{L}}P(x,y)\mathrm{d}x+Q(x,y)\mathrm{d}y=\int_\alpha^\beta[P(x(t),y(t))x'(t)+Q(x(t),y(t))y'(t)]\mathrm{d}t.$$

(b) 空间中的有向曲线 $\vec{L}$：$\begin{cases}x=x(t),\\ y=y(t),\\ z=z(t)\end{cases}$ $t\in[\alpha,\beta]$，其中起点是 $(x(\alpha),y(\alpha),z(\alpha))$，终点是 $(x(\beta),y(\beta),z(\beta))$，则

$$\int_{\vec{L}}P(x,y,z)\mathrm{d}x+Q(x,y,z)\mathrm{d}y+R(x,y,z)\mathrm{d}z$$

$$=\int_\alpha^\beta[P(x(t),y(t),z(t))x'(t)+Q(x(t),y(t),z(t))y'(t)+R(x(t),y(t),z(t))z'(t)]\mathrm{d}t.$$

(四) 曲面积分

1. **第一型曲面积分** $\iint_S f(x,y,z)\mathrm{d}S$

(1) 第一型曲面积分的定义（见 [1]).

(2) 第一型曲面积分的计算.

利用曲面计算公式 $\mathrm{d}S=\sqrt{1+z_x^2(x,y)+z_y^2(x,y)}\mathrm{d}x\mathrm{d}y$，其中空间曲面块 S：$z=z(x,y)$，$(x,y)\in D$.

$$\iint_S f(x,y,z)\mathrm{d}S=\iint_{D_{xy}}f(x,y,z(x,y))\sqrt{1+z_x^2(x,y)+z_y^2(x,y)}\mathrm{d}x\mathrm{d}y$$

或

$$\iint_S f(x,y,z)\mathrm{d}S=\iint_{D_{xz}}f(x,y(x,z),z)\sqrt{1+y_x^2(x,z)+y_z^2(x,z)}\mathrm{d}x\mathrm{d}z$$

或

$$\iint_S f(x,y,z)\mathrm{d}S=\iint_{D_{yz}}f(x(y,z),y,z)\sqrt{1+x_y^2(y,z)+x_z^2(y,z)}\mathrm{d}y\mathrm{d}z.$$

2. 第二型曲面积分

(1) 第二型曲面积分 $\iint\limits_{\vec{S}} P(x,y,z)\mathrm{d}y\mathrm{d}z + Q(x,y,z)\mathrm{d}z\mathrm{d}x + R(x,y,z)\,\mathrm{d}x\mathrm{d}y$ 的定义（见[1]）.

(2) 函数沿空间中有向曲面 $\vec{S}$ 上的第二型曲面积分的计算.

①当空间曲面块 $\vec{S}$：$x=x(y,z)$，$(y,z)\in D_{yz}$. 则

$$\iint\limits_{\vec{S}} P(x,y,z)\mathrm{d}y\mathrm{d}z = \pm \iint\limits_{D_{yz}} P(x(y,z),y,z)\mathrm{d}y\mathrm{d}z,$$

其中当曲面块 $\vec{S}$ 的积分侧向量与 x 轴的正向成锐角时，等式右端取“+”，当曲面块 $\vec{S}$ 的积分侧向量与 x 轴的正向成钝角时，等式右端取“-”；

②当空间曲面块 $\vec{S}$：$y=y(x,z)$，$(x,z)\in D_{xz}$. 则

$$\iint\limits_{\vec{S}} Q(x,y,z)\mathrm{d}z\mathrm{d}x = \pm \iint\limits_{D_{zx}} Q(x,y(z,x),z)\mathrm{d}z\mathrm{d}x,$$

其中当曲面块 $\vec{S}$ 的积分侧向量与 y 轴的正向成锐角时，等式右端取“+”，当曲面块 $\vec{S}$ 的积分侧向量与 y 轴的正向成钝角时，等式右端取“-”；

③当空间曲面块 $\vec{S}$：$z=z(x,y)$，$(x,y)\in D_{xy}$. 则

$$\iint\limits_{\vec{S}} R(x,y,z)\mathrm{d}x\mathrm{d}y = \pm \iint\limits_{D_{xy}} R(x,y,z)\mathrm{d}x\mathrm{d}y,$$

其中当曲面块 $\vec{S}$ 的积分侧向量与 z 轴的正向成锐角时，等式右端取“+”，当曲面块 $\vec{S}$ 的积分侧向量与 z 轴的正向成钝角时，等式右端取“-”.

（五）各种积分间的关系

1. 二型曲线积分与二重积分间的关系

定理1 （格林公式）若函数 $P(x,y)$，$Q(x,y)$ 在闭区域 D 上连续，且有连续的一阶偏导数 $\frac{\partial P}{\partial x}$，$\frac{\partial P}{\partial y}$，$\frac{\partial Q}{\partial x}$，$\frac{\partial Q}{\partial y}$，则有

$$\iint\limits_{D}\left(\frac{\partial Q}{\partial x}-\frac{\partial P}{\partial y}\right)\mathrm{d}x\mathrm{d}y=\oint_L P(x,y)\,\mathrm{d}x+Q(x,y)\mathrm{d}y,$$

这里 L 为区域 D 的边界曲线，并取正方向（沿曲线 L 正方向走时，区域 D 位于左侧）.

定理2 设 D 是单连通闭区域. 若函数 $P(x,y)$，$Q(x,y)$ 在 D 内连续，且具有连续偏导数，则以下四个条件等价：

(1) 沿 D 内任意按段光滑封闭曲线 L，有 $\oint_L P(x,y)\mathrm{d}x+Q(x,y)\mathrm{d}y=0$.

(2) 沿 D 内任意按段光滑封闭曲线 L，曲线积分 $\oint_L P(x,y)\mathrm{d}x+Q(x,y)\mathrm{d}y$ 与路线

无关，只与 L 的起点及终点有关.

（3）$\oint_L P(x, y)\mathrm{d}x + Q(x, y)\mathrm{d}y$ 是 D 内某一函数 $u(x, y)$ 的全微分，即在 D 内有 $\mathrm{d}u = P(x, y)\mathrm{d}x + Q(x, y)\mathrm{d}y$.

（4）在 D 内等式 $\frac{\partial P}{\partial y} = \frac{\partial Q}{\partial x}$ 处成立.

2. **二型曲面积分与三重积分间的关系**

定理 3　（高斯公式）若函数 $P(x, y, z)$，$Q(x, y, z)$，$R(x, y, z)$ 在闭区域 V 上连续，且有连续的一阶偏导数 $\frac{\partial P}{\partial x}$，$\frac{\partial P}{\partial y}$，$\frac{\partial P}{\partial z}$，$\frac{\partial Q}{\partial x}$，$\frac{\partial Q}{\partial y}$，$\frac{\partial Q}{\partial z}$，$\frac{\partial R}{\partial x}$，$\frac{\partial R}{\partial y}$，$\frac{\partial R}{\partial z}$，则有

$$\iiint_V \left(\frac{\partial P}{\partial x} + \frac{\partial Q}{\partial y} + \frac{\partial R}{\partial z}\right)\mathrm{d}x\mathrm{d}y\mathrm{d}z = \oint\!\!\!\oint_{\vec{S}} P(x,y,z)\,\mathrm{d}y\mathrm{d}z + Q(x,y,z)\,\mathrm{d}z\mathrm{d}x + R(x,y,z)\,\mathrm{d}x\mathrm{d}y,$$

这里 $\vec{S}$ 为区域 D 的边界曲面，并且 $\vec{S}$ 取外侧.

3. **二型曲线积分与二型曲面积分间的关系**

定理 4　（斯托克斯公式）若函数 $P(x, y, z)$，$Q(x, y, z)$，$R(x, y, z)$ 在曲面 S（连同 L）上连续，且它们所有的一阶偏导数都连续，则

$$\begin{aligned}&\iint_{\vec{S}} \left(\frac{\partial R}{\partial y} - \frac{\partial Q}{\partial z}\right)\mathrm{d}y\mathrm{d}z + \left(\frac{\partial P}{\partial z} - \frac{\partial R}{\partial x}\right)\mathrm{d}z\mathrm{d}x + \left(\frac{\partial Q}{\partial x} - \frac{\partial P}{\partial y}\right)\mathrm{d}x\mathrm{d}y \\ &= \int_{\vec{L}} P(x,y,z)\,\mathrm{d}x + Q(x,y,z)\,\mathrm{d}y + R(x,y,z)\,\mathrm{d}z,\end{aligned}$$

其中光滑曲面 $\vec{S}$ 的边界为 $\vec{L}$，这里 $\vec{S}$ 的侧与 $\vec{L}$ 的方向按右手法则确定.

为便于记忆，斯托克斯公式记作

$$\iint_{\vec{S}} \begin{vmatrix} \mathrm{d}y\mathrm{d}z & \mathrm{d}z\mathrm{d}x & \mathrm{d}x\mathrm{d}y \\ \frac{\partial}{\partial x} & \frac{\partial}{\partial y} & \frac{\partial}{\partial z} \\ P & Q & R \end{vmatrix} = \oint_{\vec{L}} P(x,y,z)\,\mathrm{d}x + Q(x,y,z)\,\mathrm{d}y + R(x,y,z)\,\mathrm{d}z.$$

4. **一型曲线积分与二型曲线积分间的关系**

定理 5　设 $\vec{L}$ 是 oxy 面上的光滑的有向曲线，$P(x, y)$，$Q(x, y)$ 在有向曲线 $\vec{L}$ 上连续，则有

$$\int_{\vec{L}} P(x, y)\mathrm{d}x + Q(x, y)\mathrm{d}y = \int_L (P(x, y)\cdot\cos\alpha + Q(x, y)\cdot\cos\beta)\,\mathrm{d}s,$$

其中 $(\cos\alpha, \cos\beta)$ 是曲线 $\vec{L}$ 在点 (x, y) 处的切向量方向（指向弧 $\vec{L}$ 增长的方向）.

定理 6　设 $\vec{L}$ 是 $oxyz$ 空间中的光滑有向曲线，$P(x, y, z)$，$Q(x, y, z)$，$R(x, y, z)$ 在有向曲线 $\vec{L}$ 上连续，则有

$$\int_{\vec{L}} P(x,y,z)\,\mathrm{d}x + Q(x,y,z)\,\mathrm{d}y + R(x,y,z)\,\mathrm{d}z$$

$$= \int_{L} (P(x,y,z)\cdot\cos\alpha + Q(x,y,z)\cdot\cos\beta + R(x,y,z)\cos\gamma)\,\mathrm{d}s,$$

其中（$\cos\alpha$，$\cos\beta$，$\cos\gamma$）是曲线 $\vec{L}$ 在点（x，y，z）处的切向量（指向弧 $\vec{L}$ 增长的方向）方向.

5. **一型曲面积分与二型曲面积分间的关系**

定理 7　设 $\vec{S}$ 是空间中的光滑有向曲面，$P(x, y, z)$，$Q(x, y, z)$，$R(x, y, z)$ 在有向曲面 $\vec{S}$ 上连续，则有

$$\iint_{\vec{S}} P(x,y,z)\,\mathrm{d}y\mathrm{d}z + Q(x,y,z)\,\mathrm{d}z\mathrm{d}x + R(x,y,z)\,\mathrm{d}x\mathrm{d}y$$

$$= \iint_{S} (P(x,y,z)\cdot\cos\alpha + Q(x,y,z)\cdot\cos\beta + R(x,y,z)\cos\gamma)\,\mathrm{d}S,$$

其中（$\cos\alpha$，$\cos\beta$，$\cos\gamma$）是有向曲面 $\vec{S}$ 在点（x，y，z）处的正侧法向量.

二、例题选讲

例 1　设函数 $f(x,y) = \begin{cases} (x^2+y^2)\sin\dfrac{1}{\sqrt{x^2+y^2}}, & x^2+y^2 \neq 0, \\ 0, & x^2+y^2 = 0 \end{cases}$，试讨论 $f(x,y)$ 在点 $(0,0)$ 的连续性、偏导数存在性、可微性.

[解题要点]　利用多元函数连续性、偏导数、可微性的定义.

解：(1) 连续性. 因为

$$\lim_{(x,y)\to(0,0)} f(x,y) = \lim_{(x,y)\to(0,0)} \left[(x^2+y^2)\sin\frac{1}{\sqrt{x^2+y^2}}\right] = 0 = f(0,0),$$

所以 $f(x,y)$ 在点 $(0,0)$ 连续.

(2) 偏导数存在性. 因为

$$\lim_{\Delta x\to 0}\frac{f(0+\Delta x,0)-f(0,0)}{\Delta x} = \lim_{\Delta x\to 0}\frac{\Delta x^2\sin\frac{1}{|\Delta x|}}{\Delta x} = \lim_{\Delta x\to 0}\left(\Delta x\sin\frac{1}{|\Delta x|}\right) = 0,$$

$$\lim_{\Delta y\to 0}\frac{f(0,0+\Delta y)-f(0,0)}{\Delta y} = \lim_{\Delta y\to 0}\frac{\Delta y^2\sin\frac{1}{|\Delta y|}}{\Delta y} = \lim_{\Delta y\to 0}\left(\Delta y\sin\frac{1}{|\Delta y|}\right) = 0,$$

所以 $f_x(0,0)$ 与 $f_y(0,0)$ 均存在，且都等于零.

（3）可微性. 因为

$$\lim_{\rho\to 0}\frac{\Delta f-df}{\rho}=\lim_{\rho\to 0}\frac{[f(0+\Delta x,\ 0+\Delta y)-f(0,\ 0)]-[f_x(0,\ 0)\mathrm{d}x+f_y(0,\ 0)\mathrm{d}y]}{\rho}$$

$$=\lim_{\rho\to 0}\frac{\left[(\Delta x^2+\Delta y^2)\sin\dfrac{1}{\sqrt{\Delta x^2+\Delta y^2}}\right]-(0+0)}{\rho}$$

$$=\lim_{\rho\to 0}\left(\rho\sin\frac{1}{\sqrt{\Delta x^2+\Delta y^2}}\right)=\lim_{\rho\to 0}\left(\rho\sin\frac{1}{\rho}\right)=0,$$

所以 $\Delta f-\mathrm{d}f=o(\rho)$，进而函数 $f(x,\ y)$ 在点 $(0,\ 0)$ 可微.

例 2　（上海交通大学，2003 年；重庆大学，2003 年；北京大学，2005 年）是非判断题：若 $f(x,\ y)$ 在 D 内关于 x，y 的偏导数存在，则 $f(x,\ y)$ 在 D 内连续.

［解题要点］　利用多元函数连续性、偏导数的定义.

解：错. 例如对函数 $f(x,\ y)=\begin{cases}\dfrac{xy}{x^2+y^2}, & (x,\ y)\neq(0,\ 0),\\ 0, & (x,\ y)=(0,\ 0)\end{cases}$，根据偏导数的定义有

$$f_x(x,\ y)=\lim_{x\to 0}\frac{f(x,\ 0)-f(0,\ 0)}{x}=\lim_{x\to 0}\frac{0-0}{x}=0,$$

$$f_y(x,\ y)=\lim_{y\to 0}\frac{f(0,\ y)-f(0,\ 0)}{y}=\lim_{x\to 0}\frac{0-0}{y}=0.$$

但

$$\lim_{(x,y)\to(0,0)}f(x,\ y)=\lim_{(x,y)\to(0,0)}\frac{xy}{x^2+y^2}\xlongequal{(y=kx)}\lim_{x\to 0}\frac{xkx}{x^2+k^2x^2}=\frac{k}{1+k^2},$$

即 $\lim\limits_{(x,y)\to(0,0)}f(x,\ y)$ 不存在，当然 $\lim\limits_{(x,y)\to(0,0)}f(x,\ y)\neq 0=f(0,\ 0)$，故 $f(x,\ y)$ 在 $(0,\ 0)$ 点的偏导数存在，但 $f(x,\ y)$ 在 $(0,\ 0)$ 点不连续.

例 3　（天津工业大学，2006 年）设函数 $f(x,\ y)=\begin{cases}xy\dfrac{x^2-y^2}{x^2+y^2}, & x^2+y^2\neq 0\\ 0, & x=y=0\end{cases}$，证明 $f(x,\ y)$ 在点 $(0,\ 0)$ 处连续且计算 $f_x(0,\ 0)$，$f_{xy}(0,\ 0)$.

［解题要点］　利用多元函数连续性、偏导数的定义.

证：由于当 $x^2+y^2\neq 0$ 时，有

$$|f(x,\ y)|=\left|xy\frac{x^2-y^2}{x^2+y^2}\right|=|xy|\left|\frac{x^2-y^2}{x^2+y^2}\right|\leqslant\frac{1}{2}(x^2+y^2)\left|\frac{x^2+y^2}{x^2+y^2}\right|$$

$$=\frac{1}{2}(x^2+y^2),$$

所以，对 $\forall\varepsilon>0$，$\exists\delta=\sqrt{2\varepsilon}$，当 $0<\rho=\sqrt{x^2+y^2}<\delta$ 时，有 $|f(x,\ y)|\leqslant\frac{1}{2}(x^2+y^2)<\varepsilon$，故 $f(x,\ y)$ 在点 $(0,\ 0)$ 处连续.

下面计算 $f_x(0,\ 0)$，$f_{xy}(0,\ 0)$.

$$f_x(0,0)=\lim_{x\to 0}\frac{f(x,0)-f(0,0)}{x}=\lim_{x\to 0}\frac{0-0}{x}=0.$$

因为当 $x^2+y^2\neq 0$ 时，有

$$f_x(x, y)=y\frac{x^2-y^2}{x^2+y^2}+xy\frac{2x(x^2+y^2)-2x(x^2-y^2)}{(x^2+y^2)^2}=y\frac{x^2-y^2}{x^2+y^2}+\frac{4x^2y^3}{(x^2+y^2)^2},$$

所以

$$f_{xy}(0, 0)=\lim_{y\to 0}\frac{f_x(0, y)-f_x(0, 0)}{y}=\lim_{y\to 0}\frac{-y-0}{y}=\lim_{y\to 0}(-1)=-1.$$

例 4 （中国科技大学，2000 年）对函数 $f(x, y)=\begin{cases}\dfrac{x^3}{x^2+y^2}, & x^2+y^2>0\\ 0, & x=y=0\end{cases}$，证明：函数 $f(x, y)$ 在 $(0, 0)$ 点连续但不可微.

［解题要点］ 利用多元函数连续性、偏导数、可微性的定义.

解：由于当 $x^2+y^2\neq 0$ 时，有 $|f(x, y)|=\left|\dfrac{x^3}{x^2+y^2}\right|\leqslant|x|$. 所以对 $\forall\varepsilon>0$，$\exists\delta=\varepsilon$，当 $0<\rho=\sqrt{x^2+y^2}<\delta$ 时，有 $|f(x, y)|\leqslant|x|\leqslant\sqrt{x^2+y^2}<\delta=\varepsilon$，故 $f(x, y)$ 在点 $(0, 0)$ 处连续. 又因为

$$f_x(0,0)=\lim_{x\to 0}\frac{f(x,0)-f(0,0)}{x}=\lim_{x\to 0}\frac{\frac{x^3}{x^2}-0}{x}=1,$$

$$f_y(0,0)=\lim_{y\to 0}\frac{f(0,y)-f(0,0)}{y}=\lim_{y\to 0}\frac{0-0}{y}=0,$$

所以

$$\lim_{\rho\to 0}\frac{\Delta z-f_x(0, 0)\Delta x-f_y(0, 0)\Delta y}{\rho}=\lim_{\rho\to 0}\frac{\frac{\Delta x^3}{\Delta x^2+\Delta y^2}-\Delta x-0}{\rho}$$

$$=\lim_{\rho\to 0}\frac{-\Delta x\Delta y^2}{(\sqrt{\Delta x^2+\Delta y^2})^3}\xlongequal{(\Delta y=k\Delta x)}\lim_{\Delta x\to 0}\frac{-\Delta x^3k^2}{\Delta x^3(\sqrt{1+k^2})^3}=-\frac{k^2}{(\sqrt{1+k^2})^3}\neq 0,$$

故函数 $f(x, y)$ 在 $(0, 0)$ 点不可微.

例 5 （武汉大学，2000 年）讨论函数 $f(x, y)=\begin{cases}\dfrac{xy}{\sqrt{x^2+y^2}}, & (x, y)\neq(0, 0)\\ 0, & (x, y)=(0, 0)\end{cases}$，在点 $(0, 0)$ 处的连续性和可微性.

［解题要点］ 利用多元函数连续性、偏导数、可微性的定义.

解：(1) 连续性. 因为

$$\lim_{(x,y)\to(0,0)}f(x, y)=\lim_{(x,y)\to(0,0)}\frac{xy}{\sqrt{x^2+y^2}}\xlongequal{\begin{pmatrix}x=r\cos\theta\\ y=r\sin\theta\end{pmatrix}}\lim_{(r,\theta)\to(0,0)}\frac{r\cos\theta\cdot r\sin\theta}{\sqrt{(r\cos\theta)^2+(r\sin\theta)^2}}$$

$$=\lim_{(r,\theta)\to(0,0)}(r\cos\theta\sin\theta)=0=f(0, 0),$$

所以函数 $f(x, y)=\begin{cases}\dfrac{xy}{\sqrt{x^2+y^2}}, & (x, y)\neq(0, 0)\\ 0, & (x, y)=(0, 0)\end{cases}$，在点 $(0, 0)$ 处连续.

（2）可微性. 因为

$$f_x(0,0)=\lim_{x\to0}\frac{f(x,0)-f(0,0)}{x}=\lim_{x\to0}\frac{0-0}{x}=0,$$

$$f_y(0,0)=\lim_{y\to0}\frac{f(0,y)-f(0,0)}{y}=\lim_{y\to0}\frac{0-0}{y}=0,$$

所以

$$\lim_{\rho\to0}\frac{\Delta z-f_x(0,0)\Delta x-f_y(0,0)\Delta y}{\rho}=\lim_{\rho\to0}\frac{\frac{\Delta x\Delta y}{\sqrt{\Delta x^2+\Delta y^2}}-0-0}{\rho}$$

$$=\lim_{\rho\to0}\frac{\Delta x\Delta y}{\Delta x^2+\Delta y^2}\xlongequal{(\Delta y=k\Delta x)}\lim_{\Delta x\to0}\frac{\Delta x^2k^2}{\Delta x^2(1+k^2)}=\frac{k^2}{1+k^2}\neq0,$$

故函数$f(x,y)$在$(0,0)$点不可微.

例 6 （上海理工大学，2005 年）设$f(x,y)=\begin{cases}\frac{x^3-y^3}{x^2+y^2}, & x^2+y^2\neq0\\ 0, & x^2+y^2=0\end{cases}$,

（1）研究函数$f(x,y)$在点$(0,0)$处是否连续，其在点$(0,0)$处的偏导数是否存在，若存在是多少；（2）函数$f(x,y)$在点$(0,0)$处是否可微？

［**解题要点**］ 利用多元函数连续性、偏导数、可微性的定义.

解：（1）由于当$(x,y)\neq(0,0)$时，有$0\leqslant\left|\frac{x^3-y^3}{x^2+y^2}\right|\leqslant\left|\frac{x^3}{x^2+y^2}\right|+\left|\frac{y^3}{x^2+y^2}\right|\leqslant|x|+|y|$，又因$\lim\limits_{(x,y)\to(0,0)}(|x|+|y|)=0$，所以$\lim\limits_{(x,y)\to(0,0)}\frac{x^3-y^3}{x^2+y^2}=0=f(0,0)$，故函数$f(x,y)$在点$(0,0)$处连续. 又因为

$$\lim_{x\to0}\frac{f(x,0)-f(0,0)}{x}=\lim_{x\to0}\frac{\frac{x^3}{x^2}}{x}=\lim_{x\to0}1=1,$$

$$\lim_{y\to0}\frac{f(0,y)-f(0,0)}{y}=\lim_{x\to0}\frac{-\frac{y^3}{y^2}}{y}=\lim_{x\to0}(-1)=-1,$$

所以函数$f(x,y)$在点$(0,0)$处的偏导数存在，且$f_x(0,0)=1$，$f_y(0,0)=-1$.

（2）因为

$$\lim_{(x,y)\to(0,0)}\frac{f(x,y)-f(0,0)-f_x(0,0)x-f_y(0,0)y}{\sqrt{x^2+y^2}}$$

$$=\lim_{(x,y)\to(0,0)}\frac{\frac{x^3-y^3}{x^2+y^2}-0-1\cdot x+1\cdot y}{\sqrt{x^2+y^2}}=\lim_{(x,y)\to(0,0)}\frac{x^3-y^3-(x-y)(x^2+y^2)}{(x^2+y^2)^{\frac{3}{2}}}$$

$$=\lim_{(x,y)\to(0,0)}\frac{x^2y-xy^2}{(x^2+y^2)^{\frac{3}{2}}}\xlongequal{(y=kx)}\lim_{x\to0}\frac{kx^3-k^2x^3}{(x^2+k^2x^2)^{\frac{3}{2}}}=\frac{k-k^2}{(1+k^2)^{\frac{3}{2}}}\neq0,$$

所以函数$f(x,y)$在点$(0,0)$处不可微.

例 7 （东北大学，2004 年；中北大学，2005 年）设函数 $f(x, y)=\sqrt{|xy|}$，证明：$f(x, y)$ 在原点处存在两个偏导数，但不可微.

[解题要点] 利用多元函数连续性、偏导数、可微性的定义.

证：因为

$$\lim_{x\to 0}\frac{f(x,0)-f(0,0)}{x}=\lim_{x\to 0}\frac{\sqrt{|x\cdot 0|}}{x}=\lim_{x\to 0}0=0$$

$$\lim_{y\to 0}\frac{f(0,y)-f(0,0)}{y}=\lim_{x\to 0}\frac{\sqrt{|0\cdot y|}}{y}=\lim_{x\to 0}0=0,$$

所以 $f(x, y)$ 在原点处存在两个偏导数，即 $f_x(0, 0)=0$，$f_y(0, 0)=0$. 因为

$$\lim_{(x,y)\to(0,0)}\frac{f(x,y)-f(0,0)-f_x(0,0)x-f_y(0,0)y}{\sqrt{x^2+y^2}}$$

$$=\lim_{(x,y)\to(0,0)}\frac{\sqrt{|xy|}-0-0\cdot x-0\cdot y}{\sqrt{x^2+y^2}}=\lim_{(x,y)\to(0,0)}\frac{\sqrt{|xy|}}{\sqrt{x^2+y^2}}$$

$$\xlongequal{(y=kx)}\lim_{x\to 0}\frac{\sqrt{|kx^2|}}{\sqrt{x^2+k^2x^2}}=\frac{\sqrt{|k|}}{\sqrt{1+k^2}}\neq 0,$$

所以 $f(x, y)$ 在原点处不可微.

例 8 （上海大学，2006 年）函数 $y=y(x)$ 由方程 $e^{x+y}-xy=e$ 确定，求 $y=y(x)$ 在点 $(0, 1)$ 处的切线方程.

[解题要点] 利用隐函数求导法和曲线的切线方程公式.

解：将 $e^{x+y}-xy=e$ 对 x 求导有 $e^{x+y}[1+y'(x)]-[y+xy'(x)]=0$，从而有 $y'(x)=-\dfrac{e^{x+y}-y}{e^{x+y}-x}$，所以 $y'(0)=-\dfrac{e^y-y}{e^y-0}=\dfrac{y}{e^y}-1=\dfrac{1}{e}-1$. 故 $y=y(x)$ 在点 $(0, 1)$ 处的切线方程：$y-1=(\dfrac{1}{e}-1)x$.

例 9 （华东师范大学，2005 年）求曲线 $x^y=x^2y$ 在 $(1, 1)$ 处的切线方程.

[解题要点] 利用隐函数求导法和曲线的切线方程公式.

解：设 $F(x, y)=x^y-x^2y$，于是 $F_x(x, y)=yx^{y-1}-2xy$，$F_y(x, y)=x^y\ln x-x^2$，故 $F_x(1, 1)=-1$，$F_y(1, 1)=-1$. 从而 $y'(1)=-\dfrac{F_x(1, 1)}{F_y(1, 1)}=-1$，故曲线 $x^y=x^2y$ 在 $(1, 1)$ 处的切线方程：$y-1=-(x-1)$.

例 10 （华南理工大学，2005 年）设曲线 $\begin{cases}x=x(t)\\ y=y(t)\end{cases}$ 由方程 $\begin{cases}x+y+2t(1-t)=1\\ te^y+2x-y=2\end{cases}$ 确定，求该曲线在 $t=0$ 处的切线方程和法线方程.

[解题要点] 利用隐函数求导法和曲线的切线方程、法线方程公式.

解：对方程组 $\begin{cases}x+y+2t(1-t)=1\\ te^y+2x-y=2\end{cases}$ 的两端 t 求导得：

$$\begin{cases}x'(t)+y'(t)+2(1-t)-2t=0\\ e^y+te^yy'(t)+2x'(t)-y'(t)=0.\end{cases}$$

解得：$x'(t)=\dfrac{4t^2e^y-4t+e^y-2te^y+2}{te^y-3}$，$y'(t)=\dfrac{e^y+8t-4}{te^y-3}$.

在方程$\begin{cases}x+y+2t(1-t)=1\\ te^y+2x-y=2\end{cases}$中令 $t=0$，得$\begin{cases}x_0+y_0=1\\ 2x_0-y_0=2\end{cases}$，解得：$\begin{cases}x_0=1\\ y_0=0\end{cases}$，所以该曲线在 $t=0$ 处的切线方程为 $y-y_0=\dfrac{y'(t)}{x'(t)}\Big|_{t=0}(x-x_0)$，即 $y=-x+1$. 该曲线在 $t=0$ 处的法线方程：$y=x-1$.

例 11　（东南大学，2005 年）已知曲面 $z=4-x^2-y^2$ 在点 P 处的切平面平行于平面 $2x+2y+z-1=0$，求点 P 的坐标及该点的法线方程.

［解题要点］　利用曲面的切平面与法线方程公式.

解：令 $F(x, y, z)=4-x^2-y^2-z$，则 $F_x(x, y, z)=-2x$，$F_y(x, y, z)=-2y$，$F_z(x, y, z)=-1$. 设 $P(x_0, y_0, z_0)$. 因为曲面 $z=4-x^2-y^2$ 在点 $P(x_0, y_0, z_0)$处的切平面平行于平面 $2x+2y+z-1=0$，所以有 $\dfrac{F_x(x_0, y_0, z_0)}{2}=\dfrac{F_y(x_0, y_0, z_0)}{2}=\dfrac{F_z(x_0, y_0, z_0)}{1}$，进而$\begin{cases}x_0=1\\ y_0=1\\ z_0=2\end{cases}$. 所以，过点 $P(x_0, y_0, z_0)$的坐标及该点的法线方程为：$\dfrac{x-1}{-2}=\dfrac{y-1}{-2}=\dfrac{z-2}{-1}$.

例 12　（中山大学，2007 年）求曲面 $x^2+2y^2+3z^2=6$ 上的点$(1, 1, 1)$处的切平面方程.

［解题要点］　利用曲面的切平面方程公式.

解：令 $F(x, y, z)=x^2+2y^2+3z^2-6$，则 $F_x(x, y, z)=2x$，$F_y(x, y, z)=4y$，$F_z(x, y, z)=6z$，故 $F_x(1, 1, 1)=2$，$F_y(1, 1, 1)=4$，$F_z(1, 1, 1)=6$. 所以曲面 $x^2+2y^2+3z^2=6$ 上过点$(1, 1, 1)$处的切平面方程：$x-1+2(y-1)+3(z-1)=0$.

例 13　（南京航空航天大学，2004 年）求曲面 $xyz=1$ 上的点(a, b, c)处的切平面方程.

［解题要点］　利用曲面的切平面与法线方程公式.

解：因为 $xyz=1$，所以 $z=\dfrac{1}{xy}$. 故 $z_x=-\dfrac{1}{x^2y}$，$z_y=-\dfrac{1}{y^2x}$，进而 $z_x\big|_{(a,b,c)}=-\dfrac{1}{a^2b}$，$z_y\big|_{(a,b,c)}=-\dfrac{1}{b^2a}$.

所以，曲面 $xyz=1$ 上过点(a, b, c)处的切平面方程

$$\left(-\frac{1}{a^2b}\right)(x-a)+\left(-\frac{1}{b^2a}\right)(y-b)+(-1)(z-c)=0.$$

例 14　（辽宁大学，2005 年）求$\int_0^1 dx\int_x^1 e^{y^2}dy$.

［解题要点］　二重积分的累次积分交换次序.

解：$\int_0^1 dx\int_x^1 e^{y^2}dy=\int_0^1 dy\int_0^y e^{y^2}dx=\int_0^1 ye^{y^2}dy=\frac{1}{2}\int_0^1 e^{y^2}dy^2=\frac{1}{2}e^{y^2}\Big|_0^1=\frac{e-1}{2}$.

例 15 （山东师范大学，2006 年）计算累次积分$\int_0^1 dy\int_y^1 \frac{y}{\sqrt{1+x^3}}dx$.

［解题要点］ 二重积分的累次积分交换次序.

解：

$$\int_0^1 dy\int_y^1 \frac{y}{\sqrt{1+x^3}}dx=\int_0^1 dx\int_0^x \frac{y}{\sqrt{1+x^3}}dy$$

$$\int_0^1\left[\frac{y^2}{2\sqrt{1+x^3}}\right]_0^x dx=\int_0^1 \frac{x^2}{2\sqrt{1+x^3}}dx=\int_0^1 \frac{1}{6\sqrt{1+x^3}}d(1+x^3)$$

$$=\frac{1}{3}\sqrt{1+x^3}\Big|_0^1=\frac{\sqrt{2}-1}{3}.$$

例 16 （北京师范大学，2006 年）求$\iint\limits_D e^{-y^3}dxdy$，其中 D 是由 y 轴、直线 $y=1$ 及曲线 $y=\sqrt{x}$ 围成的平面区域.

［解题要点］ 化二重积分为累次积分.

解：$\iint\limits_D e^{-y^3}dxdy=\int_0^1 dy\int_0^{y^2} e^{-y^3}dx=\int_0^1 y^2e^{-y^3}dy=-\frac{1}{3}\int_0^1 e^{-y^3}d(-y^3)$

$$=-\frac{1}{3}e^{-y^3}\Big|_0^1=\frac{e-1}{3e}.$$

例 17 （大连理工大学，2004 年）计算积分 $I=\iint\limits_D \frac{\sin y}{y}dxdy$，其中 D 是由直线 $y=x$ 及抛物线 $x=y^2$ 所围成的区域.

［解题要点］ 化二重积分为累次积分.

解：

$$I=\iint\limits_D \frac{\sin y}{y}dxdy=\int_0^1 dy\int_{y^2}^y \frac{\sin y}{y}dx$$

$$=\int_0^1 \frac{\sin y}{y}(y-y^2)dy=\int_0^1 \sin y dy-\int_0^1 y\sin y dy$$

$$=-\cos y\Big|_0^1+\int_0^1 y d\cos y=-\cos y\Big|_0^1+y\cos y\Big|_0^1-\int_0^1 \cos y dy$$

$$=-\cos y\Big|_0^1+y\cos y\Big|_0^1-\sin y\Big|_0^1=1-\sin 1.$$

例 18 （华东师范大学，2003 年）已知 $D=\{(x,y)\mid x^2+y^2\leqslant 1\}$，计算$\iint\limits_D e^{x^2+y^2}dxdy$.

［解题要点］ 利用二重积分的极坐标变换.

解：作变量替换

$$x=r\cos\theta,\ y=r\sin\theta,\ 0\leqslant\theta\leqslant 2\pi,\ 0\leqslant r\leqslant 1,\ J(r,\theta)=r,$$

则

$$\iint_D e^{x^2+y^2}dxdy=\int_0^1 dr\int_0^{2\pi} e^{r^2}rd\theta=2\pi\int_0^1 e^{r^2}rdr=\pi e^{r^2}\Big|_0^1=\pi\ (e-1).$$

例 19 （汕头大学，2004 年）计算积分 $\iint_D (x+y)dxdy$，这里 $D=\{(x,\ y)\mid x^2+y^2\leqslant 2\ (y-x)\}$.

［解题要点］ 二重积分的极坐标变换.

解：因为

$$D=\{(x,\ y)\mid x^2+y^2\leqslant 2\ (y-x)\}=\{(x,\ y)\mid (x+1)^2+(y-1)^2\leqslant 2\},$$

所以作变量替换 $x=-1+r\cos\theta$，$y=1+r\sin\theta$，$0\leqslant\theta\leqslant 2\pi$，$0\leqslant r\leqslant\sqrt{2}$.

$$\begin{aligned}\iint_D (x+y)dxdy&=\int_0^{\sqrt{2}}dr\int_0^{2\pi}(r\cos\theta+r\sin\theta)rd\theta\\&=\int_0^{\sqrt{2}}\Big[(r\sin\theta-r\cos\theta)r\Big]_0^{2\pi}dr=0.\end{aligned}$$

例 20 （山东师范大学，2010 年）计算 $\iint_D e^{\frac{y}{x+y}}dxdy$，其中 D 是由 $x=0$，$y=0$，$x+y=1$ 所围的区域.

［解题要点］ 二重积分的变量变换.

解：进行变量替换 $\begin{cases}u=x+y\\ v=y\end{cases}$，即 $\begin{cases}x=u-v\\ y=v\end{cases}$. 由 $x=0$，$y=0$，$x+y=1$ 得 $u-v=0$，$v=0$，$u=1$. 令 D_1：由 $u-v=0$，$v=0$，$u=1$ 所围的区域. 因为

$$\frac{\partial\ (x,\ y)}{\partial\ (u,\ v)}=\begin{vmatrix}\dfrac{\partial x}{\partial u}&\dfrac{\partial x}{\partial v}\\ \dfrac{\partial y}{\partial u}&\dfrac{\partial y}{\partial v}\end{vmatrix}=\begin{vmatrix}1&-1\\0&1\end{vmatrix}=1,$$

所以 $dxdy=dudv$. 进而

$$\begin{aligned}\iint_D e^{\frac{y}{x+y}}dxdy&=\iint_{D_1} e^{\frac{v}{u}}dudv=\int_0^1 du\int_0^u e^{\frac{v}{u}}dv=\int_0^1 du\int_0^u ue^{\frac{v}{u}}d\left(\frac{v}{u}\right)\\&=\int_0^1[ue^{\frac{v}{u}}]\Big|_0^u du=\int_0^1 (ue-u)du=\frac{1}{2}(e-1).\end{aligned}$$

例 21 （复旦大学，2001 年）计算三重积分 $\iiint_V xy^2z^3dxdydz$，其中积分区域 V 是由曲面 $z=xy$ 和平面 $y=x$，$z=0$，以及 $x=1$ 所围成.

［解题要点］ 化三重积分为累次积分.

解：
$$\begin{aligned}\iiint_V xy^2z^3dxdydz&=\int_0^1 dx\int_0^x dy\int_0^{xy}xy^2z^3dz\\&=\int_0^1 dx\int_0^x\frac{1}{4}x^5y^6dy=\int_0^1\frac{1}{28}x^{12}dx=\frac{1}{364}.\end{aligned}$$

例 22 （上海理工大学，2004 年）计算 $\iiint_V \frac{z\ln\ (x^2+y^2+z^2+1)}{x^2+y^2+z^2+1}dxdydz$，其中 V：x^2+

$y^2+z^2\leqslant 1$.

[解题要点] 三重积分的对称性.

解：因为 $f(x,y,z)=\dfrac{z\ln(x^2+y^2+z^2+1)}{x^2+y^2+z^2+1}$ 是关于 z 的奇函数，V 关于 xoy 面对称，所以 $\iiint\limits_V \dfrac{z\ln(x^2+y^2+z^2+1)}{x^2+y^2+z^2+1}\mathrm{d}x\mathrm{d}y\mathrm{d}z=0$.

例 23 （中国地质大学，2006 年）求 $I=\iiint\limits_V \dfrac{\mathrm{e}^z}{\sqrt{x^2+y^2}}\mathrm{d}V$，其中 V 由 $z=1$，$z=2$，$z=\sqrt{x^2+y^2}$ 所围成.

[解题要点] 三重积分的柱面变换.

解：作柱面变换 $\begin{cases}x=r\cos\theta\\ y=r\sin\theta\\ z=z\end{cases}$，$0\leqslant\theta\leqslant 2\pi$，$0\leqslant r\leqslant z$，$1\leqslant z\leqslant 2$，则

$$\begin{aligned}I&=\iiint\limits_V \frac{\mathrm{e}^z}{\sqrt{x^2+y^2}}\mathrm{d}V=\int_0^{2\pi}\mathrm{d}\theta\int_1^2\mathrm{d}z\int_0^z\frac{\mathrm{e}^z}{r}r\mathrm{d}r=\int_0^{2\pi}\mathrm{d}\theta\int_1^2 z\mathrm{e}^z\mathrm{d}z\\&=2\pi\int_1^2 z\mathrm{e}^z\mathrm{d}z=2\pi\int_1^2 z\mathrm{d}\mathrm{e}^z=2\pi\left[z\mathrm{e}^z\right]_1^2-2\pi\int_1^2\mathrm{e}^z\mathrm{d}z\\&=4\pi\mathrm{e}^2-2\pi\mathrm{e}-\left[2\pi\mathrm{e}^z\right]_1^2=4\pi\mathrm{e}^2-2\pi\mathrm{e}-2\pi\mathrm{e}^2+2\pi\mathrm{e}\\&=2\pi\mathrm{e}^2.\end{aligned}$$

例 24 （中南大学，2003 年）计算三重积分 $I=\iiint\limits_V(x^2+y^2)\mathrm{d}x\mathrm{d}y\mathrm{d}z$，其中 V 是由 $z=x^2+y^2$ 和 $z=4$ 所围成的区域.

[解题要点] 三重积分的柱面变换.

解：作柱面变换 $\begin{cases}x=r\cos\theta\\ y=r\sin\theta\\ z=z\end{cases}$，$0\leqslant\theta\leqslant 2\pi$，$0\leqslant r\leqslant\sqrt{z}$，$0\leqslant z\leqslant 4$，则

$$I=\iiint\limits_V(x^2+y^2)\mathrm{d}x\mathrm{d}y\mathrm{d}z=\int_0^{2\pi}\mathrm{d}\theta\int_0^4\mathrm{d}z\int_0^{\sqrt{z}}r^2\cdot r\mathrm{d}r=\frac{32}{3}\pi.$$

例 25 （北京师范大学，2004 年）计算 $\oint_\Gamma(x^2+2z)\mathrm{d}s$，$\Gamma$：$\begin{cases}x^2+y^2+z^2=R^2\\ x+y+z=0\end{cases}$.

[解题要点] 第一型曲线积分的对称性.

解：积分曲线 Γ：$\begin{cases}x^2+y^2+z^2=R^2\\ x+y+z=0\end{cases}$ 关于 xoy 面对称，所以 $\oint_\Gamma 2z\mathrm{d}s=0$. 积分曲线 Γ：$\begin{cases}x^2+y^2+z^2=R^2\\ x+y+z=0\end{cases}$ 关于 xoy，yoz，zox 面对称，所以 $\oint_\Gamma x^2\mathrm{d}s=\oint_\Gamma y^2\mathrm{d}s=\oint_\Gamma z^2\mathrm{d}s$，进而 $\oint_\Gamma(x^2+2z)\mathrm{d}s=\dfrac{1}{3}\oint_\Gamma(x^2+y^2+z^2)\mathrm{d}s=\dfrac{2\pi R^3}{3}$.

例 26　（深圳大学，2004 年）计算第一型曲线积分$\int_C (x^2+y^2)\,ds$，其中 C 是以 $(0,0)$，$(2,0)$，$(0,1)$为顶点的三角形.

［解题要点］　第一型曲线积分的计算公式.

解：C 分为三段 C_1，C_2，C_3，其中 C_1：$(0,0)$，$(2,0)$ 为端点的线段，C_2：$(0,0)$，$(0,1)$为端点的线段，C_3：$(2,0)$，$(0,1)$为端点的线段. C_1 的方程为 $y=0\ (0\leqslant x\leqslant 2)$，$C_2$ 的方程为 $x=0\ (0\leqslant y\leqslant 1)$，$C_3$ 的方程为 $y=1-\dfrac{x}{2}\ (0\leqslant x\leqslant 2)$. 则

$$\int_C (x^2+y^2)\,ds=\int_{C_1} x^2 ds+\int_{C_2} y^2 ds+\int_{C_3}\left[x^2+\left(1-\frac{x}{2}\right)^2\right]ds$$

$$=\int_0^2 x^2\sqrt{1+[y'(x)]^2}\,dx+\int_0^1 y^2\sqrt{1+[x'(y)]^2}\,dy+\int_0^2\left[x^2+\left(1-\frac{x}{2}\right)^2\right]\sqrt{1+[y'(x)]^2}\,dx$$

$$=\int_0^2 x^2\sqrt{1+0}\,dx+\int_0^1 y^2\sqrt{1+0}\,dy+\int_0^2\left[\frac{5}{4}x^2-x+1\right]\sqrt{1+\frac{1}{4}}\,dx$$

$$=\frac{8}{3}+\frac{1}{3}+\frac{\sqrt{5}}{2}\left[\frac{5}{12}x^3-\frac{1}{2}x^2+x\right]_0^2=3+\frac{\sqrt{5}}{2}\cdot\frac{10}{3}=3+\frac{5\sqrt{5}}{3}.$$

例 27　（华东师范大学，2004）L 为过 $O\ (0,0)$ 和 $A\left(\dfrac{\pi}{2},a\right)$的曲线 $y=a\sin x$，$a>0$，求$\int_L (x+y^3)\,dx+(2+y)\,dy$.

［解题要点］　第二型曲线积分的计算公式.

解：

$$\int_L (x+y^3)\,dx+(2+y)\,dy=\int_0^{\frac{\pi}{2}}[(x+a^3\sin^3 x)+(2+a\sin x)a\cos x]\,dx$$

$$=\int_0^{\frac{\pi}{2}}\left(x+a^3\sin^3 x+2a\cos x+2a\cos x+\frac{1}{2}a^2\sin 2x\right)dx$$

$$=\left(\frac{1}{2}x^2-a^3\cos x+\frac{1}{3}a^3\cos^3 x+2a\sin x-\frac{1}{4}a^2\cos 2x\right)\Bigg|_0^{\frac{\pi}{2}}$$

$$=\frac{\pi^2}{8}+a^3-\frac{1}{3}a^3+2a+\frac{1}{2}a^2=\frac{\pi^2}{8}+2a+\frac{1}{2}a^2+\frac{2}{3}a^3.$$

例 28　（华南理工大学，2006 年）求 $I=\int_L (\sin x+y)^2 dx+(x^2+y^2\cos y)\,dy$，其中 L 是抛物线 $y=x^2$ 从点 $(-1,1)$ 到点 $(1,1)$ 上的一段.

［解题要点］　第二型曲线积分的计算公式.

解：　$$I=\int_L (\sin x+y)^2 dx+(x^2+y^2\cos y)\,dy$$

$$=\int_{-1}^1[(\sin x+x^2)^2+(x^2+x^4\cos x^2)2x]\,dx$$

$$=\int_{-1}^1(\sin x+x^2)^2 dx=\int_{-1}^1(\sin^2 x+2x^2\sin x+x^4)\,dx$$

$$=2\int_0^1(\sin^2x+x^4)\mathrm{d}x=2\int_0^1\left(\frac{1-\cos 2x}{2}+x^4\right)\mathrm{d}x$$

$$=2\left[\frac{1}{2}x-\frac{1}{4}\sin 2x+\frac{1}{5}x^5\right]_0^1=\frac{7}{5}-\frac{1}{2}\sin 2.$$

例 29 （电子科技大学，2002 年）计算积分 $I=\int_L\frac{(x-y)\mathrm{d}x+(x+4y)\mathrm{d}y}{x^2+y^2}$，$L$ 从点 $A(1,0)$沿上半圆 $x^2+y^2=1$（$y\geqslant0$）到点 $B(-1,0)$.

［解题要点］ 第二型曲线积分的计算公式.

解：L 的参数方程是：$x=\cos t$，$y=\sin t$，$0\leqslant t\leqslant\pi$，其中 $t=0$ 为起点，则

$$I=\int_L\frac{(x-y)\mathrm{d}x+(x+4y)\mathrm{d}y}{x^2+y^2}=\int_0^{\pi}(1+3\sin t\cos t)\mathrm{d}t$$

$$=\int_0^{\pi}(1+\frac{3}{2}\sin 2t)\mathrm{d}t=\int_0^{\pi}\mathrm{d}t=\pi.$$

例 30 （山东科技大学，2005 年）计算第一型曲面积分 $\iint\limits_S\frac{1}{(1+x+y)^2}\mathrm{d}S$，其中 S 为平面 $x+y+z=1$ 在 $x\geqslant0$，$y\geqslant0$，$z\geqslant0$ 内的部分.

［解题要点］ 第一型曲面积分的计算公式.

解：S 的函数为 $z=1-x-y$，定义域 D 为 $x\geqslant0$，$y\geqslant0$，$x+y\leqslant1$.

$$\iint\limits_S\frac{1}{(1+x+y)^2}\mathrm{d}S=\iint\limits_D\frac{1}{(1+x+y)^2}\sqrt{1+z_x^2+z_y^2}\mathrm{d}x\mathrm{d}y=\iint\limits_D\frac{\sqrt{3}}{(1+x+y)^2}\mathrm{d}x\mathrm{d}y$$

$$=\int_0^1\mathrm{d}x\int_0^{1-x}\frac{\sqrt{3}}{(1+x+y)^2}\mathrm{d}y=-\int_0^1\left[\frac{\sqrt{3}}{1+x+y}\right]_0^{1-x}\mathrm{d}x=-\int_0^1\left(\frac{\sqrt{3}}{2}+\frac{\sqrt{3}}{1+x}\right)\mathrm{d}x$$

$$=\sqrt{3}(\ln 2-\frac{1}{2}).$$

例 31 （山东科技大学，2006 年）计算第一型曲面积分 $\iint\limits_S\sqrt{x^2+y^2}\mathrm{d}S$，其中 S 为螺旋面 $x=u\cos v$，$y=u\sin v$，$z=v$ 在 $0\leqslant u\leqslant2$，$0\leqslant v\leqslant2\pi$ 的部分.

［解题要点］ 第一型曲面积分的计算公式.

解：由于

$$E=x_u^2+y_u^2+z_u^2=1,\ F=x_ux_v+y_uy_v+z_uz_v=0,\ G=x_v^2+y_v^2+z_v^2=1+u^2,$$

所以

$$\iint\limits_S\sqrt{x^2+y^2}\mathrm{d}S=\int_0^2\mathrm{d}u\int_0^{2\pi}u\sqrt{EG-F^2}\mathrm{d}v=\int_0^2\mathrm{d}u\int_0^{2\pi}u\sqrt{1+u^2}\mathrm{d}v=\frac{10\sqrt{5}-2}{3}\pi.$$

例 32 （北京化工大学，2005 年）求旋转抛物面 $z=x^2+y^2$ 在圆柱体 $x^2+y^2\leqslant1$ 内部的面积.

［解题要点］ 第一型曲面积分的计算公式.

解：

$$S=\iint\limits_S\mathrm{d}S=\iint\limits_{x^2+y^2\leqslant1}\sqrt{1+z_x^2+z_y^2}\mathrm{d}x\mathrm{d}y=\iint\limits_{x^2+y^2\leqslant1}\sqrt{1+4x^2+4y^2}\mathrm{d}x\mathrm{d}y$$

$$=\int_0^1 \mathrm{d}r\int_0^{2\pi}\sqrt{1+4r^2}r\mathrm{d}\theta=\int_0^1 2\pi r\sqrt{1+4r^2}\mathrm{d}r$$
$$=\frac{5\sqrt{5}-1}{6}\pi.$$

例 33　（中国地质大学，2006 年）求 $x^2+y^2\leqslant z\leqslant 1+\sqrt{1-x^2-y^2}$ 的表面积.

［**解题要点**］　第一型曲面积分的计算公式.

解：令 S_1 为 $z=x^2+y^2$，$0\leqslant x^2+y^2\leqslant 1$，$S_2$ 为 $z=1+\sqrt{1-x^2-y^2}$，$0\leqslant x^2+y^2\leqslant 1$. 对于 S_1，$\sqrt{1+z_x^2+z_y^2}=\sqrt{1+4x^2+4y^2}$，对于 S_2，$\sqrt{1+z_x^2+z_y^2}=\dfrac{1}{\sqrt{1-x^2-y^2}}$，所以

$$S=\iint_S \mathrm{d}S=\iint_{S_1}\mathrm{d}S+\iint_{S_2}\mathrm{d}S$$
$$=\iint_{x^2+y^2\leqslant 1}\sqrt{1+4x^2+4y^2}\mathrm{d}x\mathrm{d}y+\iint_{x^2+y^2\leqslant 1}\frac{1}{\sqrt{1-x^2-y^2}}\mathrm{d}x\mathrm{d}y$$
$$=\int_0^1\mathrm{d}r\int_0^{2\pi}\sqrt{1+4r^2}r\mathrm{d}\theta+\int_0^{2\pi}\mathrm{d}\theta\int_0^1\frac{r}{\sqrt{1-r^2}}\mathrm{d}r=\frac{5\sqrt{5}+11}{6}\pi.$$

例 34　（西安交通大学，2001 年）求球面 $x^2+y^2+z^2=a^2$ 在圆柱体 $x^2+y^2\leqslant ax$ 内部的面积 S，其中 $a>0$.

［**解题要点**］　第一型曲面积分的计算公式和积分的对称性.

解：由于 $\sqrt{1+z_x^2+z_y^2}=\dfrac{a}{\sqrt{a^2-x^2-y^2}}$，于是利用对称性知

$$S=\iint_\Sigma \mathrm{d}S=4\iint_D\frac{a}{\sqrt{a^2-x^2-y^2}}\mathrm{d}x\mathrm{d}y,$$

其中 D 是球面 $x^2+y^2+z^2=a^2$ 在圆柱体 $x^2+y^2\leqslant ax$ 内部的曲面 Σ 的上半部分在 xoy（$x\geqslant 0$，$y\geqslant 0$）面上的投影.

$$S=\iint_\Sigma\mathrm{d}S=4\iint_D\frac{a}{\sqrt{a^2-x^2-y^2}}\mathrm{d}x\mathrm{d}y=\int_0^{\frac{\pi}{2}}\mathrm{d}\theta\int_0^{a\cos\theta}\frac{ar}{\sqrt{a^2-r^2}}\mathrm{d}r$$
$$=(2\pi-4)a^2.$$

例 35　（三峡大学，2006 年）求 $I=\int_L(y^2-\cos y)\mathrm{d}x+x\sin y\mathrm{d}y$，其中 L 是沿 O（0，0）到 A（π，0）的正弦曲线.

［**解题要点**］　应用格林公式.

解：补充有向线段 $\overrightarrow{AO}$，$L+\overrightarrow{AO}$ 为封闭有向曲线，则由格林公式得：

$$I=\int_{L+\overrightarrow{AO}}(y^2-\cos y)\mathrm{d}x+x\sin y\mathrm{d}y-\int_{\overrightarrow{AO}}(y^2-\cos y)\mathrm{d}x+x\sin y\mathrm{d}y$$
$$=-\iint_D\left[\frac{\partial(x\sin y)}{\partial x}-\frac{\partial(y^2-\cos y)}{\partial y}\right]\mathrm{d}x\mathrm{d}y+\int_{\overrightarrow{AO}}\mathrm{d}x$$
$$=-\iint_D(\sin y-2y-\sin y)\mathrm{d}x\mathrm{d}y+\int_{\overrightarrow{AO}}\mathrm{d}x$$

$$=2\int_0^{\pi}\mathrm{d}x\int_0^{\sin x}y\mathrm{d}y-\pi=\int_0^{\pi}\sin^2x\mathrm{d}x-\pi=\frac{\pi}{2}-\pi=-\frac{\pi}{2}.$$

例 36 （北京理工大学，2003 年）求$\int_L(\mathrm{e}^y+x)\mathrm{d}x+(x\mathrm{e}^y-2y)\mathrm{d}y$，其中 L 表示平面内过三点 $O(0,0)$，$A(0,1)$，$B(1,2)$的圆周从 O 到 B 的弧段 OAB.

［解题要点］ 积分与路径无关的条件与应用.

解：$P(x,y)=\mathrm{e}^y+x$，$Q(x,y)=x\mathrm{e}^y-2y$，因为$\frac{\partial P}{\partial y}=\frac{\partial Q}{\partial x}$，所以积分与路径无关. 取线段 $y=2x$，$0\leqslant x\leqslant 1$，则

$$\int_L(\mathrm{e}^y+x)\mathrm{d}x+(x\mathrm{e}^y-2y)\mathrm{d}y=\int_0^1[(\mathrm{e}^{2x}+x)+(x\mathrm{e}^{2x}-4x)\cdot 2]\mathrm{d}x$$

$$=\int_0^1(\mathrm{e}^{2x}+2x\mathrm{e}^{2x}-7x)\mathrm{d}x=\mathrm{e}^2-\frac{7}{2}.$$

例 37 求$\oint_C\frac{y\mathrm{d}x-x\mathrm{d}y}{x^2+y^2}$，其中 C：(1) 圆周$(x-1)^2+(y-1)^2=1$ 的正向；(2) 菱形边界$|x|+|y|=1$ 的正向.

［解题要点］ 应用格林公式.

解：(1) 因为函数 $P(x,y)=\frac{y}{x^2+y^2}$与 $Q(x,y)=\frac{x}{x^2+y^2}$在区域 D：$(x-1)^2+(y-1)^2\leqslant 1$ 内连续，则由格林公式得

$$\oint_C\frac{y\mathrm{d}x-x\mathrm{d}y}{x^2+y^2}=\iint_D\left(\frac{\partial Q}{\partial x}-\frac{\partial P}{\partial y}\right)\mathrm{d}x\mathrm{d}y=\iint_D\left(\frac{x^2-y^2}{x^2+y^2}-\frac{x^2-y^2}{x^2+y^2}\right)\mathrm{d}x\mathrm{d}y=0.$$

(2) 因为函数 $P(x,y)=\frac{y}{x^2+y^2}$与 $Q(x,y)=\frac{x}{x^2+y^2}$在区域 D：$|x|+|y|\leqslant 1$ 内不连续，在区域 D 中挖去圆域 D_1：$x^2+y^2<\varepsilon^2$ $\left(0<\varepsilon<\frac{1}{4}\right)$，则 $P(x,y)$，$Q(x,y)$在区域 $D-D_1$ 上连续，由格林公式得

$$\oint_C\frac{y\mathrm{d}x-x\mathrm{d}y}{x^2+y^2}=\oint_{C+C_1}\frac{y\mathrm{d}x-x\mathrm{d}y}{x^2+y^2}-\oint_{C_1}\frac{y\mathrm{d}x-x\mathrm{d}y}{x^2+y^2}=0-\frac{1}{\varepsilon^2}\oint_{C_1}y\mathrm{d}x-x\mathrm{d}y$$

$$=0+\frac{1}{\varepsilon^2}\iint_{D_1}(-1-1)\mathrm{d}x\mathrm{d}y=-\frac{2}{\varepsilon^2}\iint_{D_1}\mathrm{d}x\mathrm{d}y=-\frac{2}{\varepsilon^2}\cdot\pi\varepsilon^2=-2\pi,$$

其中 C_1：$x^2+y^2=\varepsilon^2$ $\left(0<\varepsilon<\frac{1}{4}\right)$ 的负向，D_1：$x^2+y^2<\varepsilon^2$ $\left(0<\varepsilon<\frac{1}{4}\right)$.

例 38 （南京大学，2000 年）计算曲面积分 $I=\oiint_S x^2\mathrm{d}y\mathrm{d}z+y^2\mathrm{d}z\mathrm{d}x+z^2\mathrm{d}x\mathrm{d}y$，其中 S 为$(x-a)^2+(y-b)^2+(z-c)^2=R^2$，方向取外侧.

［解题要点］ 应用高斯公式.

解：应用高斯公式得

$$I=\oiint_S x^2\mathrm{d}y\mathrm{d}z+y^2\mathrm{d}z\mathrm{d}x+z^2\mathrm{d}x\mathrm{d}y=\iiint_V(2x+2y+2z)\mathrm{d}x\mathrm{d}y\mathrm{d}z,$$

其中 V 为 S 所围成的区域. 下面计算 $\iiint\limits_V (2x+2y+2z)\mathrm{d}x\mathrm{d}y\mathrm{d}z$. 进行球坐标变换

$$\begin{cases} x=a+r\sin\varphi\cos\theta \\ y=b+r\sin\varphi\sin\theta, \\ z=c+r\cos\varphi \end{cases} 0\leqslant\varphi\leqslant\pi,\ 0\leqslant\theta\leqslant 2\pi,\ 0\leqslant r\leqslant R,\ J(r,\varphi,\theta)=r^2\sin\varphi.$$

$$\iiint\limits_V (2x+2y+2z)\mathrm{d}x\mathrm{d}y\mathrm{d}z = 2\iiint\limits_V (x+y+z)\mathrm{d}x\mathrm{d}y\mathrm{d}z$$

$$=2\int_0^{\pi}\mathrm{d}\varphi\int_0^{2\pi}\mathrm{d}\theta\int_0^R (a+r\sin\varphi\cos\theta+b+r\sin\varphi\sin\theta+c+r\cos\varphi)r^2\sin\varphi\mathrm{d}r$$

$$=\frac{8\pi(a+b+c)}{3}R^3.$$

例 39 （哈尔滨工业大学，2005 年）计算 $I=\oint\!\!\!\!\iint\limits_S x^2\mathrm{d}y\mathrm{d}z+y^2\mathrm{d}z\mathrm{d}x+z^2\mathrm{d}x\mathrm{d}y$，其中 S 为立方体 $0<x<a$，$0<y<a$，$0<z<a$ 边界的外表面.

［解题要点］ 应用高斯公式.

解：利用高斯公式得

$$I=\oint\!\!\!\!\iint\limits_S x^2\mathrm{d}y\mathrm{d}z+y^2\mathrm{d}z\mathrm{d}x+z^2\mathrm{d}x\mathrm{d}y=\iiint\limits_V \left(\frac{\partial(x^2)}{\partial x}+\frac{\partial(y^2)}{\partial y}+\frac{\partial(z^2)}{\partial z}\right)\mathrm{d}x\mathrm{d}y\mathrm{d}z$$

$$=2\iiint\limits_V (x+y+z)\mathrm{d}x\mathrm{d}y\mathrm{d}z=\int_0^a\mathrm{d}x\int_0^a\mathrm{d}y\int_0^a (x+y+z)\mathrm{d}z=3a^4.$$

例 40 （华南理工大学，2004 年）计算 $I=\iint\limits_S x^2\mathrm{d}y\mathrm{d}z+y^2\mathrm{d}z\mathrm{d}x+z^2\mathrm{d}x\mathrm{d}y$，其中 S 为单位球的上半部分，外侧为正向.

［解题要点］ 应用高斯公式.

解：补上平面 S'：$x^2+y^2\leqslant 1$，$z=0$，方向向下，则 $S'+S$ 为一封闭的半球. 由高斯公式得

$$I=\iint\limits_S x^2\mathrm{d}y\mathrm{d}z+y^2\mathrm{d}z\mathrm{d}x+z^2\mathrm{d}x\mathrm{d}y.$$

$$=\iint\limits_{S+S'} x^2\mathrm{d}y\mathrm{d}z+y^2\mathrm{d}z\mathrm{d}x+z^2\mathrm{d}x\mathrm{d}y-\iint\limits_S x^2\mathrm{d}y\mathrm{d}z+y^2\mathrm{d}z\mathrm{d}x+z^2\mathrm{d}x\mathrm{d}y$$

$$=\iiint\limits_V (2x+2y+2z)\mathrm{d}x\mathrm{d}y\mathrm{d}z-0$$

$$=2\int_0^{2\pi}\mathrm{d}\theta\int_0^{\frac{\pi}{2}}\mathrm{d}\varphi\int_0^1 (r\sin\varphi\cos\theta+r\sin\varphi\sin\theta+r\cos\varphi)r^2\sin\varphi\mathrm{d}r=\frac{\pi}{2}.$$

例 41 （中国科技大学，1998 年）设 S 为球面 $x^2+y^2+z^2=1$ 的内侧，求积分 $I=\iint\limits_S x^2\mathrm{d}y\mathrm{d}z+2xy\mathrm{d}z\mathrm{d}x+2xz\mathrm{d}x\mathrm{d}y$.

［解题要点］ 应用高斯公式.

解：由高斯公式得

$$I = \iint_S x^2 dydz + 2xydzdx + 2xzdxdy = -\iiint_V (2x + 2x + 2x) dxdydz$$
$$= -6 \iiint_V xdxdydz,$$

由于曲面 S 为 $x^2+y^2+z^2=1$，所以 V 为 $x^2+y^2+z^2 \leqslant 1$，进行球坐标变换

$$\begin{cases} x = r\sin\varphi\cos\theta \\ y = r\sin\varphi\sin\theta, \ 0\leqslant\varphi\leqslant\pi, \ 0\leqslant\theta\leqslant 2\pi, \ 0\leqslant r\leqslant 1, \ J(r, \varphi, \theta) = r^2\sin\varphi, \\ z = r\cos\varphi \end{cases}$$

则

$$I = -6\iiint_V xdxdydz = -6\int_0^{2\pi} d\theta \int_0^{\pi} d\varphi \int_0^1 r\sin\varphi\cos\theta \cdot r^2 \sin\varphi dr = 0.$$

例 42 （重庆大学，2003 年）求 $I = \iint_S x(x^2+1)dydz + y(y^2+2)dzdx + z(z^2+3)dxdy$，其中 S 为球面 $x^2+y^2+z^2=1$ 的外部.

［解题要点］ 应用高斯公式和球坐标变换公式.

解：由高斯公式得

$$I = \iint_S x(x^2+1)dydz + y(y^2+2)dzdx + z(z^2+3)dxdy$$
$$= \iiint_V (3x^2+1+3y^2+2+3z^2+3)dxdydz$$
$$= 3\iiint_V (x^2+y^2+z^2+2)dxdydz.$$

由于曲面 S 为 $x^2+y^2+z^2=1$，所以 V 为 $x^2+y^2+z^2 \leqslant 1$，进行球坐标变换

$$\begin{cases} x = r\sin\varphi\cos\theta \\ y = r\sin\varphi\sin\theta, \ 0\leqslant\varphi\leqslant\pi, \ 0\leqslant\theta\leqslant 2\pi, \ 0\leqslant r\leqslant 1, \ J(r, \varphi, \theta) = r^2\sin\varphi, \\ z = r\cos\varphi \end{cases}$$

则 $I = 3\iiint_V (x^2+y^2+z^2+2)dxdydz = \int_0^{2\pi} d\theta \int_0^{\pi} d\varphi \int_0^1 (r^2+2) r^2 \sin\varphi dr = \dfrac{52\pi}{5}$.

例 43 计算 $\int_L ydx + zdy + xdz$，其中 L 为曲线 $\begin{cases} x^2+y^2+z^2=2az \\ x+z=a \ (a>0) \end{cases}$，若从 z 轴的正向看去，L 的方向为逆时针方向.

［解题要点］ 应用斯托克斯公式.

解：设 Σ 是 L 所围的平面 $x+z=a$ $(a>0)$ 的部分，方向由右手法则确定（即取上侧）.

则 Σ 上任一点的单位法向量 $\{\cos\alpha, \cos\beta, \cos\gamma\} = \left\{\dfrac{1}{\sqrt{2}}, 0, \dfrac{1}{\sqrt{2}}\right\}$，由斯托克斯公式，

$$\int_L ydx + zdy + xdz = \iint_\Sigma \begin{vmatrix} \cos\alpha & \cos\beta & \cos\gamma \\ \dfrac{\partial}{\partial x} & \dfrac{\partial}{\partial y} & \dfrac{\partial}{\partial z} \\ y & z & x \end{vmatrix} dS = -\sqrt{2}\iint_\Sigma dS = -\sqrt{2}\pi a^2.$$

例 44　证明函数 $f(x,\ y)=\begin{cases}\dfrac{x^2y}{x^2+y^2},\ x^2+y^2\neq 0\\ 0,\ x^2+y^2=0\end{cases}$ 在点（0，0）连续且偏导数存在，但在此点不可微.

［**解题要点**］　利用多元函数连续性、偏导数、可微性的定义.

证：记 $x=\gamma\cos\theta$，$y=\gamma\sin\theta$，则 $(x,\ y)\to(0,\ 0)$ 等价于 $\gamma\to 0$.

（1）$\lim\limits_{(x,y)\to(0,0)}f(x,\ y)=\lim\limits_{(x,y)\to(0,0)}\dfrac{x^2y}{x^2+y^2}=\lim\limits_{\gamma\to 0}\gamma\cos^2\theta\sin\theta=0=f(0,\ 0)$，即 f 在点（0，0）处连续.

（2）由于 $f_x(0,0)=\lim\limits_{\Delta x\to 0}\dfrac{f(\Delta x,0)-f(0,0)}{\Delta x}=0$，

$$f_y(0,0)=\lim_{y\to 0}\frac{f(0,\Delta y)-f(0,0)}{\Delta y}=\lim_{\Delta y\to 0}0=0,$$

即函数 $f(x,\ y)$ 在点（0，0）处偏导数存在.

（3）设 $\rho=\sqrt{\Delta x^2+\Delta y^2}$ 则当 $(\Delta x,\ \Delta y)\to(0,\ 0)\Rightarrow\rho\to 0$. 则 $\lim\limits_{\rho\to 0}\dfrac{1}{\rho}\cdot[f(\Delta x,\Delta y)-f_x(0,0)\Delta x-f_x(0,0)\Delta y]=\lim\limits_{\rho\to 0}\dfrac{\Delta x^2\Delta y}{\Delta x^2+\Delta y^2}\cdot\dfrac{1}{\rho}\overset{\left(\begin{smallmatrix}\Delta x=\rho\cos\theta\\ \Delta y=\rho\sin\theta\end{smallmatrix}\right)}{=\!=\!=\!=}\lim\limits_{\rho\to 0}\dfrac{\rho^3\cos^2\theta\sin\theta}{\rho^3}=\lim\limits_{\rho\to 0}\cos^2\theta\sin\theta$ 不存在，所以函数 f 在点（0，0）处不可微.

第八章　数学竞赛真题选解

一、典型方法

全国大学生数学竞赛（初赛）试题中数学分析一般占有50%的比例，主要考试内容涉及数列极限与函数极限、一元函数积分（定积分与非正常积分），微分中值定理与积分中值定理，级数收敛与发散、一致连续与一致收敛、多元函数的积分（重积分、曲线积分与曲面积分）的计算等.

历届全国大学生数学竞赛（初赛）试题中数学分析部分的题目涉及的典型方法有：

（1）证明数列收敛的方法：单调有界定理，归结原则将数列极限化为函数极限（利用洛必达法则、泰勒公式）、压缩数列法、利用斯托兹定理，化为定积分；

（2）利用微分中值定理；

（3）利用积分中值定理；

（4）利用格林公式计算二重积分；

（5）利用高斯公式计算三重积分或者曲面积分.

二、真题选讲

例1　（2010年第二届中国大学生数学竞赛题，10分）设 $\varepsilon\in(0,1)$，$x_0=a$，$x_{n+1}=a+\varepsilon\sin x_n$ $(n\geqslant 0)$，证明 $\xi=\lim\limits_{x\to\infty}x_n$ 存在且 ξ 为方程 $x-\varepsilon\sin x=a$ 的唯一根.

[解题要点]　证明$\{x_n\}$为压缩数列.

证：令 $f(x)=a+\varepsilon\sin x$，$x\in I=(-\infty,+\infty)$，则 $x_{n+1}=f(x_n)$，由于 $|f'(x)|=|\varepsilon\cos x|\leqslant\varepsilon<1$，$f$ 为区间 I 上的压缩映射，于是$\{x_n\}$为压缩数列，从而收敛，设 $x_n\to\xi\in I$，由 f 的连续性，对 $x_{n+1}=f(x_n)$两边令取极限（令 $n\to\infty$）可知，$\xi=f(\xi)$，即 ξ 是 f 的不动点，故 $\xi=a+\varepsilon\sin\xi$. 容易证明 ξ 是 f 的唯一不动点. 反证法：若 $\exists\,\eta\in I$，使得 $\eta=f(\eta)(\eta\neq\xi)$，不妨设 $\eta<\xi$. 则由微分中值定理，存在 $c\in(\eta,\xi)$使得 $f(\eta)-f(\xi)=f'(c)(\eta-\xi)$，于是

$$|\eta-\xi| = |f(\eta)-f(\xi)| = |f'(c)(\eta-\xi)| \leqslant \varepsilon|\eta-\xi| < |\eta-\xi|$$

矛盾.

例 2 （2014 年第六届中国大学生数学竞赛题）设 $f(x)$ 在 $\mathbf{R}$ 上有二阶导函数，$f(x)$，$f'(x)$，$f''(x)$ 都大于零，求证 $\lim\limits_{x\to-\infty} f'(x)=0$.

[解题要点] （1）利用由 $\lim\limits_{x\to-\infty} f(x)$，$\lim\limits_{x\to-\infty} f'(x)$ 存在的单调有界定理；（2）在 $[x,x+1]$ 上应用拉格朗日中值定理.

证：(1) 先证 $\lim\limits_{x\to-\infty} f(x)$，$\lim\limits_{x\to-\infty} f'(x)$ 存在.

$f(x)$，$f'(x)$，$f''(x)$ 都大于零 $\Rightarrow f(x)$，$f'(x)$ 单调递增且为正函数.

于是，$\forall x\in(-\infty,-M]$ 有 $0<f(x)\leqslant f(-M)$，且 $0<f'(x)\leqslant f'(-M)$，其中 $M>0$. 即 $f(x)$，$f'(x)$ 在 $-\infty$ 的领域单调有界. 由函数极限的单调有界定理可知 $\lim\limits_{x\to-\infty} f(x)$，$\lim\limits_{x\to-\infty} f'(x)$ 存在.

$\forall x\in\mathbf{R}$，在 $[x,x+1]$ 上用中值定理：存在 $\theta\in(0,1)$，使得

$$f(x+1)-f(x)=f'(x+\theta)\geqslant f'(x)\geqslant 0,$$

令 $x\to-\infty$，得

$$\lim_{x\to-\infty}(f(x+1)-f(x))\geqslant \lim_{x\to-\infty} f'(x)\geqslant 0.$$

又因为

$$\lim_{x\to-\infty}(f(x+1)-f(x))=\lim_{x\to-\infty} f(x+1)-\lim_{x\to-\infty} f(x)=0,$$

故由迫敛性 $\lim\limits_{x\to-\infty} f'(x)=0$.

例 3 （2010 年第二届中国大学生数学竞赛题）设 $f(x)$ 在 $[a,b]$ 连续，由积分中值定理有

$$\int_a^x f(t)\,\mathrm{d}t=(x-a)f(\xi)\quad(a\leqslant\xi<x\leqslant b). \qquad ①$$

若 $f_+'(a)$ 存在且非零，求 $\lim\limits_{x\to a^+}\dfrac{\xi-a}{x-a}$ 的值.

[解题要点] （1）利用右导数的定义和洛必达法则；（2）利用变上限积分的导数公式.

解：注意 $f_+'(a)=\lim\limits_{x\to a^+}\dfrac{f(\xi)-f(a)}{\xi-a}$，由①得

$$\int_a^x f(t)\,\mathrm{d}t-(x-a)f(a)=(x-a)(f(\xi)-f(a)),$$

即 $\int_a^x (f(t)-f(a))\,\mathrm{d}t=(x-a)(f(\xi)-f(a))$. 于是，

$$\frac{\xi-a}{x-a}=\frac{\xi-a}{(x-a)^2}(x-a)=\frac{\xi-a}{(x-a)^2}\cdot\frac{\int_a^x (f(t)-f(a))\,\mathrm{d}t}{f(\xi)-f(a)}$$

$$=\frac{\xi-a}{f(\xi)-f(a)}\cdot\frac{\int_a^x (f(t)-f(a))\,\mathrm{d}t}{(x-a)^2}$$

由洛必达法则可得

$$\lim_{x\to a^+}\frac{\xi-a}{f(\xi)-f(a)}\cdot\frac{\int_a^x (f(t)-f(a))\,\mathrm{d}t}{(x-a)^2}=\frac{1}{f_+'(a)}\cdot\lim_{x\to a^+}\frac{f(x)-f(a)}{2(x-a)}$$
$$=\frac{1}{f_+'(a)}\cdot\frac{1}{2}f_+'(a)$$
$$=\frac{1}{2}.$$

例 4 （2010 年第二届中国大学生数学竞赛题）设 f 在 $x=0$ 可微，$f(0)=0$，$f'(0)=a$. 定义 $x_n=f\left(\frac{1}{n^2}\right)+f\left(\frac{2}{n^2}\right)+\cdots+f\left(\frac{n}{n^2}\right)$，证明$\{x_n\}$收敛，并求其极限.

[解题要点] （1）利用导数的定义；（2）$\lim\limits_{n\to\infty}x_n=a\Leftrightarrow a\leqslant\varliminf\limits_{n\to\infty}x_n\leqslant\varlimsup\limits_{n\to\infty}x_n\leqslant a$.

证明：$\lim\limits_{x\to0}\frac{f(x)}{x}=\lim\limits_{x\to0}\frac{f(x)-f(0)}{x-0}=f'(0)=a$

$$\Rightarrow\forall\varepsilon>0,\ \exists\delta>0,\text{当}0<|x|<\delta\text{有}\left|\frac{f(x)}{x}-a\right|<\varepsilon$$
$$\Rightarrow(a-\varepsilon)x<f(x)<(a+\varepsilon)x\ (0<x<\delta)$$
$$\Rightarrow n>\delta\text{时有}\frac{k}{n^2}<\delta\ (\text{设}n\geqslant k).$$

取 $x=\frac{k}{n^2}$（由$\frac{k}{n^2}\leqslant\frac{n}{n^2}=\frac{1}{n}<\delta$有 $n>\frac{1}{\delta}$），于是

$$(a-\varepsilon)\frac{k}{n^2}<f\left(\frac{k}{n^2}\right)<(a+\varepsilon)\frac{k}{n^2}(k=1,2,\cdots,n)$$
$$\overset{\text{求和}}{\Rightarrow}(a-\varepsilon)\sum_{k=1}^{n}\frac{k}{n^2}<x_n<(a+\varepsilon)\sum_{k=1}^{n}\frac{k}{n^2}$$
$$\Rightarrow(a-\varepsilon)\frac{n+1}{2n}<x_n<(a+\varepsilon)\frac{n+1}{2n}\left(\sum_{k=1}^{n}k=\frac{n(n+1)}{2}\right)$$
$$\Rightarrow\frac{1}{2}(a-\varepsilon)\leqslant\varliminf_{n\to\infty}x_n\leqslant\varlimsup_{n\to\infty}x_n\leqslant\frac{1}{2}(a+\varepsilon)$$
$$\overset{\varepsilon>0}{\Rightarrow}\frac{1}{2}a\leqslant\varliminf_{n\to\infty}x_n\leqslant\varlimsup_{n\to\infty}x_n\leqslant\frac{1}{2}a$$
$$\Rightarrow\varlimsup_{n\to\infty}x_n=\varliminf_{n\to\infty}x_n=\frac{1}{2}a$$
$$\Rightarrow\lim_{n\to\infty}x_n=\frac{1}{2}a.$$

例 5 （2010 年第二届中国大学生数学竞赛题）若关于 x 的方程 $kx+\frac{1}{x^2}=1$（$k>0$）在$(0,+\infty)$中有唯一实数解. 则常数 $k=$ ________.

[解题要点] （1）稳定点（驻点）的计算；（2）可导函数如果有唯一驻点并且有

唯一零点，则这个驻点就是零点.

解：设$f(x)=kx+\frac{1}{x^2}-1$，则$f'(x)=k-\frac{2}{x^3}$．令$f'(x)=0$，则$x=(\frac{2}{k})^{\frac{1}{3}}$．于是

$$f'(x)\begin{cases}<0, & 当\ x<\left(\frac{2}{k}\right)^{\frac{1}{3}}\\ >0, & 当\ x>\left(\frac{2}{k}\right)^{\frac{1}{3}}.\end{cases}$$

又$f(x)$在$(0,+\infty)$内有唯一零点，故$f\left[\left(\frac{2}{3}\right)^{\frac{1}{3}}\right]=0$. 由此可得$k\left(\frac{2}{3}\right)^{\frac{1}{3}}+\left(\frac{k}{2}\right)^{\frac{3}{2}}-1=0$，解得$k=\frac{2}{3\sqrt{3}}$.

例 6　（2013 年第五届中国大学生数学竞赛题，15 分）设$f(x)$在$[0,a]$上有二阶连续导数，$f'(0)=1$，$f''(0)\neq0$，且$0<f(x)<x$，$x\in(0,a)$. 令$x_{n+1}=f(x_n)$，$x_1\in(0,a)$.

（1）求证$\{x_n\}$收敛并求$\lim\limits_{n\to\infty}x_n$.

（2）问$\{nx_n\}$是否收敛？若不收敛说明理由，若收敛求出极限.

［解题要点］　（1）利用单调有界定理；（2）利用斯托兹定理和洛必达法则.

证明：（1）先证$\{x_n\}$收敛. 由$x_1\in(0,a)$，$x_2=f(x_1)$，有$0<x_2=f(x_1)<x_1<a$，故$x_2\in(0,x_1)$. 类似地，对任意$n\geqslant2$，$x_n\in(0,x_1)\Rightarrow0<x_{n+1}=f(x_n)<x_n<x_1<a$.

由归纳法，对任意$n\geqslant2$，有$x_n\in(0,x_1)$. 于是，$0<x_{n+1}=f(x_n)<x_n<x_1<a$，故$\{x_n\}$单调递减有下界 0，由单调有界定理知$\{x_n\}$收敛.

下证$x_n\to0\,(n\to\infty)$. 设$x_n\to\xi\,(n\to\infty)$，由于对任意$n\geqslant2$，$x_n\in(0,x_1)$，则$0\leqslant\xi\leqslant x_1<a$. 又$x_{n+1}=f(x_n)$，令$n\to\infty$，有$\xi=f(\xi)$. 下证$\xi=0$.

反证法. 若$\xi\neq0$，则$0<\xi\leqslant x_1<a$，由题设有$\xi=f(\xi)<\xi$，矛盾. 故$\xi=0$，即$x_n\to0\,(n\to\infty)$.

（2）由斯托兹定理和洛必达法则，有

$$\begin{aligned}\lim_{n\to\infty}nx_n&=\lim_{n\to\infty}\frac{n}{\frac{1}{x_n}}\xlongequal{\text{(斯托兹定理)}}\lim_{n\to\infty}\frac{n-(n-1)}{\frac{1}{x_n}-\frac{1}{x_{n-1}}}\\&=\lim_{n\to\infty}\frac{x_nx_{n-1}}{x_{n-1}-x_n}=\lim_{n\to\infty}\frac{x_{n-1}f(x_{n-1})}{x_{n-1}-f(x_{n-1})}\\&=\lim_{t\to0}\frac{tf(t)}{t-f(t)}\xlongequal{(\frac{0}{0})}\lim_{t\to0}\frac{f(t)+tf'(t)}{1-f'(t)}\\&\xlongequal{(\frac{0}{0})}\lim_{t\to0}\frac{2f'(t)+tf''(t)}{-f''(t)}=\frac{2}{-f''(0)}.\end{aligned}$$

例7 （2015年第七届中国大学生数学竞赛题，15分）设 $f\in C[0,1]$ 非负严格单调递增.

（1）证明：$\forall n\in\mathbf{N}$，$\exists x_n\in[0,1]$ 使 $(f(x_n))^n=\int_0^1(f(x))^n\mathrm{d}x$.

（2）证明：$\lim\limits_{n\to\infty}x_n=1$.

［解题要点］（1）利用介值定理；

（2）$x_n\geqslant y_n\Rightarrow \varliminf\limits_{n\to\infty}x_n\geqslant\varlimsup\limits_{n\to\infty}y_n$；

（3）$\forall\varepsilon>0$，$a\geqslant b-\varepsilon\Rightarrow a\geqslant b$；

（4）$\lim\limits_{n\to\infty}x_n=a\Leftrightarrow a\leqslant\varliminf\limits_{n\to\infty}x_n\leqslant\varlimsup\limits_{n\to\infty}x_n\leqslant a$；

（5）f 连续 $\Rightarrow f(\varliminf\limits_{n\to\infty}x_n)\geqslant\varliminf\limits_{n\to\infty}f(x_n)$.

证：(1) $x\in[0,1]\Rightarrow 0\leqslant x\leqslant 1\xrightarrow{f\text{单调增加}}f(0)\leqslant f(x)\leqslant f(1)\Rightarrow(f(0))^n\leqslant\int_0^1(f(x))^n\mathrm{d}x\leqslant(f(1))^n$.

由介值定理，$\exists x_n\in[0,1]$ 使 $(f(x_n))^n=\int_0^1(f(x))^n\mathrm{d}x$.

由于 f 严格单调递增 $\Rightarrow(f(x))^n$ 单调递增，故上述 x_n 唯一.

（2）$\forall 0<\varepsilon<1$，由于

$$(f(x_n))^n=\int_0^1(f(x))^n\mathrm{d}x\geqslant\int_{1-\varepsilon}^1(f(x))^n\mathrm{d}x\geqslant\int_{1-\varepsilon}^1(f(1-\varepsilon))^n\mathrm{d}x$$

$$\Rightarrow f(x_n)\geqslant\sqrt[n]{\varepsilon}f(1-\varepsilon)$$

$$\Rightarrow\varliminf_{n\to\infty}f(x_n)\geqslant\varlimsup_{n\to\infty}\sqrt[n]{\varepsilon}f(1-\varepsilon)=f(1-\varepsilon)$$

$$\xrightarrow{f\in C[0,1]}f(\varliminf_{n\to\infty}x_n)\geqslant\varliminf_{n\to\infty}f(x_n)\geqslant f(1-\varepsilon)$$

$$\xrightarrow{f\text{单调增加}}\varliminf_{n\to\infty}x_n\geqslant 1-\varepsilon\xrightarrow{\varepsilon\text{任意}}\varliminf_{n\to\infty}x_n\geqslant 1.$$

又 $0\leqslant x_n\leqslant 1\Rightarrow\varlimsup\limits_{n\to\infty}x_n\leqslant 1$，故

$$1\leqslant\varliminf_{n\to\infty}x_n\leqslant\varlimsup_{n\to\infty}x_n\leqslant 1,$$

于是 $\lim\limits_{n\to\infty}x_n=1$.

例8 （2013年第五届中国大学生数学竞赛题，20分）设 f：$[-1,1]\to\mathbf{R}$ 为偶函数，f 在 $[0,1]$ 上单调递增，又设 g 是 $[-1,1]$ 上的凸函数，即 $\forall x$，$y\in(0,1)$ 有 $g(tx+(1-t)y)\leqslant tg(x)+(1-t)g(y)$. 求证：

$$2\int_{-1}^1 f(x)g(x)\mathrm{d}x\geqslant\int_{-1}^1 f(x)\mathrm{d}x\int_{-1}^1 g(x)\mathrm{d}x.$$

［解题要点］

（1）$\forall g$，$g(x)+g(-x)$ 偶 $\Rightarrow\int_{-1}^1[g(x)+g(-x)]\mathrm{d}x=2\int_0^1[g(x)+g(-x)]\mathrm{d}x$；

（2）$g(x)-g(-x)$ 奇 $\Rightarrow\int_{-1}^1[g(x)-g(-x)]\mathrm{d}x=0$

$$\Rightarrow\int_{-1}^{1}g(x)\mathrm{d}x=\int_{-1}^{1}g(-x)\mathrm{d}x\ ;$$

（3）g 凸$\Rightarrow h(x)=g(x)+g(-x)\uparrow$于$[0,1]$.

证：f 偶$\Rightarrow f(x)[g(x)-g(-x)]$奇$\Rightarrow\int_{-1}^{1}f(x)[g(x)-g(-x)]\mathrm{d}x=0$

$$\Rightarrow\int_{-1}^{1}f(x)g(x)\mathrm{d}x=\int_{-1}^{1}f(x)g(-x)\mathrm{d}x$$

$$\Rightarrow 2\int_{-1}^{1}f(x)g(x)\mathrm{d}x=\int_{-1}^{1}f(x)[g(x)+g(-x)]\mathrm{d}x=2\int_{0}^{1}f(x)\cdot[g(x)+g(-x)]\mathrm{d}x=2\int_{0}^{1}f(x)h(x)\mathrm{d}x,$$

g 凸$\Rightarrow h(x)=g(x)+g(-x)\uparrow$于$[0,1]$，又$f\uparrow$于$[0,1]$

$$\Rightarrow\forall x,y\in[0,1]\text{有}(f(x)-f(y))(h(x)-h(y))\geqslant 0$$

$$\Rightarrow\int_{0}^{1}\int_{0}^{1}(f(x)-f(y))(h(x)-h(y))\mathrm{d}x\mathrm{d}y\geqslant 0$$

$$\Rightarrow 2\int_{0}^{1}f(x)h(x)\mathrm{d}x\geqslant 2\int_{0}^{1}f(x)\int_{0}^{1}h(x)\mathrm{d}x=\int_{-1}^{1}f(x)\mathrm{d}x\int_{-1}^{1}g(x)\mathrm{d}x.$$

故 $2\int_{-1}^{1}f(x)g(x)\mathrm{d}x\geqslant\int_{-1}^{1}f(x)\mathrm{d}x\int_{-1}^{1}g(x)\mathrm{d}x.$

例 9 （2010 年第二届中国大学生数学竞赛题）计算$\int_{0}^{+\infty}\frac{\mathrm{e}^{-\alpha x^2}-\mathrm{e}^{-\beta x^2}}{x^2}\mathrm{d}x\ (0<\alpha<\beta)$.

[解题要点] （1）分部积分；（2）含参数非正常积分一致收敛的性质：交换积分次序；（3）牛顿—莱布尼兹公式.

解：方法一（分部积分）

$$\begin{aligned}\text{原式}&=\int_{0}^{+\infty}(\mathrm{e}^{-\alpha x^2}-\mathrm{e}^{-\beta x^2})\,\mathrm{d}\left(-\frac{1}{x}\right)\\&=\frac{\mathrm{e}^{-\beta x^2}-\mathrm{e}^{-\alpha x^2}}{x}\Bigg|_{0}^{+\infty}+\int_{0}^{+\infty}\frac{1}{x}\mathrm{d}(\mathrm{e}^{-\alpha x^2}-\mathrm{e}^{-\beta x^2})\\&=0-2\int_{0}^{+\infty}(\alpha\mathrm{e}^{-\alpha x^2}-\beta\mathrm{e}^{-\beta x^2})\,\mathrm{d}x\\&=-2\left(\frac{\sqrt{\alpha\pi}}{2}-\frac{\sqrt{\beta\pi}}{2}\right)=\sqrt{\pi}\,(\sqrt{\beta}-\sqrt{\alpha}).\end{aligned}$$

方法二（交换积分次序）

$$\begin{aligned}\frac{\mathrm{e}^{-\alpha x^2}-\mathrm{e}^{-\beta x^2}}{x^2}&=-\frac{1}{x}\mathrm{e}^{-yx^2}\Bigg|_{\alpha}^{\beta}=-\frac{1}{x^2}\int_{\alpha}^{\beta}\mathrm{e}^{-yx^2}d(-yx^2)\\&=\int_{\alpha}^{\beta}\mathrm{e}^{-yx^2}\mathrm{d}y,\end{aligned}$$

又因为$\int_{\alpha}^{\beta}\mathrm{e}^{-yx^2}\mathrm{d}y$ 在$[\alpha,\beta]$一致收敛，故

$$\int_{0}^{+\infty}\frac{\mathrm{e}^{-\alpha x^2}-\mathrm{e}^{-\beta x^2}}{x^2}\mathrm{d}x=\int_{0}^{+\infty}\mathrm{d}x\int_{\alpha}^{\beta}\mathrm{e}^{-yx^2}\mathrm{d}y$$

$$\xlongequal{\text{交换次序}}\int_\alpha^\beta \mathrm{d}y\int_0^{+\infty}\mathrm{e}^{-yx^2}\mathrm{d}x=\int_\alpha^\beta\frac{\sqrt{\pi}}{2\sqrt{y}}\mathrm{d}y=\sqrt{\pi}\sqrt{y}\Big|_\alpha^\beta=\sqrt{\pi}\ (\sqrt{\beta}-\sqrt{\alpha}).$$

例 10 （2009 年首届中国大学生数学竞赛题，15 分）设 $f(x, y)$ 是 $\{(x, y)\mid x^2+y^2\leqslant 1\}$ 上二元连续可微函数，满足 $\frac{\partial^2 f}{\partial x^2}+\frac{\partial^2 f}{\partial y^2}=x^2y^2$. 计算

$$I=\int\limits_{x^2+y^2\leqslant 1}\left(\frac{x}{\sqrt{x^2+y^2}}\cdot\frac{\partial f}{\partial x}+\frac{y}{\sqrt{x^2+y^2}}\cdot\frac{\partial f}{\partial y}\right)\mathrm{d}x\mathrm{d}y.$$

[解题要点] 利用格林公式 $\oint\limits_C P\mathrm{d}x+Q\mathrm{d}y=\iint\limits_S(\frac{\partial Q}{\partial x}-\frac{\partial P}{\partial y})\mathrm{d}x\mathrm{d}y$.

解：作变量代换 $\begin{cases}x=r\cos\theta\\ y=r\sin\theta\end{cases}$，则

$$\begin{aligned}I&=\int_0^1\mathrm{d}r\int_0^{2\pi}(\cos\theta\cdot\frac{\partial f}{\partial x}+\sin\theta\cdot\frac{\partial f}{\partial y})r\mathrm{d}\theta=\int_0^1\mathrm{d}r\int\limits_{C:x^2+y^2=r}\left(\frac{\partial f}{\partial x}\mathrm{d}y-\frac{\partial f}{\partial y}\mathrm{d}x\right)\\&=\int_0^1\mathrm{d}r\iint\limits_{x^2+y^2\leqslant r^2}(\frac{\partial^2 f}{\partial x^2}+\frac{\partial^2 f}{\partial y^2})\mathrm{d}x\mathrm{d}y=\int_0^1\mathrm{d}r\iint\limits_{x^2+y^2\leqslant r^2}(x^2y^2)\mathrm{d}x\mathrm{d}y\\&=\int_0^1\mathrm{d}r\int_0^r\rho^5\mathrm{d}\rho\int_0^{2\pi}\cos^2\theta\sin^2\theta\mathrm{d}\theta=\frac{\pi}{168}\left(\begin{cases}x=\rho\cos\theta\\ y=\rho\sin\theta\end{cases}\right).\end{aligned}$$

例 11 （2011 年第三届中国大学生数学竞赛题，15 分）设 $0<f(x)<1$ 且无穷积分 $\int_0^{+\infty}f(x)\mathrm{d}x$、$\int_0^{+\infty}xf(x)\mathrm{d}x$ 都收敛. 证明：$\int_0^{+\infty}xf(x)\mathrm{d}x>\frac{1}{2}\left(\int_0^{+\infty}f(x)\mathrm{d}x\right)^2$.

[解题要点] 令 $\int_0^{+\infty}f(x)\mathrm{d}x=a$，则

$$\int_a^{+\infty}f(x)\mathrm{d}x=\int_a^0 f(x)\mathrm{d}x+\int_0^{+\infty}f(x)\mathrm{d}x=\int_0^{+\infty}f(x)\mathrm{d}x-\int_0^a f(x)\mathrm{d}x=a-\int_0^a f(x)\mathrm{d}x.$$

证：令 $\int_0^{+\infty}f(x)\mathrm{d}x=a$，则 $0<a<+\infty$. 由题设 $0<f(x)<1\Rightarrow 1-f(x)>0$，故

$$\begin{aligned}\text{左边}&=\int_0^{+\infty}xf(x)\mathrm{d}x=\int_0^a xf(x)\mathrm{d}x+\int_a^{+\infty}xf(x)\mathrm{d}x>\int_0^a xf(x)\mathrm{d}x+a\int_a^{+\infty}f(x)\mathrm{d}x\\&=\int_0^a xf(x)\mathrm{d}x+a\left(a-\int_0^a f(x)\mathrm{d}x\right)\\&=\int_0^a xf(x)\mathrm{d}x+a\int_0^a(1-f(x))\mathrm{d}x\\&>\int_0^a xf(x)\mathrm{d}x+\int_0^a x(1-f(x))\mathrm{d}x\\&=\int_0^a x\mathrm{d}x=\frac{1}{2}a^2=\text{右边},\end{aligned}$$

所以原式成立.

例 12 （2013 年第五届中国大学生数学竞赛题，15 分）设 $a>1$，函数 f：$(0, +\infty)\to(0, +\infty)$ 可微. 求证存在趋于无穷的正数列 $\{x_n\}$ 使得 $f'(x_n)<f(ax_n)$，$n=1$,

2，….

[解题要点] （1）利用拉格朗日中值定理；（2）若 $f'(x)>0$，则 $f(x)$ 单调递增.

证明：反证法. 若结论不成立，则存在 $x_0>0$，使 $x>x_0$ 有 $f'(x)\geqslant f(ax)>0$，于是当 $x>x_0$ 时，$f(x)$ 单调递增，由拉格朗日中值定理有

$$\begin{aligned}f(ax)-f(x)&=f'(\xi)(a-1)x\geqslant f(a\xi)(a-1)x\\&>f(ax)(a-1)x\ \left(\text{取}(a-1)x>1\text{ 即 }x>\frac{1}{a-1}>0\right)\\&>f(ax),\end{aligned}$$

故结论成立.

例 13 设 $f(x)$ 在 $\mathbf{R}$ 上连续，且满足 $f(x+y)=f(x)+f(y)$，$\forall x, y\in\mathbf{R}$，证明

$$f(x)=f(1)x,\ x\in\mathbf{R}. \qquad ①$$

[解题要点] （1）利用二元函数的对称性；（2）$\dfrac{f(x)}{x}=$ 常数 $(\forall x\neq 0)$ 的充分必要条件是 $\dfrac{f(x)}{x}=\dfrac{f(y)}{y}(\forall x, y\neq 0)$；（3）$f(x)$ 在 $\mathbf{R}$ 上连续的充分必要条件是若 $\forall x\in\mathbf{R}$，$\exists\{r_n\}\subset\mathbf{R}$ 有 $r_n\to x\ (n\to\infty)$，则必有 $f(x)=f(\lim\limits_{n\to\infty}r_n)=\lim\limits_{n\to\infty}f(r_n)$.

证：方法 1：当 $x=0$ 时，①式即 $f(0)=0$，显然成立. 事实上，

$$f(0+0)=f(0)+f(0)=f(0)=0,$$

故①$\Leftrightarrow\dfrac{f(x)}{x}=$ 常数 $f(1)$. 先证 $\dfrac{f(x)}{x}=$ 常数 $(\forall x\neq 0)$，即

$$\frac{f(x)}{x}=\frac{f(y)}{y}\ (\forall x, y\neq 0), \qquad ②$$

亦即 $f(x)y=xf(y)$. 由题设有

$$\begin{aligned}&f(t+y)=f(t)+f(y)\\&\Rightarrow\int_0^x f(t+y)\,\mathrm{d}t=\int_0^x f(t)\,\mathrm{d}t+\int_0^x f(y)\,\mathrm{d}t\\&\Rightarrow\int_0^x f(t+y)\,\mathrm{d}t=\int_0^x f(t)\,\mathrm{d}t+xf(y).\end{aligned} \qquad ③$$

又

$$\int_0^x f(t+y)\,\mathrm{d}t=\int_y^{x+y}f(u)\,\mathrm{d}u=\int_0^{x+y}f(t)\,\mathrm{d}t-\int_0^y f(t)\,\mathrm{d}t. \qquad ④$$

由③和④得

$$\int_0^{x+y}f(t)\,\mathrm{d}t-\int_0^y f(t)\,\mathrm{d}t=\int_0^x f(t)\,\mathrm{d}t+xf(y).$$

于是

$$xf(y)=\int_0^{x+y}f(t)\,\mathrm{d}t-\int_0^y f(t)\,\mathrm{d}t-\int_0^x f(t)\,\mathrm{d}t, \qquad ⑤$$

观察⑤式右边，x 与 y 是对称的，故 $xf(y)=yf(x)$，即②式成立，设 $\dfrac{f(x)}{x}=a$，即

$f(x)=ax$. 令 $x=1$得 $a=f(1)$，故①式成立.

方法2：

（1）先证 $x=r$ 为有理数时①式成立. 即 $f(r)=f(1)r$，$\forall r\in\mathbf{R}$. ⑥

（a）$\forall$ 正整数 n，有 $f(nx)=nf(x)(\forall x\in\mathbf{R})$. ⑦

事实上，当 $n=1$ 时，显然. 当 $n=2$ 时，$f(2x)=f(x+x)=f(x)+f(x)=2f(x)$. 由归纳法，⑦式成立.

（b）$\forall$ 有理数 r，有 $f(rx)=rf(x)(\forall x\in\mathbf{R})$. ⑧

事实上，设 $r=\dfrac{m}{n}$（m，n 为正整数），由⑦B 有 $f(x)=\dfrac{1}{n}f(nx)$，$\forall x\in\mathbf{R}$，故由⑧式和⑦式有

$$f(rx)=f\left(\frac{m}{n}x\right)=\frac{1}{n}f\left(n\cdot\frac{m}{n}x\right)=\frac{1}{n}f(mx)=\frac{m}{n}f(x)=rf(x).$$

（c）在⑧式中令 $x=1$，即得$f(r)=f(1)r(\forall r\in\mathbf{R})$.

（2）$\forall x\in\mathbf{R}$，$\exists\{r_n\}\subset\mathbf{R}$ 有 $r_n\to x$（$n\to\infty$）. 于是，由$f(x)$的连续性有

$$f(x)=f(\lim_{n\to\infty}r_n)=\lim_{n\to\infty}f(r_n)=\lim_{n\to\infty}f(1)r_n=f(1)\lim_{n\to\infty}r_n=f(1)x.$$

例 14 （2011 年第三届中国大学生数学竞赛决赛，20 分）设连续函数满足

$$\sup_{x,y\in\mathbf{R}}|f(x+y)-f(x)-f(y)|-f(y)<+\infty,$$

证明：存在实常数 a 满足

$$\sup_{x\in\mathbf{R}}|f(x)-ax|<+\infty.$$

[解题要点] （1）若在 $\mathbf{R}$ 上 $|f_m(x)-f_n(x)|\leqslant a_n+b_m\to0$（$m$，$n\to\infty$），则$\{f_n(x)\}$在 $\mathbf{R}$ 上一致收敛；（2）在$[x,x+1]$上利用拉格朗日中值定理；（3）函数项级数一致收敛的和函数连续性.

证：由题设，存在 $M>0$，使得$\forall x$，$y\in\mathbf{R}$，m，$n\in\mathbf{N}^+$有

$$|f(x+y)-f(x)-f(y)|\leqslant M \quad ①$$

$$\Rightarrow|f(nx)-nf(x)|$$

$$\leqslant\sum_{k=2}^{n}|f(kx)-f((k-1)x)-f(x)|\leqslant(n-1)M\leqslant nM. \quad ②$$

事实上，

$$f(nx)-nf(x)=[f(2x)-f(x)-f(x)]+[f(3x)-f(2x)-f(x)]+\cdots+[f(nx)-f((n-1)x)-f(x)].$$

于是，由②式有

$$|nf(mx)-mf(nx)|\leqslant|nf(mx)-f(mnx)|+|f(mnx)-mf(nx)|$$

$$\leqslant nM+mM=(n+m)M.$$

故 $\left|\dfrac{f(mx)}{m}-\dfrac{f(nx)}{n}\right|\leqslant\left(\dfrac{1}{n}+\dfrac{1}{m}\right)M\to0$（$m$，$n\to\infty$）. 于是 $\left\{\dfrac{f(nx)}{n}\right\}$在 $\mathbf{R}$ 上一致收敛. 设 $\dfrac{f(nx)}{n}\to g(x)(n\to\infty)$，则因$\dfrac{f(nx)}{n}$连续，故 $g(x)$在 $\mathbf{R}$ 上连续.

例 15 （2009 年首届中国大学生数学竞赛题，15 分）假设函数$f(x)$在$[0,1]$上连

续，在(0，1)内二阶可导．过点 $A(0, f(0))$ 与点 $B(1, f(1))$ 的直线与曲线 $y=f(x)$ 相交于点 $C(c, f(c))$，其中 $0<c<1$．证明：在(0，1)内至少存在一点 ξ，使 $f''(\xi)=0$．

证法：见下题．

例 16　设函数 $f(x)$ 在 $[a, b]$ 上连续，在 (a, b) 内二阶可导．过点 $A(a, f(a))$ 与点 $B(b, f(b))$ 的直线与曲线 $y=f(x)$ 相交于点 $C(c, f(c))$，其中 $a<c<b$．证明：在 (a, b) 内至少存在一点 ξ，使 $f''(\xi)=0$．

[解题要点]　(1) 利用拉格朗日中值定理；(2) 利用罗尔中值定理．需证 $\exists \xi_1, \xi_2 \in (a, b)$ 使 $f'(\xi_1)=f'(\xi_2)$，则 $\exists \xi \in (\xi_1, \xi_2)$ 或 $\exists \xi \in (\xi_2, \xi_1)$，使 $f''(\xi)=0$．

证：分别在 $[a, c]$，$[c, b]$ 上应用拉格朗日中值定理，存在 $\xi_1 \in (a, c)$，$\xi_2 \in (c, b)$ 使得

$$f'(\xi_1)=\frac{f(c)-f(a)}{c-a}=k_{AC}, \tag{①}$$

$$f'(\xi_2)=\frac{f(b)-f(c)}{b-c}=k_{BC}. \tag{②}$$

由于 A，B，C 三点共线，故 $k_{AC}=k_{BC}$，于是由①和②有 $f'(\xi_1)=f'(\xi_2)$．又 $\xi_1<\xi_2$，由于 $f(x)$ 在 $[\xi_1, \xi_2]$ 上满足罗尔中值定理，故存在 $\xi \in (\xi_1, \xi_2) \subset (a, b)$，使得 $f''(\xi)=0$．

例 17　(2016 年第八届中国大学生数学竞赛题，15 分) 设 $\alpha>1$．求证不存在 $[0, +\infty)$ 上的正可导函数 $f(x)$ 满足

$$f'(x) \geqslant f^{\alpha}(x),\ x \in [0, +\infty). \tag{①}$$

[解题要点]　(1) 若 $f'(x)>0$，则 $f(x)$ 单调递增；(2) 在 $[x, x+1]$ 上利用拉格朗日中值定理.

证：反证法．假定结论不成立，则存在可导函数 $f(x)>0$ $(\forall x \in [0, +\infty))$，且满足①式．于是 $f'(x) \geqslant f^{\alpha}(x)>0$，$x \in [0, +\infty)$．故 $f(x)$ 在 $[0, +\infty)$ 上单调递增，从而函数 $f^{\alpha}(x)$ 在 $[0, +\infty)$ 上单调递增（这是因为 $y=f^{\alpha}(x)$ 是由两个单调递增函数 $y=u^{\alpha}$，$u=f(x)$ 的复合函数)．$\forall x \in [0, +\infty)$，在 $[x, x+1]$ 上利用拉格朗日中值定理，并由①有

$$f(x+1)-f(x)=f'(\xi) \geqslant f^{\alpha}(\xi) \geqslant f^{\alpha}(x) \geqslant f^{\alpha}(0)>0, \tag{②}$$

其中 $\xi \in (x, x+1)$．若 $\lim\limits_{x \to +\infty} f(x)=A$ 存在且有限，在②中令 $x \to +\infty$，得 $A-A \geqslant f^{\alpha}(0)>0$ 矛盾，从而结论成立．下证 $\lim\limits_{x \to +\infty} f(x)=A$ 存在且有限．由于 $f(x)$ 在 $[0, +\infty)$ 上单调递增，只需证明 $f(x)$ 在 $[0, +\infty)$ 上有上界．由①有

$$f^{-\alpha}(x)f'(x) \geqslant 1 \Rightarrow f^{-\alpha}(x)f'(x)-1 \geqslant 0$$

$$\Rightarrow \left(\frac{1}{1-\alpha}f^{1-\alpha}(x)-x\right)' \geqslant 0.$$

故 $f(x)=\dfrac{1}{1-\alpha}f^{1-\alpha}(x)-x$ 在 $[0, +\infty)$ 上单调递增，又 $1+x>x$，于是

$$\frac{1}{1-\alpha}f^{1-\alpha}(1+x)-(1+x) \geqslant \frac{1}{1-\alpha}f^{1-\alpha}(x)-x$$

$$\Rightarrow -f^{1-\alpha}(1+x)-(\alpha-1)\geqslant -f^{1-\alpha}(x)$$
$$\Rightarrow f^{1-\alpha}(x)\geqslant \alpha-1+f^{1-\alpha}(1+x)\geqslant \alpha-1$$
$$\Rightarrow f^{\alpha-1}(x)\leqslant \frac{1}{\alpha-1}\Rightarrow f(x)\leqslant \left(\frac{1}{\alpha-1}\right)^{\frac{1}{\alpha-1}}$$

即 $f(x)$ 在 $[0,+\infty)$ 上有界，故结论成立.

例 18　（2016 年第八届中国大学生数学竞赛题，20 分）设 $f_0(x)$ 和 $f_1(x)$ 是 $[0,1]$ 上正连续函数，满足 $\int_0^1 f_0(x)\mathrm{d}x\leqslant\int_0^1 f_1(x)\mathrm{d}x$. 设

$$f_{n+1}(x)=\frac{2f_n^2(x)}{f_n(x)+f_{n-1}(x)},\ n=1,2,\cdots.$$

求证：数列 $a_n=\int_0^1 f_n(x)\mathrm{d}x$，$n=0,1,2,\cdots$ 单调递增且收敛.

[解题要点]　(1) 单调有界定理；(2) 连续函数的最值定理；(3) 定积分的性质.

证：由于

$$\int_0^1\frac{f_1^2(x)}{f_1(x)+f_0(x)}\mathrm{d}x-\int_0^1\frac{f_0^2(x)}{f_1(x)+f_0(x)}\mathrm{d}x=\int_0^1\frac{f_1^2(x)-f_0^2(x)}{f_1(x)+f_0(x)}\mathrm{d}x$$
$$=\int_0^1 f_1(x)\mathrm{d}x-\int_0^1 f_0(x)\mathrm{d}x\geqslant 0,$$

故

$$2\int_0^1\frac{f_1^2(x)}{f_1(x)+f_0(x)}\mathrm{d}x-\int_0^1\frac{f_1^2(x)+f_0^2(x)}{f_1(x)+f_0(x)}\mathrm{d}x=\int_0^1\frac{f_1^2(x)-f_0^2(x)}{f_1(x)+f_0(x)}\mathrm{d}x\geqslant 0.$$

所以

$$\begin{aligned}a_2-a_1&=2\int_0^1\frac{f_1^2(x)}{f_1(x)+f_0(x)}\mathrm{d}x-\int_0^1 f_1(x)\mathrm{d}x\\&=\int_0^1\frac{f_1^2(x)}{f_1(x)+f_0(x)}\mathrm{d}x-\int_0^1\frac{f_1(x)f_0(x)}{f_1(x)+f_0(x)}\mathrm{d}x\\&\geqslant\frac{1}{2}\int_0^1\frac{f_1^2(x)+f_0^2(x)}{f_1(x)+f_0(x)}\mathrm{d}x-\int_0^1\frac{f_1(x)f_0(x)}{f_1(x)+f_0(x)}\mathrm{d}x\\&=\int_0^1\frac{(f_1(x)-f_0(x))^2}{2(f_1(x)+f_0(x))}\mathrm{d}x\geqslant 0.\end{aligned}$$

由归纳法可知 $a_{n+1}\geqslant a_n$ $(n=1,2,\cdots)$. 又 f_0，f_1 都是正连续函数，$\exists$ 常数 $k\geqslant 1$ 使 $f_1\leqslant kf_0$.（事实上，只要取 $k\geqslant\max\left\{1,\max\limits_{0\leqslant x\leqslant 1}\frac{f_1(x)}{f_0(x)}\right\}$ 即可）. 可以归纳证明：

$$f_n(x)\leqslant c_nf_{n-1}(x),\qquad ①$$

其中 $c_{n+1}=\frac{2c_n}{c_n+1}$ $(n=0,1,2,\cdots)$. 事实上，由 $f_1\leqslant c_1f_0$ 得

$$f_2=\frac{2f_1^2}{f_1+f_0}\leqslant\frac{2f_1^2}{f_1+\frac{1}{c_1}f_1}=\frac{2c_1f_1^2}{c_1f_1+f_1}=\frac{2c_1}{c_1+1}f_1=c_2f_1,$$

即$f_2\leqslant c_2f_1$. 一般地，可归纳得①式，易证$\{c_n\}$单调递减且趋于1，且$\frac{c_n}{c_{n+1}}\leqslant\frac{k}{k+1}$.

事实上，$c_1\geqslant 1$，$c_2=\frac{2c_1}{c_1+1}\geqslant\frac{2c_1}{c_1+c_1}=1$，由归纳法可证$c_n\geqslant 1$，$n=1, 2, \cdots$，于是$\frac{c_{n+1}}{c_n}=\frac{2}{c_n+1}\leqslant\frac{2}{1+1}=1$，故$c_{n+1}\leqslant c_n$，即单调递减，且有下界0，故收敛. 令$c_n\to a$，得$a=\frac{2a}{a+1}$，于是$a=1$. 即$c_n\to 1$（$n\to\infty$）. 由于$f(t)=\frac{t}{t+1}$单调递增，由$k\geqslant c_n$得$\frac{k}{k+1}\geqslant\frac{c_n}{c_n+1}$. 下证$\{a_n\}$收敛，由①得

$$f_{n+1}(x)\leqslant c_{n+1}f_n(x),$$

于是$\int_0^1 fn+1(x)\,\mathrm{d}x\leqslant c_{n+1}\int_0^1 f_n(x)\,\mathrm{d}x$，即$a_{n+1}\leqslant c_{n+1}a_n$. 故

$$c_{n+1}a_{n+1}\leqslant\frac{2c_{n+1}}{c_n+1}c_na_n=\frac{4c_n}{(c_n+1)^2}c_na_n\leqslant c_na_n,$$

即$\{c_na_n\}$是正单调递减数列，它有下界0，故收敛. 由$a_n=a_nc_n\frac{1}{c_n}$，而$\left\{\frac{1}{c_n}\right\}$收敛于1，故$\{a_n\}$收敛.

例19　（2017年第九届中国大学生数学竞赛题，15分）设$f(x)=\arctan x$，A为常数. 若$B=\lim\limits_{n\to\infty}\left(\sum\limits_{k=1}^{n}f\left(\frac{k}{n}\right)-An\right)$存在，求$A$，$B$.

[解题要点]　（1）$\lim\limits_{n\to\infty}\frac{1}{n}\sum\limits_{k=1}^{n}f\left(\frac{k}{n}\right)=\int_0^1 f(x)\,\mathrm{d}x$；（2）泰勒定理；（3）定积分的区间可加性；（4）定积分的牛顿—莱布尼兹公式.

解：（1）由题设，$B=\lim\limits_{n\to\infty}n\left(\frac{1}{n}\sum\limits_{k=1}^{n}f\left(\frac{k}{n}\right)-A\right)$存在且有限，又$f(x)=\arctan x$在$[0, 1]$上连续，故$f(x)$在$[0, 1]$上可积，于是$\lim\limits_{n\to\infty}\frac{1}{n}\sum\limits_{k=1}^{n}f\left(\frac{k}{n}\right)=A_1$必存在. 下证$A=A_1$. 反证法. 若$A\neq A_1$，不妨$A_1>A$，则$B=\lim\limits_{n\to\infty}(A_1-A)n=+\infty$，矛盾. 故

$$A=A_1=\int_0^1 f(x)\,\mathrm{d}x=\int_0^1\arctan x\,\mathrm{d}x=x\arctan x\Big|_0^1-\int_0^1\frac{x}{1+x^2}\mathrm{d}x=\frac{\pi}{4}-\frac{\ln 2}{2}$$

（2）对于$x\in\left(\frac{k-1}{n}, \frac{k}{n}\right)$，$(1\leqslant k\leqslant n)$，由泰勒定理，存在$\xi_{n,k}\in\left(\frac{k-1}{n}, \frac{k}{n}\right)$，使得

$$f(x)=f\left(\frac{k}{n}\right)+f'\left(\frac{k}{n}\right)\left(x-\frac{k}{n}\right)+\frac{f''(\xi_{n,k})}{2}\left(x-\frac{k}{n}\right)^2. \quad ①$$

又

$$A=\int_0^1 f(x)\,\mathrm{d}x=\left(\int_0^{\frac{1}{n}}+\int_{\frac{1}{n}}^{\frac{2}{n}}+\cdots+\int_{\frac{n-1}{n}}^{\frac{n}{n}}\right)f(x)\,\mathrm{d}x=\sum_{k=1}^{n}\int_{\frac{k-1}{n}}^{\frac{k}{n}}f(x)\,\mathrm{d}x,$$

于是

$$\left|\sum_{k=1}^{n} f\left(\frac{k}{n}\right)-nA+\sum_{k=1}^{n} n\int_{\frac{k-1}{n}}^{\frac{k}{n}} f'\left(\frac{k}{n}\right)\left(x-\frac{k}{n}\right)\mathrm{d}x\right|$$

$$=\left|\sum_{k=1}^{n} n\int_{\frac{k-1}{n}}^{\frac{k}{n}} f\left(\frac{k}{n}\right)\mathrm{d}x+\sum_{k=1}^{n} n\int_{\frac{k-1}{n}}^{\frac{k}{n}}(-f(x))\mathrm{d}x+\sum_{k=1}^{n} n\int_{\frac{k-1}{n}}^{\frac{k}{n}} f'\left(\frac{k}{n}\right)\left(x-\frac{k}{n}\right)\mathrm{d}x\right|$$

$$=\left|\sum_{k=1}^{n} n\int_{\frac{k-1}{n}}^{\frac{k}{n}}\left[f\left(\frac{k}{n}\right)+f'\left(\frac{k}{n}\right)\left(x-\frac{k}{n}\right)-f(x)\right]\mathrm{d}x\right|$$

$$\overset{①}{=}\left|\sum_{k=1}^{n} n\int_{\frac{k-1}{n}}^{\frac{k}{n}}\left(-\frac{f''(\xi_{n,k})}{2}\right)\left(x-\frac{k}{n}\right)^2\mathrm{d}x\right|$$

$$\leqslant M\sum_{k=1}^{n} n\int_{\frac{k-1}{n}}^{\frac{k}{n}}\left(x-\frac{k}{n}\right)^2\mathrm{d}x=M\sum_{k=1}^{n} n\cdot\frac{1}{3}\left(x-\frac{k}{n}\right)^3\Bigg|_{\frac{k-1}{n}}^{\frac{k}{n}}$$

$$=M\sum_{k=1}^{n} n\cdot\frac{1}{3n^3}=M\sum_{k=1}^{n}\frac{1}{3n^3}=M\cdot n\cdot\frac{1}{3n^2}=\frac{M}{3n}\to 0\ (n\to\infty),$$

其中 $M=\frac{1}{2}\max\limits_{0\leqslant x\leqslant 1}|f''(x)|$. 因此,

$$B=\lim_{n\to\infty}\left(\sum_{k=1}^{n} f\left(\frac{k}{n}\right)-An\right)=-\lim_{n\to\infty}\sum_{k=1}^{n} n\int_{\frac{k-1}{n}}^{\frac{k}{n}} f'\left(\frac{k}{n}\right)\left(x-\frac{k}{n}\right)\mathrm{d}x$$

$$=-\lim_{n\to\infty}\sum_{k=1}^{n} nf'\left(\frac{k}{n}\right)\int_{\frac{k-1}{n}}^{\frac{k}{n}}\left(x-\frac{k}{n}\right)\mathrm{d}x=\lim_{n\to\infty}\frac{1}{2n}\sum_{k=1}^{n} f'\left(\frac{k}{n}\right)=\frac{1}{2}\int_0^1 f'(x)\mathrm{d}x=\frac{\pi}{8},$$

其中 $\int_{\frac{k-1}{n}}^{\frac{k}{n}}\left(x-\frac{k}{n}\right)\mathrm{d}x=\frac{1}{2}\left(x-\frac{k}{n}\right)^2\Bigg|_{\frac{k-1}{n}}^{\frac{k}{n}}=-\frac{1}{2n^2}$.

例 20　设$\{a_n\}$是单调递增的正数列，求证：$\sum\limits_{n=1}^{\infty}\left(1-\frac{a_n}{a_{n+1}}\right)$收敛的充分必要条件是$\{a_n\}$收敛.

[解题要点]　(1) $\{a_n\}$收敛$\Leftrightarrow\sum\limits_{n=1}^{\infty}(a_{n+1}-a_n)$收敛；(2) 正项级数收敛的比较判别法；(3) 级数收敛的柯西收敛准则；(4) 单调递增有上界的数列必有极限.

证：充分性. 设$\{a_n\}$收敛于A，由题设有$0<a_n\leqslant A$，故$A>0$，由于$\{a_n\}$收敛$\Leftrightarrow\sum\limits_{n=1}^{\infty}(a_{n+1}-a_n)$收敛，不妨$a_1<a_2<\cdots<A$，$1-\frac{a_n}{a_{n+1}}>0$，又

$$\lim_{n\to\infty}\frac{1-\frac{a_n}{a_{n+1}}}{a_{n+1}-a_n}=\frac{1}{A},$$

由比较判别法可知$\sum\left(1-\frac{a_n}{a_{n+1}}\right)$收敛.

必要性. 设$\sum\left(1-\frac{a_n}{a_{n+1}}\right)$收敛，记$b_n=1-\frac{a_n}{a_{n+1}}$. 利用柯西收敛准则，有

$$\sum b_n\ \text{收敛}\Leftrightarrow\lim_{m\to\infty}\sum_{n=m}^{\infty} b_n=0$$

$$\Leftrightarrow \forall \varepsilon>0,\ \exists N>0,\ \forall m>N \text{ 有 } \sum_{n=m}^{\infty} b_n<\varepsilon$$

$$\Rightarrow \text{取 } \varepsilon=\frac{1}{2},\ \exists m\in \mathbf{N}^{+} \text{ 使得 } \sum_{n=m}^{\infty} b_n<\frac{1}{2}$$

$$\Rightarrow \forall p\geqslant 1,\ \sum_{n=m}^{m+p} b_n<\sum_{n=m}^{\infty} b_n<\frac{1}{2},$$

故 $\forall p\geqslant 1$ 有

$$\frac{1}{2}>\sum_{n=m}^{m+p}\frac{a_{n+1}-a_n}{a_{n+1}}\geqslant \sum_{n=m}^{m+p}\frac{a_{n+1}-a_n}{a_{m+p+1}}=\frac{a_{m+p+1}-a_m}{a_{m+p+1}}=1-\frac{a_m}{a_{m+p+1}}.$$

注意上式利用了$\{a_n\}$的单调性：$a_{n+1}\leqslant a_{m+p+1}$对 $m\leqslant n\leqslant m+p$ 成立. 于是有$\frac{a_m}{a_{m+p+1}}>\frac{1}{2}$，从而 $a_{m+n+p}<2a_m$（$\forall p\geqslant 1$）. 令 $n=m+p+1$（即 $p=n-m-1$，$\forall n\geqslant m+2$），则 $a_n<2a_m$（$\forall n\geqslant m+2$）. 故$\{a_n\}$有上界，又$\{a_n\}$单调递增，故$\{a_n\}$收敛.

例 21 （2017 年第九届中国大学生数学竞赛题，15 分）设$\{a_n\}$是递增数列，$a_1>1$. 求证：级数 $\sum\limits_{n=1}^{\infty}\frac{a_{n+1}-a_n}{a_n\ln a_{n+1}}$收敛$\Leftrightarrow\{a_n\}$有界.

［解题要点］ （1）级数收敛的柯西收敛准则；（2）正项级数收敛的充分必要条件是其部分和有上界.

证：充分性. 若$\{a_n\}$有界，则可设 $a_n\leqslant M$. $\forall 1\leqslant n\leqslant m$ 有 $a_{n+1}\geqslant a_1$，$\ln a_{n+1}\geqslant \ln a_1$. 于是

$$\sum_{n=1}^{m}\frac{a_{n+1}-a_n}{a_n\ln a_{n+1}}\leqslant \sum_{n=1}^{m}\frac{a_{n+1}-a_n}{a_1\ln a_1}=\frac{a_{m+1}-a_n}{a_1\ln a_1}\leqslant \frac{M}{a_1\ln a_1},$$

又因 $\sum\limits_{n=1}^{\infty}\frac{a_{n+1}-a_n}{a_n\ln a_{n+1}}$为正项级数，其部分和有上界，故必收敛.

必要性. 设 $\sum\limits_{n=1}^{\infty}\frac{a_{n+1}-a_n}{a_n\ln a_{n+1}}$收敛. 由于

$$\ln a_{n+1}-\ln a_n=\ln\left(1+\frac{a_{n+1}-a_n}{a_n}\right)\leqslant \frac{a_{n+1}-a_n}{a_n},$$

即$\frac{b_{n+1}-b_n}{b_{n+1}}\leqslant \frac{a_{n+1}-a_n}{a_n\ln a_{n+1}}$，其中 $b_n=\ln a_n$. 由比较判别法，$\sum \frac{b_{n+1}-b_n}{b_{n+1}}$收敛. 于是 $\lim\limits_{m\to\infty}\sum\limits_{n=m}^{\infty}\frac{b_{n+1}-b_n}{b_{n+1}}=0$. 由柯西收敛准则，对 $\varepsilon=\frac{1}{2}$，$\exists m\in\mathbf{N}^{+}$，使得$\forall$正整数 $p\geqslant 1$ 有

$$\sum_{n=m}^{m+p}\frac{b_{n+1}-b_n}{b_{n+1}}\leqslant \sum_{n=m}^{\infty}\frac{b_{n+1}-b_n}{b_{n+1}}<\frac{1}{2}.$$

于是有

$$\frac{1}{2}>\sum_{n=m}^{m+p}\frac{b_{n+1}-b_n}{b_{n+1}}\geqslant \sum_{n=m}^{m+p}\frac{b_{n+1}-b_n}{b_{m+p+1}}=\frac{b_{m+p+1}-b_m}{b_{m+p+1}}=1-\frac{b_m}{b_{m+p+1}},$$

故 $b_{m+p+1}<2b_m$（$\forall p\geqslant 1$），此即 $b_n<2b_m$（$\forall n=m+p+1$，即 $\forall n\geqslant m+2$），因此$\{b_n\}$有上界，设 $b_n\leqslant c$，则 $a_n=\mathrm{e}^{b_n}\leqslant \mathrm{e}^c$. 即$\{a_n\}$有上界，又$\{a_n\}$单调递增必有下界 a_1，故 $a_1\leqslant a_n\leqslant \mathrm{e}^c$，即$\{a_n\}$有界.

例 22　（2014 年第六届中国大学生数学竞赛题，15 分）设 $f(x)$在 $\mathbf{R}$ 上有二阶导函数，$f(x)$，$f'(x)$，$f''(x)$都大于零，假设存在正数 a，b 使得

$$f''(x)\leqslant af(x)+bf'(x)$$

对一切 $x\in\mathbf{R}$ 成立.

（1）求证：$\lim\limits_{x\to-\infty}f'(x)=0$；（2）求证：存在常数 c 使得 $f'(x)\leqslant cf(x)$；（3）求使上面不等式成立的最小常数 c.

[解题要点]　（1）函数极限单调有界定理；（2）在$[x, x+1]$上利用拉格朗日中值定理.

（1）由题设 f, f' 都是单调递增的正函数，根据函数极限单调有界定理：若 f 在 $-\infty$ 的某邻域单调有界，则 $\lim\limits_{x\to-\infty}f(x)$存在. 显然当 $-\infty<x<0$ 时 $0<f(x)\leqslant f(0)$. 即 $f(x)$在$(-\infty, 0)$上有界，又 f 单调递增，故 $\lim\limits_{x\to-\infty}f(x)$存在. 同理 $\lim\limits_{x\to-\infty}f'(x)$也存在. 在$[x, x+1]$上利用拉格朗日中值定理得

$$f(x+1)-f(x)=f'(x+\theta_x)>f'(x)>0,$$

其中 $x<\theta_x<x+1$，令 $x\to-\infty$，设 $\lim\limits_{x\to-\infty}f(x)=A$. 则

$$0=A-A=\lim_{x\to-\infty}f(x+1)-\lim_{x\to-\infty}f(x)\geqslant\lim_{x\to-\infty}f'(x)\geqslant 0,$$

故 $\lim\limits_{x\to-\infty}f'(x)=0$.

（2）设 $c=\dfrac{b+\sqrt{b^2+4a}}{2}$，则 $c>b>0$ 且 $a=c^2-bc$. 于是由题设有

$$\begin{aligned}f''(x)-cf'(x)&\leqslant af(x)+bf'(x)-cf'(x)\\&=(b-c)f'(x)+af(x)\\&=(b-c)f'(x)+c(c-b)f(x)\\&=(b-c)(f'(x)-cf(x)).\end{aligned}$$

设 $g(x)=\mathrm{e}^{-(b-c)x}(f'(x)-cf(x))$，则

$$\begin{aligned}g'(x)&=\mathrm{e}^{-(b-c)x}(-(b-c))(f'(x)-cf(x))+\mathrm{e}^{-(b-c)x}(f''(x)-cf'(x))\\&=\mathrm{e}^{-(b-c)x}[f''(x)-cf'(x)-(b-c)(f'(x)-cf(x))]\leqslant 0,\end{aligned}$$

故 $g(x)$单调递减，又 $\lim\limits_{x\to-\infty}g(x)=0$，故 $g(x)\leqslant 0$，于是 $f'(x)\leqslant cf(x)$.

（3）上述 c 为最佳的，即满足不等式成立的最小 c，取 $f(x)=\mathrm{e}^{cx}$ 则 $f'(x)=cf(x)$，并且 $f''(x)=af(x)+bf'(x)$.

例 23　（2015 年第七届中国大学生数学竞赛题，15 分）设 $f(x)$是$[0, +\infty)$上连续函数，且 $\int_0^{+\infty}|h(t)|\mathrm{d}t=a<1$. 构造函数列如下：

$$g_0(x)=f(x),$$

$$g_n(x)=f(x)+\int_0^x h(t)g_{n-1}(t)\mathrm{d}t,\ n=1,\ 2,\ \cdots. \qquad ①$$

求证：$\{g_n(x)\}$收敛于一个连续函数，并求极限函数.

[解题要点]　(1) 函数项级数一致收敛的优级数判别法；(2) 函数项级数一致收敛的和函数的连续性.

证：(1) 记$M=\sup|f(x)|$，则$|g_0(x)|\leqslant M$. 由$g_1(x)=f(x)+\int_0^x h(t)g_0(t)\mathrm{d}t$，有

$$\begin{aligned}|g_1(x)|&\leqslant|f(x)|+\int_0^x|h(t)||g_0(t)|\mathrm{d}t\\&\leqslant M+M\int_0^x|h(t)|\mathrm{d}t\leqslant M+M\int_0^{+\infty}|h(t)|\mathrm{d}t=M(1+a),\end{aligned}$$

同理

$$\begin{aligned}|g_2(x)|&\leqslant|f(x)|+\int_0^x|h(t)||g_1(t)|\mathrm{d}t\leqslant M+\int_0^{+\infty}|h(t)|(1+a)M\mathrm{d}t\\&=M+a(1+a)M=M(1+a+a^2).\end{aligned}$$

由归纳法可知

$$|g_n(x)|\leqslant(1+a+a+\cdots+a^{n-1}+a^n)M=\frac{1-a^{n+1}}{1-a}M.$$

由①有

$$\begin{aligned}&g_n(x)-g_{n-1}(x)=\int_0^x h(t)(g_{n-1}(t)-g_{n-2}(t))\mathrm{d}t\\&\Rightarrow\sup|g_n(x)-g_{n-1}(x)|\leqslant a\sup|g_{n-1}(x)-g_{n-2}(x)|\\&\Rightarrow\sup|g_n(x)-g_{n-1}(x)|\leqslant a^{n-1}\sup|g_1(x)-g_0(x)|\leqslant a^nM,\end{aligned} \qquad ②$$

注意这里使用了如下结论③. 事实上，由①有

$$g_1(x)-g_0(x)=g_1(x)-f(x)=\int_0^x h(t)g_0(t)\mathrm{d}t,$$

从而

$$\sup|g_1(x)-g_0(x)|\leqslant\int_0^{+\infty}|h(t)||g_0(t)|\mathrm{d}t\leqslant Ma. \qquad ③$$

由②可知，因$\sum Ma^n$收敛，故$\sum|g_n(x)-g_{n-1}(x)|$一致收敛. 于是$\{g_n(x)\}$在$[0,+\infty)$上一致收敛. 又$g_n(x)(\forall n\geqslant1)$都连续，故极限函数$g(x)$也在$[0,+\infty)$上连续.

(2) 在①中令$n\to\infty$得

$$g(x)=f(x)+\int_0^x h(t)g(t)\mathrm{d}t. \qquad ④$$

记$\varphi(x)=\int_0^x h(t)g(t)\mathrm{d}t$，$H(x)=\int_0^x h(t)\mathrm{d}t$. 则$\varphi'(x)=h(x)g(x)$，$H'(x)=h(x)$. 于是由④有$\varphi'(x)=h(x)(f(x)+\varphi(x))$. 于是

$$\varphi'(x)-h(x)\varphi(x)=h(x)f(x),$$

故

$$(\mathrm{e}^{-H(x)}\varphi(x))'=\mathrm{e}^{-H(x)}(-H'(x))\varphi(x)+\mathrm{e}^{-H(x)}\varphi'(x)$$

$$=e^{-H(x)}(-H'(x)\varphi(x)+\varphi'(x))$$
$$=e^{-H(x)}(\varphi'(x)-h(x)\varphi(x))$$
$$=e^{-H(x)}h(x)f(x),$$

将上述等式两边积分，得$\int_0^x(e^{-H(t)}\varphi(t))'dt=\int_0^x e^{-H(t)}h(t)f(t)dt$，即

$$e^{-H(x)}\varphi(x)-0=\int_0^x e^{-H(t)}h(t)f(t)dt,$$

$$\varphi(x)=e^{H(x)}\int_0^x e^{-H(t)}h(t)f(t)dt.$$

代入④式得

$$g(x)=f(x)+e^{H(x)}\int_0^x e^{-H(t)}h(t)f(t)dt.$$

例 24 （2015 年第七届中国大学生数学竞赛题，20 分）设$f(x)$是 **R** 上有下界或者有上界的连续函数，且存在正数 a 使得$f(x)+a\int_{x-1}^x f(t)dt$ 为常数. 求证：$f(x)$必为常数.

[解题要点] （1）设$f(x)$有下界，令 $m=\inf\limits_{x\in\mathbf{R}}f(x)$，$g(x)=f(x)-m$，则$g(x)$的下确界为0；（2）若$g(x)\geqslant Ae^{-a}$，且$g(x)$的下确界为0，则$A=0$.

证：不妨设$f(x)$有下界. 设 $m=\inf\limits_{x\in\mathbf{R}}f(x)$，$g(x)=f(x)-m$. 则$g(x)$为非负连续函数，且由题设$f(x)+a\int_{x-1}^x f(t)dt\equiv c$ 为常数，可知

$$A=g(x)+a\int_{x-1}^x g(t)dt=f(x)-m+a\int_{x-1}^x[f(t)-m]dt$$
$$=f(x)+a\int_{x-1}^x f(t)dt-m(1+a)\equiv c-m(1+a) \qquad ①$$

为非负常数. 由①式可知

$$g'(x)+a(g(x)-g(x-1))=0. \qquad ②$$

于是

$$(e^{ax}g(x))'=ae^{ax}g(x)+e^{ax}g'(x)$$
$$=ae^{ax}g(x)+ae^{ax}(g(x-1)-g(x))=ae^{ax}g(x-1)\geqslant 0.$$

故 $e^{ax}g(x)$是单调递增函数. 于是，当 $t\in[x-1,x]$时，$e^{at}g(t)\leqslant e^{ax}g(x)$. 于是有

$$A=g(x)+a\int_{x-1}^x e^{at}g(t)e^{-at}dt\leqslant g(x)+ae^{ax}g(x)\int_{x-1}^x e^{-at}dt$$
$$=g(x)+e^{ax}g(x)(e^{-a(x-1)}-e^{-ax})=e^a g(x).$$

故 $g(x)\geqslant Ae^{-a}$. 由 $g(x)$的定义知 $g(x)$的下确界为0，因此 $A=0$. 再由①有

$$0=A=g(x)+a\int_{x-1}^x g(t)dt\geqslant g(x)\geqslant 0,$$

从而 $g(x)\equiv 0$，故 $f(x)$为常数.

例 25 （2011 年第三届中国大学生数学竞赛题，10 分）设 $f_1, f_2, \cdots, f_n$ 为

$[0,1]$上的非负连续函数. 求证：存在$\xi\in[0,1]$，使得

$$\prod_{k=1}^{n} f_k(\xi) \leqslant \prod_{k=1}^{n}\int_0^1 f_k(x)\,\mathrm{d}x, \tag{①}$$

［解题要点］（1）利用积分中值定理；（2）利用均值不等式和定积分性质.

证：记$a_k=\int_0^1 f_k(x)\,\mathrm{d}x$，$k=1,2,\cdots,n$. 当某个$a_k=0$时，例如$\int_0^1 f_1(x)\,\mathrm{d}x=0$，由积分中值定理，$\exists\xi\in[0,1]$使$f_1(\xi)=\int_0^1 f_1(x)\,\mathrm{d}x=0$，①式成立. 不妨设$a_k>0$（$\forall k=1,2,\cdots,n$）. 则①式等价于

$$\prod_{k=1}^{n}\frac{f_k(\xi)}{a_k}\leqslant 1, \tag{②}$$

也等价于

$$\sqrt[n]{\prod_{k=1}^{n}\frac{f_k(\xi)}{a_k}}\leqslant 1. \tag{③}$$

由均值不等式和定积分性质有

$$\int_0^1\sqrt[n]{\prod_{k=1}^{n}\frac{f_k(x)}{a_k}}\mathrm{d}x\leqslant\int_0^1\frac{1}{n}\prod_{k=1}^{n}\frac{f_k(x)}{a_k}\mathrm{d}x=\frac{1}{n}\sum_{k=1}^{n}\frac{\int_0^1 f_k(x)\,\mathrm{d}x}{a_k}=1, \tag{④}$$

故由积分中值定理有

$$\sqrt[n]{\prod_{k=1}^{n}\frac{f_k(\xi)}{a_k}}=\int_0^1\sqrt[n]{\prod_{k=1}^{n}\frac{f_k(\xi)}{a_k}}\mathrm{d}x\leqslant 1,$$

其中$\xi\in[0,1]$，这表明②式成立，从而①式成立.

例26（2011年第三届中国大学生数学竞赛决赛题，15分）设$\sum\limits_{n=1}^{\infty} na_n$收敛，$t_n=a_{n+1}+2a_{n+2}+\cdots+ka_{n+k}+\cdots$. 证明：$\lim\limits_{n\to\infty}t_n=0$.

［解题要点］（1）利用阿贝尔判别法；（2）数列极限的$\varepsilon-N$定义.

证：由题设，$t_n=\sum\limits_{k=1}^{\infty}ka_{n+k}=\sum\limits_{k=1}^{\infty}\frac{k}{n+k}(n+k)a_{n+k}$. 由于$\left\{\frac{k}{n+k}\right\}$关于$k$单调有界：$\frac{k}{n+k}$关于$k$单调递增，$0<\frac{k}{n+k}<1$；并且$\sum\limits_{k=1}^{\infty}(n+k)a_{n+k}$收敛. 由阿贝尔判别法知$\sum\limits_{k=1}^{\infty}ka_{n+k}$收敛，即$t_n$有意义，下证$\lim\limits_{n\to\infty}t_n=0$. 由$\sum\limits_{n=1}^{\infty}na_n$收敛，可知$R_n=\sum\limits_{k=n}^{\infty}ka_k\to 0$. 于是$\forall\varepsilon>0$，$\exists N\in\mathbf{N}^+$，$\forall n>N$有$|R_n|=\left|\sum\limits_{k=n}^{\infty}ka_k\right|<\varepsilon$. 于是$\forall n>N$以及$m>1$有

$$\begin{aligned}\sum_{k=1}^{m}ka_{n+k}&=\sum_{k=1}^{m}\frac{k}{n+k}(n+k)a_{n+k}=\sum_{k=1}^{m}\frac{k}{n+k}(R_{n+k}-R_{n+k+1})\\&=\sum_{k=1}^{m}\frac{k}{n+k}R_{n+k}-\sum_{k=2}^{m+1}\frac{k-1}{n+k-1}R_{n+k}\end{aligned}$$

$$=\frac{1}{n+1}R_{n+1}+\sum_{k=2}^{m}\frac{k}{n+k}R_{n+k}-\sum_{k=2}^{m}\frac{k-1}{n+k-1}R_{n+k}-\frac{m}{n+m}R_{n+m+1}$$

$$=\frac{1}{n+1}R_{n+1}-\frac{m}{n+m}R_{n+m+1}+\sum_{k=2}^{m}\left(\frac{k}{n+k}-\frac{k-1}{n+k-1}\right)R_{n+k},$$

从而有

$$\left|\sum_{k=1}^{m}ka_{n+k}\right|\leqslant\left(\frac{1}{n+1}+\frac{m}{n+m}\right)\varepsilon+\sum_{k=2}^{m}\left(\frac{k}{n+k}-\frac{k-1}{n+k-1}\right)\varepsilon$$

$$=\left(\frac{1}{n+1}+\frac{m}{n+m}\right)\varepsilon+\left(\frac{2}{n+2}-\frac{1}{n+1}+\frac{3}{n+3}-\frac{2}{n+2}+\cdots+\frac{m}{n+m}-\frac{m-1}{n+m-1}\right)\varepsilon$$

$$=\frac{2m}{n+m}\varepsilon<2\varepsilon.$$

于是令 $m\to\infty$ 得 $\left|\sum\limits_{k=1}^{\infty}ka_{n+k}\right|<2\varepsilon$，即 $|t_n|<2\varepsilon$，故 $\lim\limits_{n\to\infty}t_n=0$.

参考文献

［1］华东师范大学数学系. 数学分析. 北京：高等教育出版社，2001.

［2］裴礼文. 数学分析中的典型问题与方法. 北京：高等教育出版社，2006.

［3］常庚哲，史济怀. 数学分析教程. 北京：高等教育出版社，2003.

［4］菲赫金哥尔茨. 微积分学教程. 杨亮，叶彦谦，译. 北京：高等教育出版社，2006.

［5］徐森林，薛春华. 数学分析. 北京：清华大学出版社，2005.

［6］钱吉林，等. 数学分析题解精粹. 武汉：崇文书局，2011.

［7］陈静贤，许绍元. 一个动力系统的经典模型的全局收敛性. 数学的实践与认识，2015，45（6）.

［8］费定晖，周学圣. 吉米多维奇数学分析习题集精选精解. 济南：山东科学技术出版社，2007.

［9］许绍元，程素玉. 关于第五届全国大学生数学竞赛预赛（数学类）试题第三题的一个注记. 韩山师范学院学报，2018，39（3）.